面向新工科高等院校大数据专业系列教材

信息技术新工科产学研联盟数据科学与大数据技术工作委员会 推荐教材

天津市高校课程思政优秀教材

U0192490

Introduction to Big Data

大数据导论

第2版

杨尊琦 / 主编

/ 双色印刷 · 新形态教材 /

机械工业出版社
CHINA MACHINE PRESS

随着数据时代和智能社会的到来，大数据基本原理和技术应用已成为各行各业专业人员必修的一门课程。本书依据新工科教育理念和其他专业的广泛需求，综合了国内外书籍、网站的相关内容，以及具体的课程实践和人才培养的要求进行编写。第 2 版加入了新的案例。

本书共 12 章，包括大数据基础、大数据下的云计算、大数据处理、数据分析与数据挖掘、大数据安全、数据可视化、大数据与社交媒体的融合、健康大数据在公共卫生领域的应用、大数据在碳减排中的应用、大数据对金融业的挑战与机遇、大数据在制造业中的应用和大数据在旅游业中的应用，既包括了大数据的基本知识和技术，也涵盖了大数据在典型行业中的具体应用，读者通过学习能更深入地认识和体会大数据的应用价值。每章都设有"习题与实践"，便于读者巩固学习内容。

本书是为高等院校各专业学习大数据基础课程而编写的，特别适合理工科学生，同时也适合人文社会科学学科相关专业的学生学习，还可作为在职人士的参考书。

本书配有授课电子课件，需要的教师可登录 www.cmpedu.com 免费注册，审核通过后下载，或联系编辑索取（微信：15910938545；电话：010-88379739）。

图书在版编目（CIP）数据

大数据导论/杨尊琦主编. —2 版. —北京：机械工业出版社，2022.8
（2024.7 重印）
面向新工科高等院校大数据专业系列教材
ISBN 978-7-111-71483-5

Ⅰ. ①大… Ⅱ. ①杨… Ⅲ. ①数据处理-高等学校-教材 Ⅳ. ①TP274

中国版本图书馆 CIP 数据核字（2022）第 154751 号

机械工业出版社（北京市百万庄大街 22 号　邮政编码 100037）
策划编辑：郝建伟　责任编辑：郝建伟　张翠翠　胡　静
责任校对：张艳霞　责任印制：任维东

天津市光明印务有限公司印刷

2024 年 7 月第 2 版·第 5 次印刷
184mm×260mm · 15.5 印张 · 392 千字
标准书号：ISBN 978-7-111-71483-5
定价：69.00 元

电话服务　　　　　　　　　　　　　网络服务
客服电话：010-88361066　　　　　机 工 官 网：www.cmpbook.com
　　　　　010-88379833　　　　　机 工 官 博：weibo.com/cmp1952
　　　　　010-68326294　　　　　金 书 网：www.golden-book.com
封底无防伪标均为盗版　　　　　　机工教育服务网：www.cmpedu.com

面向新工科高等院校大数据专业系列教材
编委会成员名单

（按姓氏拼音排序）

主　　任　陈　钟

副 主 任　陈　红　　陈卫卫　　汪　卫　　吴小俊

　　　　　闫　强

委　　员　安俊秀　　鲍军鹏　　蔡明军　　朝乐门

　　　　　董付国　　李　辉　　林子雨　　刘　佳

　　　　　罗　颂　　吕云翔　　汪荣贵　　薛　薇

　　　　　杨尊琦　　叶　龙　　张守帅　　周　苏

秘 书 长　胡毓坚

副秘书长　时　静　　王　斌

出 版 说 明

党的二十大报告指出"加快发展数字经济，促进数字经济和实体经济深度融合，打造具有国际竞争力的数字产业集群。"当前，我国数字经济建设加速推进，作为数字经济建设的主力军，大数据专业人才需求迫切，高校大数据专业建设的重要性日益凸显，并呈现出以下四个特点：实用性、交叉性较强，专业设立日趋精细化、融合化；专业建设上高度重视产学合作协同育人，产教融合发展迅猛；信息技术新工科产学研联盟制定的《大数据技术专业建设方案》，使得人才培养体系、专业知识体系及课程体系的建设有章可循，人才培养日益规范化、标准化；大数据人才是具备编程能力、数据分析及算法设计等专业技能的专业化、复合型人才。

作为一个高速发展中的新兴专业，大数据专业的内涵和外延不断丰富和延伸，广大高校亟需能够系统体现大数据专业上述四个特点的教材。基于此，机械工业出版社联合信息技术新工科产学研联盟，汇集国内专家名师，共同成立教材编写委员会，组织出版了这套《面向新工科高等院校大数据专业系列教材》，全面助力高校新工科大数据专业建设和人才培养。

这套教材依照《大数据技术专业建设方案》组织编写，体现了国内大数据相关专业教学的先进理念和思想；覆盖大数据技术专业主干课程的同时，延伸上下游，涵盖云计算、人工智能等专业的核心课程，能够更好地满足高校大数据相关专业多样化的教学需求；引入优质合作企业的技术、产品及平台，体现产学合作、协同育人的理念；教学配套资源丰富，便于高校开展教学实践；系列教材主要参编者皆是身处教学一线、教学实践经验丰富的名师，教材内容贴合教学实际。

我们希望这套教材能够充分满足国内众多高校大数据相关专业的教学需求，为培养优质的大数据专业人才提供强有力的支持。并希望有更多的志士仁人加入到我们的行列中来，集智汇力，共同推进系列教材建设，在建设数字社会的宏大愿景中，贡献出自己的一份力量！

面向新工科高等院校大数据专业系列教材编委会

第 2 版前言

本书第 2 版遵循教育教学规律和人才培养规律，体现先进教育理念，适应高等学校多样化人才培养类型需求，反映人才培养模式创新和教学改革最新成果，将知识传授和能力培养相结合，激发学生对大数据的理论、方法进一步学习的热情，切实提升教材育人的引领与带动作用。

本书科学阐述了大数据的基本概念、基础知识、基本方法，结构设计合理，反复推敲并精选案例，注重吸纳学科和行业的新理论、新知识、新技术，及时满足经济社会发展和科技进步对人才培养提出的新要求。

本书第 1 版得到了广大读者的厚爱，但同时也存在一些不足。为改进不足、提升品质，我们梳理了该书的诞生过程，如图 1 所示。以此感谢所有的相关人员，是时代造就了这本书，是环境给了我们营养，学习新知识、应用新技术是编者与读者的共同愿望。

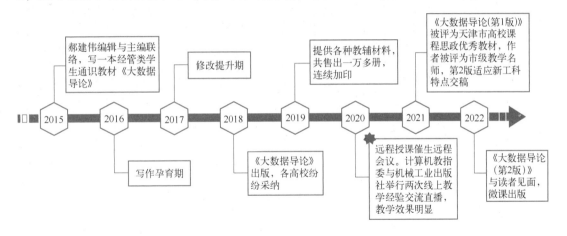

图 1 《大数据导论》诞生过程

在数智时代发展的过程中，大数据的新方法、新应用更需要归纳和提炼，因此更新后的内容迫切需要与读者见面。

在整体结构上，第 2 版体现了以下布局和更新：

1）增加体现新工科的学习要素。新工科紧扣国家发展战略，这次改版增加了相应的内容，例如，工科学生涉及的机械、建筑、环境生物及桥梁等领域，尽量引入一些案例，使初学者能够通过本书的引导，进一步在行业领域中利用好该领域的数据和数据资源。

2）安排了开篇引例和章后综合案例。第 2 版增加了大量的社会实践案例，这些案例分布在每章的开篇和结尾。每一案例都要求读者去思考一些问题，这些案例突出反映了各个领域中的一些大数据应用，是非常好的教学示例。

3）增加了碳减排章节。减少碳排放是国家战略，2021 年，碳排放问题已经被提到议事日程，动员全民认识碳达峰和碳中和的基本概念及常识，碳排放中的大数据问题繁多，在这部分我们希望能够给读者介绍一些碳达峰和碳中和的基本概念、原理和技术。

4）思政元素渗透其中。本次改版加入了大数据学习中的思政元素。有些章节，特别是在章首语、节首语中，加入了思政元素，读者在学习的同时，其人生观、价值观和社会责任感等可得以提升。

5）更强调引领、入门作用。学习大数据导论会涉及一些工具软件。关于分析大数据的工具软件，在相关章节中会示例性地引导读者入门，深入地学习和研究要在专门的课程中去展开。本书对部分工具软件只进行入门介绍，起到抛砖引玉的作用。

各章增加的内容如表1所示。

表1　各章更新的内容

章	新增内容1	新增内容2	新增内容3	新增内容4
第1章	"北斗+大数据"赋能智慧交通案例	大数据的实践价值和研究价值相关内容	"大数据与低碳——绿色施工"案例	
第2章	并行计算技术相关概念	云存储、分布式存储、分布式计算相关概念，对分布式存储的描述中引入区块链的概念	超算与云计算的区别	天河工业云应用案例
第3章	"北京市果树大数据应用"案例	对数值归约的方法进行分类	案例：Tableau Prep数据处理技术应用	
第4章	用大数据挖掘《觉醒年代》	数据挖掘算法相关内容，如随机森林和循环神经网络	WEKA软件入门操作相关内容	
第5章	云视频会议软件Zoom相关内容	3种类型隐私保护技术优缺点对比表格，两种关键隐私保护技术，即区块链技术和联邦学习	数据治理的相关内容	百度大数据安全实践相关内容
第6章	数据可视化工具相关内容	Tableau入门操作相关内容		
第7章	新的社交媒体方式相关内容，如短视频平台（抖音等）、直播平台（斗鱼等）、电商平台（拼多多等）	社交平台供应商用户信息合理化利用相关内容，以及用户的信息茧房相关内容	大众点评评论文本挖掘以及数据可视化相关内容	大数据信息安全新条例相关内容
第8章	"基因大数据研究助力癌症精准治疗"案例	"远程医疗国际会诊让脑瘤患儿获得国际专家建议"案例	健康大数据在公共卫生领域的挑战相关内容	
第9章	碳减排面临的问题	碳达峰+大数据	碳中和+大数据	
第10章	"中国交通银行信用卡中心电子渠道实时反欺诈监控交易系统"案例	金融大数据模型与算法相关内容	腾讯云"天御"大数据反欺诈平台相关内容	
第11章	"大国重器之装备制造业"案例	"科技创新背后的中国品牌力量"案例	企业怎样实现物联网——智能化工厂的实现相关内容	
第12章	"大数据助力乡村旅游——贵州化屋村"案例	"全域旅游+大数据"相关内容	"智慧旅游响应疫情防控——湖南安化县"案例	"全域旅游之码上黔行"案例

通过增加新内容，本书内容更加系统化和专业化，紧跟新工科以及其他学科的发展，提升了实用性和可操作性。

本书微课视频二维码的使用方式：

1）刮开教材封底处的"刮刮卡"，获得"兑换码"。

2）关注微信公众号"天工讲堂"，选择"我的"–"使用"。

3）输入"兑换码"和"验证码"，选择本书全部资源并免费结算。

4）使用微信扫描教材中的二维码观看微课视频。

第 2 版在编写过程中得到多方帮助，感谢郝建伟编辑的鼎力支持，感谢出版社同仁。感谢天津财经大学校长刘金兰教授对大数据理论、技术学习的倡导。

第 2 版的编者为天津财经大学管理科学与工程学院和统计学院的教师及研究生。本书由杨尊琦担任主编。第 1、3 章由田绍娟改写，第 2 章由周新雨改写，第 4 章由王红敬改写，第 5、12 章由王静改写，第 6、11 章由杨尊琦改写，第 7 章由马家骥改写，第 8 章由吴畅改写，第 9 章由李旭阳编写，第 10 章由刘帅改写。

由于编者知识有限，书中难免有不当之处、不严谨之处，还请同行及广大读者给予指正，我们将十分感谢。

编　者

第 1 版前言

回顾过去的十年，科技产品和成果像潮水一般涌向我们，冲击着人类的生活方式和思维方式，如智能移动设备、人工智能、云计算、物联网、社交网络、各种各样的"共享"等，使人类认知世界的方式和方法发生了巨大的变化。在这些平台和技术的运用中，流淌着、堆积着一个强大的资源："大数据"。人们对数据的认识和运用由此发生了根本性的变化，大数据从技术变成了产业和科学，数据的价值因其"大"而"全"受到前所未有的重视。如果说过去人类社会的发展是机械驱动、电力驱动或网络驱动，那么现在和未来就是大数据在驱动人类社会的进步。大数据的快速发展和多样性给人们带来巨大的挑战，同时大数据又给各方面带来意想不到的价值和机遇。

大数据涌现：大数据之繁在于其"大"，不仅指其容量的数据单位由 TB 级别跨越到了 DB 级别，还体现在多样性、处理速度和复杂度等方面，海量的数据涌入人们的生活，大量信息源产生的数据已远远超越目前人力所能处理的范围，需要人们探索如何对这些数据进行管理及运用。大数据的根本在于"数据"，在互联网及相关平台上利用新技术来采集、存储、分析激增的数据。

大数据价值：大数据之重在于其"全"，蕴含在大数据中的价值使得大数据已经成为信息产业中最具潜力的"蓝海"，人们赋予数据更多的意义，使数据成为信息资源的载体。大数据的价值在于运用。大数据在各个行业广泛应用，从而促进社会价值的快速提升，这才是其最终的价值实现。这也使学习及掌握大数据处理工具和获得解决方案显得十分迫切。大数据的出现将会对社会各个领域产生深刻影响，"用数据来说话、用数据来管理、用数据来决策、用数据来创新"是这个时代的鲜明特征。大数据对社会各层面的现在和未来产生巨大影响，包括决策、预测和洞见等。

大数据人才：大数据时代需要一大批具备大数据知识和技能的人才，一方面，需要一部分专业人才不断研究大数据科学和技术，另一方面，其他领域的人才应该能充分了解大数据并将其与自己的专业领域结合，推动新技术和新应用的发展，这两个方面的人才都是不可或缺的。因此，以不同的需求，从不同的角度学习并了解大数据是本书编写的基本出发点。

本书的编写力求理论联系实际，结合一系列与大数据理念、技术与应用相关的学习和实践活动，把大数据的相关概念、基础知识和技术技巧融入实践当中，使学生保持浓厚的学习热情，加深对大数据技术和运用的认识、理解。努力让非技术专业的读者看懂数据科学的理论及方法。应用部分特别关注医疗、金融、旅游和制造业等，如电子病历的改革、大数据对旅游业的促进、大数据在金融业的应用以及大数据给制造业带来的挑战。这些应用为相关章节的知识提供了现实场景，加深了读者对大数据实际应用的认识。另外，本书大量应用了简单的图表说明，使逻辑更加清晰，便于读者理解。

本书由天津财经大学的教师和研究生团队编写。参加编写工作的人员具体分工为：杨尊琦和林海负责大纲的制定、全书的校改和第 1 章编写等工作；朱笑笑负责第 2 章和第 8 章的编写；潘婧炜负责第 3 章和第 9 章的编写；王雅萌负责第 4 章和第 5 章的编写；张琳负责第 6 和第 7 章的编写；刘君玲负责第 10 章和第 11 章的编写。本书在编写过程中参考了很多优秀的教材、专著和网上资料，在此对所有被引用文献的作者表示衷心的感谢。

特别要感谢机械工业出版社郝建伟编辑的鼎力支持。

由于编者水平、能力有限，书中难免有不当之处，希望读者给予指正，不吝赐教。

编　者

目录

第1章
大数据基础

大数据正在以迅雷不及掩耳之势迅猛发展，"大数据"一词受到越来越广泛的关注，大数据技术早已渗透到社会、经济和个人生活的方方面面。今天的每个组织、每个人无不受到大数据的冲击和影响，而且在可以预见的未来，大数据对人类的影响将更加深远和强烈。

大数据可能是工业革命以来给人类带来最巨大冲击，引起社会重大变革和发展的又一起"大事件"。工业革命使人类步入了现代化的进程并一直延续到今天。20世纪中期兴起的信息技术革命，可以说是人类智能化的起步，而智能化无疑是未来的发展方向。如果说工业革命的核心是动力革命，那么信息技术革命的核心是什么呢？从目前的情况看，数据是信息技术的根本，而大数据将是智能化的核心。

面对世界百年未有之大变局，各行业正积极搭建大数据发展及实践的"立体骨架"，不断巩固大数据先发优势，加快推进大数据创新升级。面向未来的职场，大数据理论、大数据应用的普及十分重要，为此开启"大数据导论"这门课，为今后进一步深入学习起到牵引作用。本章介绍大数据是什么，大数据的特征以及大数据如何运用。

【案例1-1】"北斗+大数据"赋能智慧交通

北斗卫星导航系统是我国科技创新、科技自立自强的重大成果，也是国家的名片，充分展示了中国速度、中国精度、中国力量和中国创造。随着互联网、大数据、云计算、物联网等技术的发展，我国卫星导航服务产业高速发展。

在交通运输领域，北斗系统广泛应用于重点运输过程监控、公路基础设施安全监控、港口高精度实时定位调度监控等领域，这极大地促进了城市轨道交通、公交系统和

> 📖 **知识拓展**
> 北斗产业化

高速公路智能化管理的智慧交通的实现。2020年，超700万辆道路营运车辆已安装并使用北斗系统；3.63万辆邮政快递车辆安装北斗终端；约1600艘公务船舶安装并使用北斗系统；约350架通用飞行器使用北斗系统，占比12%，并首次应用于运输航空器。利用北斗卫星的高精准定位功能及大数据高速处理能力，可准确判断车辆在收费公路上的出入车道和行驶轨迹，实现公路按里程收费的目标，使人民群众出行更便利、路网运行更高效，为未来自动驾驶、车路协同技术的发展应用提供优越的智慧交通环境。交通大数据的使用可挖掘和利用信息数据的深层价值，对数据进行分析后能对现存的实时数据充分利用，例如，统计客流数据、及时检测出交通异常事件等，有利于交通部门实现智能调度、交通规划、交通行为管理以及交通安全预防等监管和决策，提高响应速度。结合国家北斗应用推广大战略，加快上市公司在数据采集、数据处理、数据通信、数据存储、数据应用、数据资产化等全链条能力的构建和业务拓展。图1-1所示为中国北斗卫星图，图1-2所示为北斗公路自由流收费图。

图1-1 中国北斗卫星图

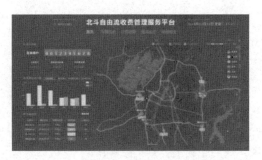

图1-2 北斗公路自由流收费图

除了在交通方面的应用，北斗在其他方面的应用也越来越广泛，其产品也更加丰富和多元化。北斗系统提供服务以来，已在交通运输、农林渔业、水文监测、气象测报、通信授时、电力调度、救灾减灾、公共安全等领域得到广泛应用，服务国家重要基础设施，产生了显著的经济效益和社会效益。基于北斗系统的导航服务已被电子商务、移动智能终端制造、位置服务等厂商采用，广泛进入我国大众消费、共享经济和民生领域，应用的新模式、新业态、新经济不断涌现，深刻改变着人们的生产生活方式。我国将持续推进北斗应用与产业化发展，服务国家现代化建设和百姓日常生活，为全球科技、经济和社会发展作出贡献。

案例讨论：
- 查阅资料，了解我国北斗导航系统在电力调度、救灾减灾方面的应用。
- 简述大数据与我国北斗导航系统的联系。

1.1 大数据时代

21世纪已然成为一个大数据时代，本节将从大数据时代的技术基础谈起，进而认识大数据引发的社会变革、经济变革和个人生活方式变化。

1.1.1 大数据时代的技术基础

普适计算之父马克·韦泽说："最高深的技术是那些令人无法察觉的技术，这些技术不停地把它们自己编织进日常生活，直到你无从发现为止。"20世纪末的IT技术的老四大件包括硬件、软件、通信和网络，已经在人们生活和社会中发挥着关键作用。现在人们又开始深度运用IT技术，新的四大件由大数据、云计算、移动商务和社交网络组成，正在主宰着人们的日常生活并驾驭着各个组织的运营。每个组织都努力从技术发展和应用的特征中把握前进方向并获取竞争优势。

1. 技术发展范式

英国演化经济学家卡罗塔·佩雷斯绘制了技术-经济范式演化的4个阶段，如图1-3所示。一项技术的出现首先经历爆发阶段，而后是狂热阶段，再经过一番调整进入协同阶段，最后进入成熟阶段。狂热阶段和协同阶段之间会有狂热泡沫之后的调整期。在导入期有大量的金融资本投入关键产业和基础设施中，此时旧有的范式进行抗争并产生矛盾冲突。这种技术-经济范式在人类经过的几次技术革命中普遍适用。例如，互联网的出现就历经了这样的一个过程。

微视频
大数据时代

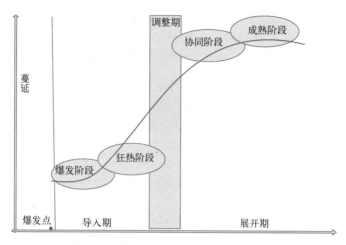

图 1-3　技术-经济范式演化的 4 个阶段

从大型计算机的诞生、微机的产生、浏览器的出现，到网络时代和大数据时代的交叠与发展，阿里研究院依据国家统计局的数据划分出近几十年内技术发展的不同时期，反映出随着时间的推移和新技术的推出，数据被利用的程度逐步加大。图 1-4 说明了技术的扩散和蔓延。

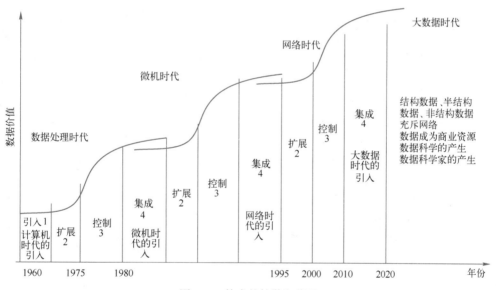

图 1-4　技术的扩散和蔓延

图 1-4 中每一个阶段都包括引入期、扩展期、控制期和集成期，两个相邻的阶段又有交叠，这加速了发展的进程。从图中可以看出，数据利用价值随着时代的进步逐步提高。大数据时代正走向高峰期。在此期间，各个组织会从形式各样的数据中提炼、洞见出有价值的内容，为决策者所用。

以云计算、大数据、移动互联网、物联网为代表的新一代信息技术正在改变社会的运行方式，数据价值的挖掘和利用成为组织利用大数据的主要目的。

2. 物联网

物联网（Internet of Things，IoT）是指物物相连的互联网。这包含了两层意思：第一，物

3

联网的核心和基础仍然是互联网，是在互联网基础上延伸和扩展的网络；第二，其用户端延伸和扩展到了任何物品与物品之间，进行信息交换和通信，也就是物物相关。

物联网通过智能感知、识别技术与普适计算等通信感知技术，广泛应用于网络的融合中。物联网是互联网的应用拓展，与其说物联网是网络，不如说物联网是业务和应用。因此，应用创新是物联网发展的核心，以用户体验为核心是物联网发展的灵魂。

📖 利用局部网络或互联网等通信技术把传感器、控制器、机器、人员和物等通过新的方式联系在一起，形成人与物、物与物相连，实现信息化、远程管理控制和智能化的网络。

物联网是互联网的延伸，它包括互联网及互联网上所有的资源，兼容互联网所有的应用，但物联网中所有的元素（所有的设备、资源及通信等）都是个性化和私有化的。物联网通过先进成熟的科学技术手段，实现了物品所涉及的数据信息在互联网整体范围内的统筹联动，从而进一步强化并提升各个行业领域运行发展规范化及标准化的总体水准。

3. 云计算

云计算是继互联网、计算机后信息时代的又一种新的变革。云计算（Cloud Computing）是分布式计算的一种，是指通过网络"云"将巨大的数据计算处理程序分解成无数个小程序，然后通过由多部服务器组成的系统来处理和分析这些小程序得到的结果并返回给用户。云计算服务被推出以来，经历了一个逐渐成熟的过程。虽然关于云计算的定义很多，但它的核心概念都是以互联网为中心，在网站上提供快速且安全的云计算服务与数据存储，让每一个使用互联网的人都可以使用网络上的庞大计算资源与数据中心。

云计算的发展为整合打通业务系统、聚合数据提供了技术支撑，政府、企业信息化建设模式从以业务应用为中心转变为以数据为中心。企业服务器的存储方式迅速转换为云端的存储方式。美国得克萨斯大学的研究表明，大数据技术可以有效改善企业的数据资源利用能力，提高从数据到信息的转化率，让企业的决策更为准确，从而提高整体运营效率。表1-1所示为在充分利用大数据后，预测的企业人均产出提高的百分比。

表1-1 利用大数据后企业人均产出提高百分比预测

行 业	效率提高程度
世界财富100强中的企业人均产出	14.4%
零售、咨询服务行业人均产出	49%、39%
食品、建筑、钢铁人均产出	20%以上

云计算应用为大数据技术的发展提供了一定的数据处理平台和技术支持，大数据为云计算应用提供了数据环境；云计算平台为物联网的不断发展提供海量数据存储保障，同时物联网为云计算应用平台提供了无限的应用空间；物联网作为大数据的重要来源，将推动大数据技术的更广泛应用。大数据核心技术的发展也为物联网上产生的数据提供了强大的分析能力。因此，从整体来看，物联网、大数据和云计算这三者是相辅相成的，三者之间相互融合、相互促进、相互影响。

物联网对应了互联网的感觉和运动神经系统。云计算是互联网的核心硬件层和核心软件层的集合，也是互联网中枢神经系统的萌芽。大数据代表了互联网的信息层（数据海洋），是互联网智慧和意识产生的基础。

物联网、传统互联网和移动互联网在源源不断地向互联网大数据层汇聚数据和接收数据。在移动互联网上产生的数据呈爆发式增长。

1.1.2　大数据时代的变革

大数据正在引发人类活动 3 个层面的变革：社会变革、经济变革和个人生活方式变化。新技术的出现对各领域的冲击是超乎人们想象的。大数据时代，传统模式已不适用，整合的、跨界的管理创新模式正在形成。数据重构各产业，流量改写未来，传统的运营模式渐渐消失，新的运营模式正在产生。

📖 所谓跨界，是指不是本专业的，全部来自于另一个领域。广告业、运输业、零售业、酒店业、服务业、医疗卫生等，都可能被新的管理模式击破。更便利、更关联、更全面的商业系统，正在逐步形成。

---

1. 大数据引发社会变革

1）大数据将改变人类社会认识自然和宇宙方式的深度及广度，改变人与自然的关系。大数据科学和方法以及相关工具使人类更加全面、细化地了解自然。随着人们对自然更深入的了解，人与自然的关系将更加和谐。

如今，我国积极倡导的环境保护是一项系统化的工程，需要综合考虑多个方面的因素。而大数据系统中包含了种类丰富的数据信息，可以基于多个角度对生态环境保护工作的开展情况进行分析与评估，对影响因素进行分析。除此之外，大数据系统中的数据更新速度更快，可以为特殊的生态环境保护提供实时性的帮助。

2）大数据将改变社会组织、群体结构及其联动方式。涂子沛在《大数据：正在到来的数据革命》一书中指出："大数据时代是一个更开放的社会、一个权力更分散的社会、一个网状的大社会。"大数据使群体的存在更加多元化、灵活化、网络化、开放化，使群体之间的互动和交流更加快速化、便捷化。近几年，人们强烈感觉到世界在变小，对世界的了解越来越方便，数字城市、各项社会服务功能的自动化、智能化等都有大数据的支持。

3）大数据使社会活动和社会管理的方式发生变革。大数据使人类的活动方式（如社交、消费、文化等众多方面）发生了全面的变化，如社交网络形成了虚拟与现实结合的群体及其活动，电子商务导致了消费方式的变化和范围的扩展，各种"共享"活动方式等，这些没有大数据的支持是不可能的。那么，对这些新的社会活动方式的管理，也必然是基于大数据的。

大数据给人类社会的发展带来了机遇和挑战，人类必须面对和迎接这种挑战，从中发现机会、抓住机会、利用机会，从而不断地适应和推动社会的发展与进步。

2. 大数据引发经济变革

新技术的突破对经济方面的影响也十分巨大。大数据技术以及与之相关的信息技术在20 世纪中期逐渐发展和成熟起来，其对经济的影响已经初见端倪，每个人都能感受到物质产品的日益丰富，更新换代的速度越来越快。

1）大数据将改变实体企业生产制造的方式。传统的制造方式经历了批量生产、精细生产、敏捷制造的过程，正在探寻着智能制造的方式。具体表现为：大数据为企业全过程设计、创新、生产、经营、管理、决策服务，为企业的发展战略和目标的实现服务；大数据有利于供应链的优化、产业链的完善、生态链的形成和优化；大数据预测行业和宏观决策调控的实际需求，提高行业和宏观经济管理决策质量、能力；大数据为企业及行业的装备、工艺、生产线、供应链的转型升级服务；大数据在制造业的运用将会是一次新的工业革命，工业 4.0 和中国制造 2025 等是最直接的表现。

2）大数据将引发产业结构的调整和升级。

对产业的影响体现在以下几个方面：

- 运用大数据和信息技术将农业生产资料和要素整合起来，进行科学、精准的农业科研和生产，实现农业的智慧化、生态化、健康化。
- 促进第二产业的升级，大数据加速信息化、工业化和智能化的进程。
- 大数据在第三产业中最大的特点是服务的实时化、精准化、个性化和可追溯化。
- 大数据将打破产业之间和区域之间的界限。大数据也是一种资源，那么围绕着这种资源的竞争和价值的提升与创造，必然会产生新的业态，从而逐渐形成一些产业。

大数据及相关技术的运用意味着一种全新的资源配置手段的出现，它的效率远远高于传统配置方法。

3）大数据引发经营管理模式和商业模式的变革。

大数据对企业的思维层面、组织层面、运作层面、经营层面和技术层面都会产生重大影响，从而导致企业经营管理和商业模式的巨大变革。表 1-2 列举了大数据影响企业管理方面的内容。

表 1-2　大数据影响企业管理方面的内容

企业管理方面	变　革　内　容
组织结构	大数据和互联网等信息技术使组织管理的层次减少，范围扩大，决策速度加快
人力	大数据人才需求的剧增，人力资源管理方式的改变表明了这个时代的要求
流程	依据大数据的流程再造使生产运作发生彻底的、戏剧性的、根本的改变，真正实现科学管理
制造	用数据可视化实现全过程的控制，使生产运作过程达到时时在线控制，提高生产效率，减少资源浪费
市场	基于大数据分析的市场决策、产品决策、产品设计等把消费者需求、供应商与生产紧密联系起来，实现三者的无缝对接。随着大数据使市场的概念和范围扩大，B2C、M2C、C2M 将从区域的范围真正实现全球化、国际化
客服	以消费者为中心的企业经营依托大数据将更加真实可行，实现个性化需求，消费者参与产品设计制造，从更深的层次实现着这一理念

这些都是大数据给企业经营层面带来的变革，也可以说是商业模式的变革。从消费者角度，人们能够强烈地感受到这些变革所带来的影响。

3. 大数据引发个人生活方式变化

大数据将影响人们的思维方式和行为方式，而这两种方式是人类活动的根本特征，这两种活动方式的变化直接表现在人类日常的生活当中，体现在每个人的衣、食、住、行、工作、学习、健康、交友、娱乐活动中。

1）大数据引发的人类思维的变化，是最根本、最深远的，又是渐次的、潜移默化的。大数据之所以能引发人类思维方式的变化，主要是由于其本身的特点和相关信息技术引发的人们认知世界的手段和工具的改变。

舍恩伯格指出，在大数据时代，人们对待数据的思维方式会发生如下 3 个变化。

- 人们处理的数据从样本数据变成全部数据，需要的是所有的数据，"样本＝总体"。
- 由于是全样本数据，因此人们不得不接受数据的混杂性，而放弃对精确性的追求，只有接受不精确性，才能打开一扇从未涉足的世界的窗户。
- 人类通过对大数据的处理，放弃对因果关系的渴求，转而关注相关关系，人们不必必须知道现象背后的原因，而是要让数据自己"发声"。

这就意味着人类在看待事物、探索世界、解决问题时的角度、方式、深度、广度等都会发生转变，从而认知的结果也会发生改变。

2）大数据引发人类行为方式的变化已经越来越被人们感知，从最通俗的人类行为分类来看，人的衣、食、住、行、工作、学习、健康、交友、娱乐活动是最基本、最容易理解的行为，而这些行为在今天正发生着巨大的变化，且与大数据和相关信息技术息息相关。例如：

- 网络订餐已经改变了很多人吃饭的方式，人们可以通过各种信息精心挑选适合自己的食品。
- 智能家居在众多家庭中已被广泛应用，人们居住的环境更加舒适化和智能化。
- 健康运动能够使人们随时查看自己的运动量和身体健康情况，在必要时还可以及时向健康专家咨询。
- 医院利用大数据可视化会诊，以及各种先进的医疗设施，使人类对健康的理解和关心达到了一个新的层次。
- 社交网络"朋友圈"不仅是一个群体的概念，而且延伸到了诸如消费、娱乐等其他方面。

总之，今天的很多人类行为都受到了大数据及相关信息技术的影响。

1.1.3　信息技术（IT）向数据技术（DT）的转变

IT 界有句非常著名的话："人类正在从 IT 时代走向 DT 时代。" IT 界提到的 IT 是指 Information Technology，即"信息技术"。那么，与此对应，DT 就应该是 Data Technology，即"数据技术（或数据处理技术）"。以大数据技术为代表的 DT 时代和过去人们所知的 IT 时代是两个时代。IT 时代可让自己更加强大，DT 时代可让别人更加强大；IT 时代可让别人为自己服务，DT 时代可让自己去服务好别人。图 1-5 所示为从 IT 时代到 DT 时代的技术转化。

📖 DT 时代是一个充满流动的时代，会更加透明、利他，更注重责任和体验。

对图 1-5 的理解可通过表 1-3 加以认识。

表 1-3　两个时代的比较

特　　征	IT 时代	DT 时代
技术支撑不同	基于硬件、软件、通信和网络	大数据、云计算、社交网络和移动商务
业务边界不同	基于企业内部业务	不仅有内部数据，还需要各种外部数据
	基于企业运营系统	企业系统、社交商务系统、社交媒体
	由业务系统积淀和分析出业务报表	由大数据技术和平台进行智能挖掘和分析支持决策

由数据驱动的时代商业模式将是 C2B（Customer to Business）而不是 B2C。IT 以自我控制、自我管理为主，DT 以服务大众、激发生产力为主。

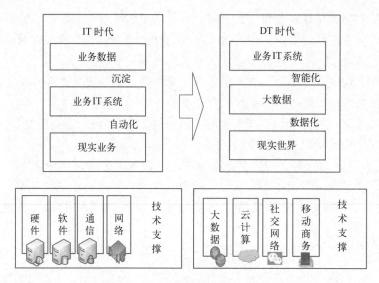

图 1-5 从 IT 时代到 DT 时代的技术转化

大数据时代的来临已经引发了众多领域的变革。其核心在于为客户挖掘数据中蕴含的价值，而不是软硬件的堆砌。因此，应用模式、商业模式研究将是大数据产业健康

📖 知识拓展
C2B 和 B2C

发展的关键。大数据就是互联网发展到现今阶段的一种必然产物，没有必要神话它，在以云计算为代表的技术创新平台上，这些原本很难收集和使用的数据开始容易被利用起来了。通过各行各业的不断创新，大数据正在逐渐为人类创造更多的价值。

例如，企业应该制定数据时代应对策略以充分利用其蕴含的商业价值。

1）应当通过云平台实现数据大集中，形成企业数据资产。这是集团企业利用大数据资源的重要基础。只有把集团的信息化架构向云平台迁移，才能促使集团数据的集中与统一管理，从而在此之上对数据资源的价值进行挖掘，促进企业数据的资产化。

2）应当深度挖掘大数据的价值，推动企业智能决策。企业应当重视对大数据价值的深入分析与挖掘，推动企业决策机制从"业务驱动"向"数据驱动"转变。可以说，数据将成为企业的利润之源，掌握了数据也就掌握了竞争力，企业必须更加注重数据的收集、整理、提取与分析。

1.1.4 大数据的价值

大数据蕴含着巨大的科学研究价值、公共管理与服务价值、商业价值以及支持科学决策的价值。因此，大数据并不在于"大"，而在于"有用"。价值含量比数量更重要。其价值所在就是从海量数据中获得知识，基于分析与洞察，实现从知识发现到价值发现的转换，进而开展有效的管理决策。

谈到大数据的价值，首先应该明确其用户到底是谁。其中有的针对企业数据市场，有的针对终端消费者，有的针对政府公共服务等。针对不同的用户，其价值就有所不同。接下来主要讲述大数据对企业、个人、社会的价值内涵。

（1）大数据给企业带来价值

大数据对企业的价值有很多：大数据帮助企业挖掘市场机会，探寻细分市场，提高企业

决策能力，创新企业管理模式，挖掘管理潜力，变革商业模式，催生产品和服务的创新。

　　大数据通过分析企业获得的大量数据来帮助企业挖掘市场机会并细分市场，针对每个群体采取量体裁衣般的独特行动，最终能够缩短企业研发产品时间，提升企业在商业模式、产品和服务上的创新能力，大幅提升企业的商业决策水平。在宏观层面，大数据使得经济决策部门能够更敏锐地把握经济走向，制定并实施科学的经济政策。在微观方面，大数据能够有效提高企业经营决策的水平和效率，推动创新，给企业、行业领域带来价值。数据正在逐渐成为企业的战略资产。数据挖掘不仅本身能够帮助企业降低成本，还能够通过挖掘业务流程各环节的中间数据和结果数据发现流程中的瓶颈因素，找到改善流程效率、降低成本的关键点，从而优化流程，提高服务水平。

　　大数据时代以利用数据价值为核心，新兴的商业模式正在不断涌现。企业利用大数据能够创造新产品和服务，从而改善现有的产品和服务，以及发明全新的业务模式。另外，大数据技术可以整合、挖掘、分析其所掌握的庞大数据信息，构建系统化的数据体系，从而完善企业自身的结构和管理机制。

　　（2）大数据给消费者带来价值

　　对个体而言，大数据可以为个人提供个性化的医疗服务。例如，在大数据的帮助下，诊疗可以对一个患者的累计数据进行分析，并结合遗传变异、对特定疾病的易感性和对特殊药物的反应等关系，实现个性化的医疗。如果企业能够提供机场、高速公路的数据，提供航班可能发生延误的概率，那么这种服务可以帮助个人、消费者更好地预测行程，而这种类型的创新，就得益于公共的大数据。

　　（3）大数据为社会创造价值

　　大数据可以有效地提升社会治理水平，维护社会的和谐稳定。近年来，我国已经陆续建设智慧城市，智慧城市的概念包含了智能安防、智能电网、智慧交通、智慧医疗和智慧环保等诸多领域，而这些都要依托于大数据。例如，在治安领域，大数据已经被用于监控管理信息、分析犯罪模式和预测犯罪模式。在医疗领域，电子病历档案的数字化、对病人体征数据的收集分析，可以应用于远程医疗、医疗研发等。政府大数据已经被广泛地应用在智慧城市建设中，有效地拉动了大数据的市场需求和大数据产业的发展，使得大数据在各个领域的应用价值得以显现。

　　通过以上这些行业典型大数据的应用案例和场景，人们不难发现大数据的价值。大数据的价值可以总结为：提升组织效率，降低组织运营成本，推动组织环境创新。数据本身就是价值来源，因此如何获取这些数据并对这些数据进行有效分析就显得尤为重要。未来，大数据还将改变人类的思考模式、生活习惯和商业法则，引发社会发展的深刻变革，同时也是未来重要的国家战略之一。

1.2　什么是大数据

　　随着社会的发展，以及技术的不断进步，人们驾驭和管理的业务范围逐步扩大，特别是互联网出现以后，社交网络、社交商务平台上的数据、图像、声音及视频的数据数量远远大于传统的管理系统中运行的结构性数据的数量。由于这部分数据的涌现，管理组织中的对象从一般的数据管理发展到大数据管理。本节将介绍大数据的来源及定义、大数据的特征，并且回答在数据时代如何利用大数据为组织管理提供有价值的内容和为决策提供支持等问题。

1.2.1 数据基本知识

数据是各种符号，如字符、数字等；数据也是原始事实的符号记录，如声音、图片动画、视频多媒体等。要保证其原始性和真实性，需要进行后期加工。信息是人们为了某种需求而对原始数据加工重组后形成的有意义、有用途的数据。

在信息系统的表达上，可以把数据放在输入端，把信息放在输出端。从信息的角度看，数据可以从数据输入和输出的位置得到理解。图1-6所示为信息系统工作图。

图1-6 信息系统工作图

人们掌握数据资源是为了提炼数据得到有用的资源，称为信息。在信息的基础上提炼和总结成具有普遍指导意义的内容，包括共性规律、理论、模型模式方法等知识。运用知识，结合经验创造性地预测未来，解释现象和问题，从而形成智慧。从数据到智慧的升级也是从认识局部到认识整体，从描述过去或现在到预测未来的过程。图1-7所示为从数据到智慧的阶梯。

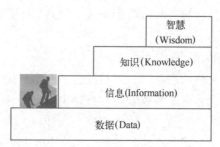

图1-7 从数据到智慧的阶梯

数据处理技术包括数据的采集、存储、处理、分析、表现等，目的是把数据变成有价值的信息，乃至将数据挖掘或处理升华成知识。

📖 数据、信息和知识三者既有区别又有联系：数据是信息的载体，是信息的原始记录，包括数字、语言、文字、声音、图形、图像等多种形态；信息是经过加工后的对某现象具有一定解释力的数据，或者说是有价值的数据；知识是对信息的进一步提升，是更加系统化、理论化的信息。运用知识并结合经验创造性地预测、解释和发现是智慧。

事实上，数据处理技术与信息处理技术并无本质区别，都是解决如何将数据处理加工成信息乃至知识的技术。如果非要加以区分的话，那么可以认为联机在线事务处理

📖 **知识拓展**
OLTP和OLAP

（On-Line Transaction Processing，OLTP）是侧重于数据处理的技术，而联机在线分析处理（On-Line Analytical Processing，OLAP）是侧重于信息和知识处理的技术，而这种区分只能说是"侧重"而已，实际并无绝对界限。数据处理是基础（例如，将原始的有"噪声"的数据经过"清洗"等处理，变成可以进一步加工处理的数据），信息处理是在此基础上的更

高一层的应用，两者紧密相连，不能完全隔离开来。

1.2.2　大数据的来源及定义

一般数据是基于信息技术发展的早期信息系统里数据库中的数据，或管理本地的数据，或驾驭远程的数据库中的数据。近几年，管理模式不断创新，社会网络的出现、跨界数据管理、物联网增长都在催生大数据的出现。一般数据和大数据有本质的区别，在介绍什么是大数据之前，先认识大数据是如何产生的。

1. 大数据来源

1）物联网、云计算、移动互联网、车联网、手机、平板计算机、PC 以及遍布地球各个角落的各种各样的传感器，无一不是数据来源或者承载的方式。

2）大数据包括网络日志、RFID、传感器网络、社会网络、社会数据、互联网文本和文件；互联网搜索索引；呼叫详细记录，天文学、大气科学、基因组学、生物地球化

> 📖 **知识拓展**
> RFID 介绍

学、生物，以及其他复杂或跨学科的科研、军事侦察、医疗记录；摄影档案馆视频档案；大规模的电子商务记录。

图 1-8 所示为物联网、云计算、传统互联网、移动互联网的关系，展示出大数据在物联网智能设备上产生的数据存储在云端形成大数据的情况。

大数据如此庞大而复杂，它们需要专门设计的硬件和软件工具进行处理。该数据集通常是万亿或 EB 的大小。这些数据具有各种各样的来源：传感器、气候信息及公开的信息，如杂志、报纸和文章。大数据产生的其他例子包括购买交易记录、网络日志、病历、军事监控、视频和图像档案，以及大型电子商务记录。

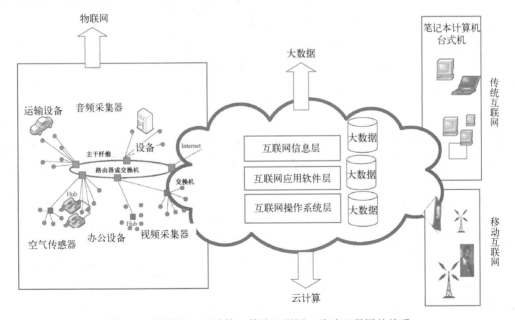

图 1-8　物联网、云计算、传统互联网、移动互联网的关系

2. 大数据定义

在维克托·迈尔-舍恩伯格及肯尼斯·库克耶编写的《大数据时代》一书中，大数据分

析是指不用随机分析法（抽样调查）这样的经典方法，而是对数据集进行分析处理。广义上的数据和大数据包括信息。

大数据（Big Data），或称巨量资料，是指所涉及的资料量规模巨大到无法通过目前主流软件工具，在合理时间内撷取、管理、处理并整理为能够帮助企业经营决策的资讯。或定义为无法在一定时间范围内用常规软件工具进行捕捉、管理和处理的数据集合，是需要新处理模式才能具有更强的决策力、洞察发现力和流程优化能力的海量、高增长率和多样化的信息资产。

Lisa Arthur 在《大数据营销》一书中将大数据定义成纷繁杂乱的、互动的应用程序和流程。她把大数据比喻为数据"毛球"，如图 1-9 所示。在一些企业中，混乱的数据中包含的信息，可能分布于市场营销部门、财务部门、销售部门和客户服务部门。而在另外一些公司，这些混乱的数据可能来自市场营销服务提供商、独立的电子商务网站、未归档的呼叫中心的对话录音，以及公司或合作伙伴的部门和部分网页的活动数据日志。

图 1-9　数据"毛球"

麦肯锡全球研究所给出的大数据定义是：一种规模大到在获取、存储、管理、分析方面大大超出了传统数据库软件工具能力范围的数据集合，具有海量的数据规模、快速的数据流转、多样的数据类型和价值密度低四大特征。

IBM 公司赋予大数据"领悟数据，提升见识，洞察秋毫，驱动优化"4 个内涵，侧重于大数据技术的应用，强调大数据间相关性的发现，其核心能力是"大数据中的价值发现和应用"。

大数据技术的战略意义不在于掌握庞大的数据信息，而在于对这些含有意义的数据进行专业化处理。换言之，如果把大数据比作一种产业，那么这种产业实现盈利的关键在于提高对数据的"加工能力"，通过"加工"实现数据的"增值"。

大数据必然无法用单台的计算机进行处理，必须采用分布式架构。它的特色在于对海量数据进行分布式数据挖掘。但它必须依托云计算的分布式处理、分布式数据库、云存储和虚拟化技术。随着互联网及其应用的发展，不断形成的大数据是一类由互联网衍生而来的重要的人造资源。从管理角度，大数据是一类反映物质世界和精神世界运动状态和状态变化的资源，它具有决策有用性、功能多样性、应用协同性、可重复开采和安全风险性。

随着云时代的来临，大数据通常用来形容一个公司创造的大量非结构化数据和半结构化数据，这些数据在下载到关系型数据库用于分析时会花费过多时间和金钱。大数据分析常和云计算联系到一起，因为实时的大型数据集分析需要像 MapReduce 框架一样向数十台、数百台甚至数千台的计算机分配工作。每天数以亿计的数据产生着，云计算、云存储的应用有效地将这种隐态资源转化为可用资源，这种资源无疑会成为国家、组织和个人的最重要的财富。

> 🎥 **微视频**
> 大数据的特征、维度及技术

1.2.3　大数据的特征、维度及技术

大数据通常用来形容某个组织或企业创造的大量非结构化和半结构化数据。面对复杂的大数据困扰，可以通过大数据的特征来理解。

1. 大数据的特征

尽管大数据难于梳理，但可以提炼它的主要特点。大数据有 4 个层面特点，也可将其归纳为 4 个 "V" ——Volume、Variety、Value、Velocity。IBM 则提出大数据的 5V 特点：Volume（大量）、Velocity（高速）、Variety（多样）、Value（低价值密度）、Veracity（真实性）。表 1-4 汇总了大数据特征。

1）数据体量巨大（大量）（Volume）。从 TB 级别，跃升到 EB 级别（1 TB = 1024 GB；1 PB = 1024 TB；1 EB = 1024 PB）。

2）数据类型繁多（多样）（Variety）。例如，网络日志、视频、图片、地理位置信息等。

3）价值密度低（Value）。价值密度低，商业价值高。以视频为例，在连续不间断监控过程中，可能有用的数据仅仅有 1~2 s。

4）处理速度快（Velocity）。由通常的离线处理变为在线处理，由在线事务处理（OLTP）变为在线分析处理（OLAP）。数据是永远在线的，是随时能调用和计算的，这是大数据区别于传统数据最大的特征。现在所谈的大数据不仅仅是大，更重要的是数据变得在线了，这是互联网高速发展背景下的特点。

表 1-4　大数据特征

方　面	特　征
容量（Volume）	数据量巨大，来源多渠道
种类（Variety）	数据类型的多样性
速度（Velocity）	获得数据的速度
可变性（Variability）	数据的大小决定所考虑的数据的价值和潜在的信息
真实性（Veracity）	数据的质量
复杂性（Complexity）	妨碍了处理和有效地管理数据的过程
价值（Value）	合理运用大数据，以低成本创造高价值

2. 大数据的 3 个维度

下面系统地认识大数据的维度，可以从理论、技术和实践 3 个维度来展开。图 1-10 所示为大数据的 3 个维度。

（1）理论维度

理论是认知的必经途径，也是被广泛认同和传播的基础内容。从大数据的特征定义理解

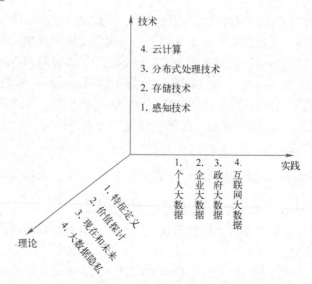

图 1-10　大数据的 3 个维度

行业对大数据的整体描绘和定性；从对大数据价值的探讨来深入解析大数据的珍贵所在；从对大数据的现在和未来去洞悉大数据的发展趋势；从大数据隐私这个特别而重要的视角审视人和数据之间的长久博弈。

（2）技术维度

技术是大数据价值体现的手段和前进的基石，分别从云计算、分布式处理技术、存储技术和感知技术的发展来说明大数据从采集、处理、存储到形成结果的整个过程。

（3）实践维度

实践是大数据的最终价值体现。从互联网大数据、政府大数据、企业大数据和个人大数据 4 个方面来描绘大数据已经展现的美好景象及即将实现的蓝图。

3. 大数据技术

大数据需要特殊的技术，以便有效地处理跨多个服务器和离散存储的数据。适用于大数据的技术包括大规模并行处理数据库、数据挖掘、信息可视化、分布式文件系统、分布式数据库、云计算平台、互联网和可扩展的存储系统。

1.3　大数据结构类型

大数据结构类型包括结构化、半结构化和非结构化。本节将依次介绍大数据存储容量、大数据结构特征、大数据的数据类型、数据的复杂性和多样性。

1. 大数据存储容量

大数据的存储结构小到以字节表示，大到 NB 和 DB 级别。以 2^{10} 逐级增长。数据最小的基本单位是 bit，按顺序给出所有单位：bit、B、KB、MB、GB、TB、PB、EB、ZB、YB、BB、NB、DB。

它们按照进率 1024（2^{10}）来计算：

1 KB（KiloByte）＝ 2^{10}B

1 MB（MegaByte）＝ 2^{10}KB

1 GB（GigaByte）＝ 2^{10}MB ＝ 2^{20}KB ＝ 2^{30}B

1 TB（TeraByte）＝ 2^{10}GB ＝ 2^{20}MB ＝ 2^{30}KB ＝ 2^{40}B

1 PB（PetaByte）$= 2^{10}$TB $= 2^{20}$GB $= 2^{30}$MB $= 2^{40}$B $= 2^{50}$B

1 EB（ExaByte）$= 2^{10}$PB $= 2^{20}$TB $= 2^{30}$GB $= 2^{40}$MB $= 2^{50}$KB $= 2^{60}$B

1 ZB（ZettaByte）$= 2^{10}$EB $= 2^{20}$PB $= 2^{30}$TB $= 2^{40}$GB $= 2^{50}$MB $= 2^{60}$KB $= 2^{70}$B

1 YB（YottaByte）$= 2^{10}$ZB $= 2^{20}$EB $= 2^{30}$PB $= 2^{40}$TB $= 2^{50}$GB $= 2^{60}$MB $= 2^{70}$KB $= 2^{80}$B

1 NB（NonaByte）$= 2^{10}$YB $= 2^{20}$ZB $= 2^{30}$EB $= 2^{40}$PB $= 2^{50}$TB $= 2^{60}$GB $= 2^{70}$MB $= 2^{80}$KB $= 2^{90}$B

1 DB（DoggaByte）$= 2^{10}$NB $= 2^{20}$YB $= 2^{30}$ZB $= 2^{40}$EB $= 2^{50}$PB $= 2^{60}$TB $= 2^{70}$GB $= 2^{80}$MB $= 2^{90}$KB $= 2^{100}$B

一方面，数据规模的"存量"和"增量"在快速增长。另一方面，人们缺乏对"大数据"的开发利用能力。大数据爆发式的增长情况如表 1-5 所示。

表 1-5　大数据在各行业爆发式的增长情况

年　份	说　明
2013 年	全球数据总量大约为 4.4 ZB
2020 年	全球数据量增长至 60 ZB
其他	纽约证券交易所：4~5 TB/天 Illumina 的 HiSeq 2000 测序仪：1 TB /天 Facebook：7 PB/月 大型强子对撞机（Large Hadron Collider）：30 PB/年 Internet Archive 项目已存储大约 18.5 PB 的数据

2. 大数据结构特征

数据的结构化程度直接关系到处理数据的方法选择。传统和经典的数据是结构化的，这些数据存储在数据库中，采用相应的数据库技术完成查询和管理需要。而半结构和非结构的数据，就是今天的网页和社交媒体产生的大量音频和视频等数据。大数据的结构特征说明如表 1-6 所示。

表 1-6　大数据的结构特征说明

数据结构类型	说　明
结构化	简单来说就是数据库，例如，企业 ERP、财务系统，医疗 HIS 数据库，教育一卡通，政府行政审批，其他核心数据库等 基本包括高速存储应用需求、数据备份需求、数据共享需求以及数据容灾需求
半结构化	半结构化数据具有一定的结构性。对于半结构化的数据，例如，员工的简历，不像员工基本信息那样一致，每个员工的简历大不相同。有的员工的简历很简单，只包括教育情况；有的员工的简历却很复杂，包括工作情况、婚姻情况、出入境情况、户口迁移情况、党籍情况、技术技能等
非结构化	数据结构不规则或不完整，没有预定义的数据模型，不方便用数据库二维逻辑表来表现。非结构化数据包括所有格式的办公文档、文本、图片、XML、HTML、各类报表、图像和音频/视频信息等 非结构化数据的格式非常多样，标准也具有多样性，而且在技术上，非结构化信息比结构化信息更难标准化和理解

3. 数据类型

变量是用来存储数据值的所在处，它有名称和数据类型。而变量的数据类型决定了如何将代表这些值的位存储到计算机的内存中。数据类型是指变量值的不同类型，例如，姓名是一种数据类型，年龄可能是另外一种数据类型，爱好可能又是另一种数据类型。在计算机语言中，数据的类型可分为基本数据类型和引用数据类型，这里仅简单介绍几种基本数据类型。常用的基本数据类型有数值型、字符型和布尔型。

1）数值型数据（Metric Data）是按数字尺度测量的观察值，其结果表现为具体的数值。现实中所处理的大多数数据都是数值型数据。数值型数据又可分为两大类：整数类型和浮点类型。整数类型有字节（byte）、整型（int）。浮点类型有单精度浮点型（float）和双精度浮点型（double）。

2）字符型数据（Character Data）是不具有计算能力的文字型数据类型，用字母 C 表示。它包括中文字符、英文字符、数字字符和其他的 ASCII 字符。其长度（即字符个数）范围是 0~255。

3）布尔型数据（Boolean Data）是编程语言 Pascal、VB、C++等的一种变量类型。布尔型数据的取值只有两个：false（假）和 true（真）。false 取值为 0，true 取值为 1。

表 1-7 所示为这几种数据类型的介绍。

表 1-7　数据类型介绍

数 据 类 型	内存占用（字节）	数 值 范 围	说　明
byte（字节）	1	-128~127	字节（byte）是计算机信息技术用于计量存储容量的一种计量单位，也表示一些计算机编程语言中的数据类型和语言字符
short int（短整型）	2	-2^{15}~$2^{15}-1$	类型说明符为 short int 或 short，在内存中占两个字节，其取值为短整常数
int（整型）	4	-2^{31}~$2^{31}-1$	计算机中的一个基本的专业术语，指没有小数部分的数据。整型可以用十进制、十六进制或八进制符号指定，前面可以加上可选的符号（ - 或者 +）。包含短整型、长整型、无符号型
long int（长整型）	8	-2^{63}~$2^{63}-1$	类型说明符为 long int 或 long，在内存中占 4 个字节，其取值为长整常数
float（单精度）	4	$-3.40\text{E}+38$~$+3.40\text{E}+38$	这两种类型之间的主要差异在于它们可表示的基数、需要的存储空间以及范围。如果存储比精度更重要，则可考虑对浮点变量使用 float 类型。相反，如果精度是最重要的条件，则使用 double 类型
double（双精度）	8	$-1.79\text{E}+308$~$+1.79\text{E}+308$	
char（字符型）	1	-2^{7}~$2^{7}-1$	char 型数据是计算机编程语言中只可容纳单个字符的一种基本数据类型
boolean（布尔型）	1	true、false	只有两个值：true 和 false

4. 数据的复杂性与多样性

（1）数据的复杂性

复杂数据在可以"成熟地"分析和可视化之前需要额外的准备工作。因此重要的是，通过了解数据的复杂程度以及它在未来的复杂性趋向，来评估大数据/商业智能项目是否能够胜任这一任务。多重数据源通常意味着脏数据，或者遵循着不同的内部逻辑结构的简单的多个数据集。为了确保数据源有统一的数据语言，数据必须被转换或整合到一个中央资源库。数据的复杂性表现为处理大数据或异构数据。

（2）数据的多样性

文本一直是非结构化数据的典型。早期的非结构化数据，在企业数据的语境里主要是文本，如电子邮件、文档、健康/医疗记录。随着互联网和物联网的发展，又扩展到网页、社交媒体、感知数据，涵盖音频、图片、视频、模拟信号等，真正诠释了数据的多样性。

从另一个维度上看，数据的多样性又表现在数据来源和用途上。例如，卫生保健数据大致有药理学科研数据、临床数据、个人行为和情感数据、就诊/索赔记录和开销数据 4 类；而在交通领域，北京市交通智能化分析平台数据来自路网摄像头/传感器、地面公交、轨道交通、出租车以及省际客运、旅游、化学危险品运输、停车、租车等运输行业，还有问卷调查和 GIS 数据。从数据体量和速度上也达到了大数据的规模：4 万辆浮动车每天产生 2000 万条记录；交通卡刷卡记录每天产生 1900 万条；手机定位数据每天产生 1800 万条；出租车运营数据每天产生 100 万条等。图 1-11 所示为不断增长的数据多样性与复杂性。

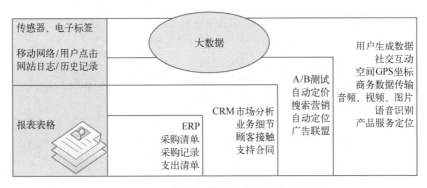

图 1-11　不断增长的数据多样性与复杂性

1.4　大数据应用

互联网、云计算、移动互联网等新兴技术拓展了人类创造及利用信息的范围和模式。联合国在 2012 年发布的大数据白皮书《大数据促发展：挑战与机遇》中指出，大数据时代已经到来，大数据的出现将会对社会各个领域产生深刻影响。2013 年被称为中国大数据元年，各行各业开始高度关注大数据的研究和应用。在云计算技术、非结构化数据存储技术的助力下，大数据已经成为当前学术界、工业界的热点和焦点。从公司战略到产业生态，从学术研究到生产实践，从城镇管理乃至国家治理，都将发生本质的变化，大数据将成为时代变革的力量。这里分别从个人生活、企业应用和政府部门应用 3 个层面讨论大数据的情况，后续章节将深入探讨典型行业大数据的应用。

1.4.1　个人生活运用

大数据时代，每个人都是数据的生产者，5G 时代更是大数据时代，它将使得工业 4.0、人工智能、无人驾驶、智慧城市发生翻天覆地的变化，改变人与自然、人与人、人与社会的关系。"大数据"已经在服务于普通百姓，通过它，企业可以了解市场行情，获得更多收入；农民可以了解明年种什么菜才能赚更多钱；农民工可以知道哪里更需要工人，哪里待遇更高，哪里能租到房子。而伴随着大数据技术的发展，人们的生活将会彻底改变。

目前的数据都是在即时通信过程中产生的，包括电话、短信、微信、邮件、浏览网页等，特别是社交自媒体每天产生的大量文本、音频、视频，也是大数据的主要来源。随着大数据技术与云计算、物联网的进一步融合，未来物联网中的数据将更多地来源于大量传感器。例如，所有的物体上都会带有一个标签式的小型传感器，每隔一定时间就对外发射信号。人们去商场购物，只要一出门，商场里的多个探测器就会对所有商品进行扫描，人们只需刷卡。下班回家前，可以通过手机遥控的方式提前打开空调、做饭、放洗澡水。诸如此类，如果每一个物品都"联网"，那么时间、能源等将得到更有效的利用，人就会被解放出来，去从事更有创造力的活动。图 1-12 所示为不同阶段的智能生活方式。

图 1-12　不同阶段的智能生活模式

例如，交通智能软件是怎么知道哪个路段出现拥堵的？主要有 3 种途径：

1）大家随身携带的手机每隔几秒钟就会与基站联系一次，当大量手机在某个路段停止或缓慢移动时，基本可以判断该路段出现拥堵。

2）遍布大街小巷的监控摄像头可以直接看到路段的拥堵情况，很多城市的交通管理部门会即时在拥堵路段进行标记。

3）在很多城市的交通管理中应用越来越普遍的小型无人驾驶直升机，从而在因事故等造成的大型拥堵事件中发挥作用。

有些购物智能软件可以根据顾客曾经买过的商品的价格，分析其消费水平；同时根据该顾客最近的浏览和搜索信息，分析其当下的需求，两者结合，进行针对性非常强的推销。只要个人账户不变，每个人的数据都会被积累，形成隐形的"消费水平变化曲线图"，并据此自动调整广告内容。"大数据"将彻底改变人们生活。

个人医疗智能系统依赖具体数据的采集和判断。对"人"的信息感知，已经打破了空间（从宏观影像到分子基因，从医院到家庭，再到随身）和时间（从离散监测到连续监测）的限制。医学诊断正在演化为全人、全过程的信息跟踪、预测预防和个性化治疗。病人的"参与性"和"选择权"的重要性会愈加显现。例如，智能医学工程学科是在互联网与自动化发展的背景下和中国医疗体制改革下，产生的一门新兴学科。在医疗体制改革的背景下，医疗下乡与精准医疗在逐步地进行市场布局，智能医学工程的核心是用智能替代人力，提高诊断疗效，较少人力的消耗；借助大数据分析工具，及时完善并快速预测相关的疾病趋势，为卫生事业保驾护航。

1.4.2　企业应用

大数据时代，企业应用从以软件编程为主转变为以数据为中心。欧美国家针对流程工业提出了"智能工厂"的概念。德国提出了"工业 4.0"的概念，"工业 4.0"本质上是通过信息物理系统（Cyber Physical System）实现工厂的设备传感及控制层的数据与企业信息系统融合，使得生产大数据传到云计算数据中心进行存储、分析，形成决策并反过来指导生产。大数据的作用不局限于此，它还可以渗透到制造业的各个环节，如产品设计、原料采购、产品制造、仓储运输、订单处理、批发经营和终端零售。

近年来，机器人工程专业在要求掌握技术工作必备的知识、技术基础之下，能够完成机器人工作站设计、装调与改造，机器人自动化生产线的设计、应用及运行管理等工作，从而实现车间的智能化。未来车间智能机器人的机械手可以进行自动化排产调度，以及对工件、物料、刀具进行自动化装卸调度，可以进入无人值守的全自动化生产模式。图 1-13 所示为智能工厂的组成。

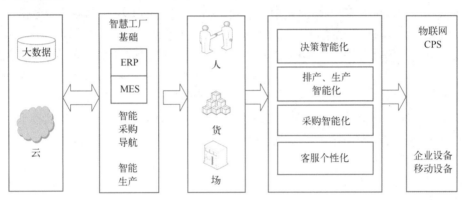

图 1-13　智能工厂的组成

视觉识别可以自动定位材料位置，且更加精准、便捷。视觉识别搭配机械手可以进行分拣，不同的数字、颜色可以被分拣出来，并且按顺序排列。

（1）大数据改善订单处理方式

无论大数据技术在哪个行业被应用，其最为根本的优势就是具有预测能力。用户利用大数据的预测能力可以精准地了解市场发展趋势、用户需求以及行业走向等多方面的数据，从而为用户自身企业的发展制定更适合的战略和规划。企业通过大数据的预测结果可以得到潜在订单的数量，然后直接进入产品的设计、制造及后续环节。也就是说，企业可以通过大数据技术在客户下单之前进行订单处理。而传统企业通过市场调研与分析得到粗略的客户需求量，然后开始生产加工产品，等到客户下单后，才开始进行订单处理，这大大延长了产品的生产周期。现在已经有很多制造业的企业用户开始利用大数据技术对销售数据进行分析，这对于提升企业利润方面是非常有利的。

（2）大数据改变传统仓储运输

由于大数据能够精准预测出个体消费者的需求以及消费者对于产品价格的期望值，企业在产品设计制造之后，可直接将产品信息送给消费者。虽然此时消费者还没有下单，但是消费者最终接受产品是一个大概率事件。这使得企业不存在库存过剩的问题，也就没有必要进行仓储运输和批发经营。

（3）工业采购变得更加精准

大数据技术可以从数据分析中获得知识并推测趋势，可以对企业原料采购的供求信息进行更大范围的归并、匹配，效率更高。大数据通过高度整合的方式将相对独立的企业各部门信息汇集起来，打破了原有的信息壁垒，实现了集约化管理。

用户可以根据流程中每一个环节的轻重缓急来更加科学地安排企业的费用支出，同时，利用大数据的海量存储还可以对采购的原料的附带属性进行更加精细化的描述与标准认证，通过分类标签与关联分析，可以更好地评估企业采购资金的支出效果。

（4）大数据让产品设计更优化

借助大数据技术，人们可以对原物料的品质进行监控，发现潜在问题立即做出预警，以便能及早解决问题，从而维持产品品质。大数据技术还能监控并预测加工设备未来的故障概率，以便让工程师即时执行最适决策。大数据技术还能精准预测零件的生命周期，在需要更换的最佳时机提出建议，帮助制造业企业达到品质与成本双赢。

例如，日本的 Honda 汽车公司就将大数据分析技术应用在了电动车的电池上，由于电动车不像汽车或油电混合车一样可以使用汽油作为动力来源，其唯一的动力就是电池，所以 Honda 希望进一步了解电池在什么情况下表现最好、使用寿命最长。Honda 公司通过大数据技术搜集并分析车辆在行驶中的一些资讯，如道路状况、车主的开车行为、开车时的环境状态等，这些资讯一方面可以帮助汽车制造公司预测电池目前的寿命还剩多长，以便即时提醒车主做更换，另一方面也可以提供给研发部门，作为未来设计电池的参考。

对于制造业来说，由于自身在技术创新性等方面的特殊需求，对于大数据技术的需求改变是非常庞大的，这就需要在实际应用过程中将海量数据变得能够真正被使用，那么大数据在制造业等方面也就具有非常重要的意义了。

总之，充分利用互联网与大数据这一新的战略性资源，可不断提高产品智能化水平、研发与生产过程的开放式创新水平、基于产品的服务化水平，并能重构制造资源组合，优化制造业生态系统。有关大数据在制造业中的应用实例在第 11 章中介绍。

1.4.3 政府部门应用

大数据环境下，各国政府会面临一系列问题及挑战，如环境污染问题、疾病防御与预警问题、资源分配问题、交通拥堵问题和养老问题等。传统的政府部门管理方式和方法远远不能适应今天瞬息万变的环境。从 IT 转变为 DT，要求各级政府以大数据+服务模式发展为导向。大数据环境下政务智能平台的框架模型如图 1-14 所示。

1. 依据大数据决策和预测

在政府部门内部，数据来自分享层和交换层。这些数据有助于提高决策的科学性，降低决策成本，服务于政府监管，充分发挥政府职能。

1）可以使相关数据分析人员从收集、整理和汇总数据的烦琐工作中解脱出来，重点转向提供能用于科学决策的信息。利用政务智能发现数据中存在的关系和规则，根据现有的数据预测未来的发展趋势，提高政府决策的科学性、准确性。

2）集中政府各有关部门的业务数据，进行整合、分析，可以形成系统的数据、资料，使各自独立的职能部门全面了解政府各相关部门的业务信息，按需应用，促进信息共享，从而有利于各个职能部门更为高效、协同地行使监管职能。

3）政务智能广泛采用了开源技术，不仅有效降低了实施成本，而且在一定程度上确保

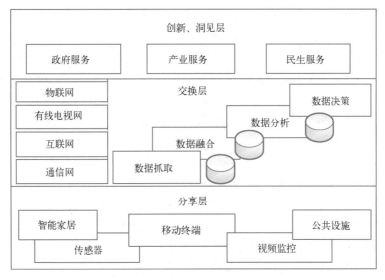

图 1-14　大数据环境下的政务智能平台的框架模型

了信息安全。

2. 构建基础设施

采用云计算技术，大胆抛弃传统管理方式，消灭信息孤岛。把存储器、服务器存储到有保障的云存储中心，收集和存储数据。然后分析和挖掘数据，因为只有分析，才能产生价值。在政务人员中培养使用大数据的习惯，政府部门应该率先应用，起到示范作用。

3. 构建智慧政府平台

在大数据时代，海量、异构、多源的数据持续膨胀。为了应对大数据为政府管理带来的挑战，构建了由大数据来源层、大数据整合层、大数据应用层、大数据展现层及相应的管理机制和安全机制组成的智慧政府平台。这样的架构有助于提升政府服务和监管效率，降低政府决策成本，并为政务智能的研究和应用提供新的思路。

1.5　数据科学和大数据技术

在大数据爆发式增长的时代，在理论层面，对数据利用的理论体系正逐步形成，因而数据科学的诞生成为必然。在实践层面，随着数据科学的理论架构逐步成熟，对数据进行加工提炼及挖掘的技术也应运而生。数据科学理论可以指导人们对大数据的利用，数据技术和工具成为挖掘数据的有力工具。下面介绍数据科学和大数据技术及工具。

1.5.1　数据科学

目前，大数据的工程技术研究已走在科学研究的前面。在美国政府 6 个部门启动的大数据研究计划中，国家科学基金会的研究内容提到要"形成一个包括数学、统计基础和计算机算法的独特学科"。图灵奖得主吉姆·格雷描绘了数据密集型科研第四范式的愿景，将大数据科研从第三范式（计算机模拟）中分离出来并单独作为一种科研范式，是因为其研究方式不同于基于数学模型的传统研究方式。大数据研究能成为一门科学的前提是，在一个领域发现的数据相互关系和规律具有可推广到其他领域的普适性。虽然提炼"大数据"的共性还需要一段时间的实践积累才会逐步清晰明朗，但是将大量多元异构、交互性和时效性强并包含大量噪声的数据作为研究对象的专门学科，依然具备了鲜明的学科特征。

数据科学与统计学和机器学习这两个领域不同，因为它的目标同时也是人类的一个目标：获得洞察力和理解能力。Jeff Leek 对数据科学能够达到的洞察类型有一个很好的定义，同样，并不是所有产生洞察力的学科都有资格成为数据科学，数据科学的经典定义是它是统计学、软件工程和领域专业知识的组合。它们最主要的区别在于，在数据科学循环过程中总需要人参与：由人理解洞察结果，了解大体轮廓，或者从结论中获益。

数据科学是以数据为中心的科学，可以理解为从现实世界到数据世界的投影。通过对数据的分析来解释、预测、洞见和决策，从而为现实世界服务。数据科学是大数据时代面临的新问题、新挑战、新机遇和新方法的一套知识体系。

数据科学的特征表现为：
- 由原来的被动式变为主动式。
- 由数值报表的传统角色转变为支持决策的角色。
- 由传统的技术方法转变为现代的技术方法。
- 成为数据时代需要的独立的一整套科学体系。

统计学、机器学习、数据可视化、其他领域知识和经验构成数据科学的 4 个方面。

📖 数据科学是以统计学、机器学习、数据可视化以及其他领域知识和经验为理论基础，其主要研究内容包括数据科学基础理论、数据预处理、数据计算和数据管理。

1.5.2 大数据技术与工具

大数据技术包括大数据采集及预处理、大数据分析、大数据可视化、Hadoop 平台、HDFS 和 Common 概论、MapReduce 概论、NoSQL 技术、R 与 Python 等。借助这些平台和工具，分析、研究大量数据的过程中的模式、相关性和其他有用的信息，可以帮助企业更好地适应变化，并做出更明智的决策。图 1–15 所示为大数据分析的技能图谱。本小节仅就数据可视化技术、Hadoop 软件框架、R 语言和 Python 语言进行介绍。

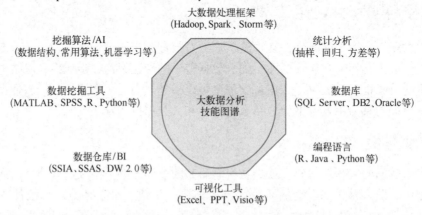

图 1–15 大数据分析的技能图谱

1. 数据可视化技术

数据可视化旨在借助图形化手段，清晰有效地传达与沟通信息。为了有效地传达思想观念，美学形式与功能需要齐头并进，通过直观地传达关键特征，实现对稀疏而又复杂的数据集的深入洞察。然而，设计人员往往并不能很好地把握设计与功能之间的平衡，从而创造出华而不实的数据可视化形式，无法达到其主要目的，也就是传达与沟通信息。

数据可视化与信息图形、信息可视化、科学可视化以及统计图形密切相关。当前，在研究、教学和开发领域，数据可视化是一项极为活跃而又关键的技术。"数据可视化"这条术语实现了成熟的科学可视化领域与较年轻的信息可视化领域的统一。

（1）科学可视化

科学可视化（Scientific Visualization）跨多学科研究与应用领域，主要关注三维现象的可视化，如建筑学、气象学、医学或生物学方面的各种系统。重点在于对体、面以及光源等的逼真渲染，甚至还包括某种动态成分。此类数字型表现形式或数据集可能是液体流型（Fluid Flow）或分子动力学之类计算机模拟的输出，或者是经验数据（如利用地理学、气象学或天体物理学设备所获得的记录）。对于医学数据（CT、MRI、PET 等），常常听说的一条术语就是"医学可视化"。图 1-16 所示为人类的颅腔 CT 片。

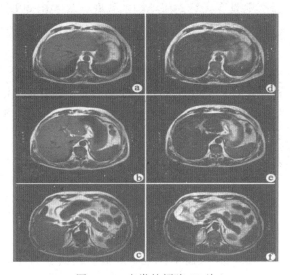

图 1-16　人类的颅腔 CT 片

科学可视化本身并不是最终目的，而是许多科学技术工作的一个构成要素。这些工作之中通常会包括对于科学技术数据和模型的解释、操作与处理。科学工作者对数据进行可视化，旨在寻找其中的种种模式、特点、关系以及异常情况，换句话说，是为了帮助理解。因此，应当把可视化看作任务驱动型，而不是数据驱动型。

（2）信息可视化

信息可视化（Information Visualization）是一个跨学科领域，旨在研究大规模非数值型信息资源的视觉呈现（如软件系统中众多的文件或者一行行的程序代码）。通过利用图形图像方面的技术与方法，帮助人们理解和分析数据。与科学可视化相比，信息可视化则侧重于抽象数据集，如非结构化文本或者高维空间中的点（这些点并不具有固有的二维或三维几何结构）。图 1-17 所示为云标签。

（3）可视化分析

就目标和技术方法而言，信息可视化与可视化分析之间存在着一些重叠。当前，关于科学可视化、信息可视化及可视化分析之间的边界问题，还没有达成明确清晰的共识。不过，大体上来说，这 3 个领域之间存在着如下区别：

图 1-17　云标签

科学可视化处理的是那些具有天然几何结构的数据（如 MRI 数据、气流）；信息可视化处理的是抽象数据结构，如树状结构或图形；可视化分析尤其关注的是意会和推理。

任何事物都是一类信息，如表格、图形、地图，甚至包括文本，无论其是静态的还是动态的，都将为人们提供某种方式或手段，从而让人们能够洞察其中的究竟，找出问题的答案，发现形形色色的关系，或许还能让人们理解其他情况下不易发觉的事情。如今，在科学技术研究领域，"信息可视化"这条术语一般适用于大规模非数字型信息资源的可视化表达。有关可视化的内容会在第 6 章进一步讨论。

2. Hadoop 软件框架

Hadoop 是一个能够对大量数据进行分布式处理的软件框架。但是 Hadoop 是以一种可靠、高效、可伸缩的方式处理数据的。Hadoop 是可靠的，因为它假设计算元素和存储会失败，因此它维护多个工作数据副本，确保能够针对失败的节点重新分布处理。Hadoop 是高效的，因为它以并行的方式工作，通过并行处理加快处理速度。Hadoop 还是可伸缩的，能够处理 PB 级数据。此外，Hadoop 依赖于社区服务器，因此它的成本比较低，任何人都可以使用。

Hadoop 是一个能够让用户轻松架构和使用的分布式计算平台。用户可以轻松地在 Hadoop 上开发和运行处理海量数据的应用程序。它主要有以下几个优点：

1）高可靠性。Hadoop 按位存储和处理数据的能力值得人们信赖。

2）高扩展性。Hadoop 是在可用的计算机集簇间分配数据并完成计算任务的，这些集簇可以方便地扩展到数以千计的节点中。

3）高效性。Hadoop 能够在节点之间动态地移动数据，并保证各个节点的动态平衡，因此处理速度非常快。

4）高容错性。Hadoop 能够自动保存数据的多个副本，并且能够自动将失败的任务重新分配。

Hadoop 带有用 Java 语言编写的框架，因此运行在 Linux 生产平台上是非常理想的。Hadoop 上的应用程序也可以使用其他语言编写，比如 C++。图 1-18 所示为 Hadoop 构架。

3. R 语言与 Python 语言

做数据分析、科学计算等离不开工具、语言的使用，目前最流行的数据语言无非是 MATLAB、R、Python 这 3 种语言。

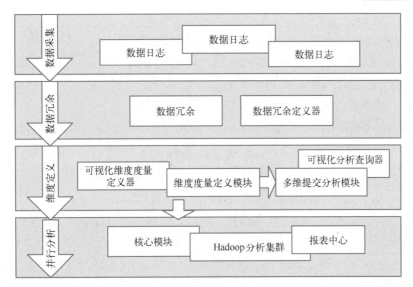

图 1-18 Hadoop 构架

（1）R 语言

R 语言是统计领域广泛使用的诞生于 1980 年左右的 S 语言的一个分支，可以认为 R 语言是 S 语言的一种实现。

📖 知识拓展
R 包及其使用

而 S 语言是由 AT&T 贝尔实验室开发的一种用来进行数据探索、统计分析和绘图的解释型语言。后来 Auckland 大学的 Robert Gentleman 和 Ross Ihaka 及其他志愿人员开发了一个 R 系统。R 语言是基于 S 语言的一个项目，所以也可以当作 S 语言的一种实现，通常用 S 语言编写的代码都可以不进行修改地在 R 环境下运行。R 语言是一个免费的软件，对于不同的操作系统，都是可以免费下载和使用的。

R 语言是一套完整的数据处理、计算和制图软件系统。其具有：数据存储和处理系统；数组运算工具（其向量、矩阵运算方面的功能尤其强大）；完整连贯的统计分析工具；优秀的统计绘图功能；简便而强大的编程语言，可操纵数据的输入和输出，可实现分支、循环，用户可自定义功能。

R 语言的思想：它可以提供一些集成的统计工具，并且可大量提供各种数学计算、统计计算的函数，从而使用户能灵活地进行数据分析，甚至创造出符合需要的新的统计计算方法。R 语言的功能如下：

● R 语言内含多种统计学及数字分析功能。因为 S 语言的原因，R 语言比其他统计学或数学专用的编程语言有更强的物件导向（面向对象程序设计）功能。

● R 语言的另一强项是绘图功能，绘图具有印刷的功能，也可加入数学符号。

● R 语言也有人用作矩阵计算，其分析速度可高过商业软件 MATLAB。

R 语言入门难，入门后相对容易，而 Python 语言入门相对容易，入门后的学习内容逐步提高。

（2）Python 语言

Python 语言是一种面向对象、直译式计算机程序设计语言，由 Guido van Rossum 于 1989 年年底发明。第一个公开发行版发行于 1991 年。Python 语言语法简洁而清晰，具有丰富和强大的类库。

它能够很轻松地把用其他语言制作的各种模块（尤其是 C/C++）轻松地联结在一起。常见的一种应用情形是，首先使用 Python 语言快速生成程序的原型（有时甚至是程序的最终界面），然后对其中有特别要求的部分用更合适的语言改写。例如，3D 游戏中的图形渲染模块，对速度的要求非常高，就可以用 C++重写。

📖 **知识拓展**

Python 基本语法

Python 语言的特点如表 1-8 所示。

表 1-8 Python 语言的特点

特征点	说　明
高层语言	用 Python 语言编写程序时无须考虑诸如如何管理程序使用的内存等的底层细节
可移植性	由于它的开源本质，Python 已经被移植在许多平台上（经过改动使它能够工作在不同平台上）。这些平台包括 Linux、Windows，以及 Google 基于 Linux 开发的 Android 平台等
解释性	相对于 C 或 C++编写的程序，Python 语言编写的程序不需要编译成二进制代码，可以直接从源代码运行程序
面向对象	Python 既支持面向过程的编程，也支持面向对象的编程。在"面向过程"的语言中，程序是由过程或仅仅是由可重用代码的函数构建起来的。在"面向对象"的语言中，程序是由数据和功能组合而成的对象构建起来的
可扩展性	如果需要一段关键代码运行得更快或者希望某些算法不公开，则可以首先用 C 或 C++编写部分程序，然后在 Python 程序中使用它们
可嵌入性	可以把 Python 嵌入 C/C++程序，从而向程序用户提供脚本功能
丰富的库	Python 标准库非常庞大，可以帮助人们处理各种工作，如文档生成、单元测试、处理线程、处理数据库等

Python 语言易学、易读、易维护，处理速度也比 R 语言快，无须把数据库切割。相对于传统的 Java、C 语言，R 语言和 Python 具有强大的数据处理和分析能力，是大数据时代的主流语言工具。

总之，大数据的开发工具和平台不止以上这几种，有兴趣的读者可深入学习。相信在不久的将来，随着人们对大数据利用程度的深入，将会涌现出更好的语言和开发工具。

【案例1-2】大数据与低碳——绿色施工

随着日益增加的住房需求和城镇化进程的不断加快，建筑行业的能耗也越来越大，碳排放占比较高。建筑全过程的碳排放包括建筑业消耗主要建材的生产碳排放、建筑业施工碳排放，以及存量建筑运行碳排放。推行绿色建筑不仅是节能减排的基石，同时也成为社会各界的共识。因此，建筑业要实现可持续发展、适应国家发展战略，要使建筑业从传统高消耗的粗放型增长方式向高效率的节约型方式转变，进一步提高对绿色施工的认识。

随着大数据、云计算、互联网、物联网等数字技术的快速发展，施工现场可依托射频识别技术、全球定位系统、视频监控、激光扫描器等物联网感知技术实现监测中心全过程数据化采集，通过智能化传感终端实时感知环境状态，并将其转换为可视化数字信息，进行记录、上报、流转、审核、归档。同时，构建数据平台，并以此为核心完成数据采集、分析、交换、监控、落地的全过程技术。将这些新技术运用于项目环境的监测，可以实现对污染源的精准锁定，同时实现全程化与远程化监管。

针对扬尘和噪声的在线监控，相关人员开发了施工现场微环境调控系统。该系统围绕施工现场环境影响因素，充分利用信息化技术（传感器技术、控制技术、无线传输技术、软件技术等）全面升级现场管理能力、识别能力、控制能力等，打造一个自动监测、智能判断、自动控制的基于物联网的自调节控制系统。整个系统由"一个平台 + 3 个分控系统 + 一个辅助系统"组成。一个平台就是微环境管理控制平台，3 个分控系统分别为抑尘喷雾控制系统、噪声控制系统和光污染控制系统，一个辅助系统是施工现场管理文件和管理规范系统，4 套系统通过软件平台和网络通信相互融合、协同工作。图 1-19 所示为施工现场扬尘和噪声环境监测系统。

图 1-19　施工现场扬尘和噪声环境监测系统

其中，微环境管理控制平台作为整个系统的大脑中枢，负责整个系统或是整个施工现场数据的采集、存储、分析、查看和处理，将所有采集的现场数据进行统一接收、分类管理、智能分析等工作。同时根据项目施工进度、现场设备使用情况、现场环境污染情况等制定现场环境管理控制策略，并将管理数据和管理策略下传到各个分系统进行现场污染控制。

抑尘喷雾控制系统由 4 部分组成，分别为数据采集层、现场控制层、现场喷雾系统层和数据传输层。数据采集层通过利用现场布置的各类 PM2.5 传感器、PM10 传感器、温湿度传感器、风力风向传感器等设施进行原始环境数据的采集；现场控制层利用控制器的数据处理功能和设备控制功能对现场的喷雾管网喷雾行为进行控制；现场喷雾系统层主要由各类喷头和高压喷雾设备组成，负责抑尘喷雾颗粒生成；数据传输层则通过无线网络或有线网络将现场控制器与网络管理平台连接起来进行数据通信。

声控制系统和光控制系统作为独立的控制系统，可分别对施工环境的噪声污染和光污染进行污染源实时识别和控制。其控制系统主要由 4 层结构组成，分别为底层数据采集部分、现场控制单位、现场控制设备以及平台管理模块。声控制系统和光控制系统可以分别作为一套独立的系统运行，也可以在大的管理平台数据交互作用下进行联动运行。

实际上，现场环境的控制涉及很多施工流程、施工管理、施工设备等，所以环境控制必须和现场的管理规范及运行计划紧密关联，只有通过规范文件与微环境管理平台配合，才能实现现场环境污染控制真正落地执行。辅助系统（施工现场管理文件和管理流程系统）作为一套独立系统，主要负责策划现场的施工进度、施工设备进场管理、施工现场管理规定、施工现场施工规范等，基本负责运行整个施工现场的管理和运行规则。

案例讨论：

- 微环境调控系统的 4 个系统是如何分别与大数据结合的？
- 通过网上查阅资料了解我国大数据在低碳方面的应用。

1.6　习题与实践

1. 习题

1）什么是数据？什么是信息？数据和信息之间的区别是什么？

2）大数据的概念是什么？它和传统数据相比，大数据有哪些主要特征？

3）大数据的 3 个维度是什么？

4）什么是数据类型？有哪些分类？

5）举例说明大数据的价值。

6）举例说明大数据带来的经济变革。

7）举例说明什么是半结构和非结构的数据。

8）从设计目的、用户群、学习成本、常用包等几个方面，对 R 与 Python 语言进行对比。

2. 实践

1）上网调查大数据的大量性、多维性和完备性，并举例说明。

2）搜集 1~2 种网上抓取数据的工具和方法，并采集一些数据加以分析。

3）分别在京东商城和淘宝中调查数据管理案例。

4）根据你在某电子商务平台的所有购买记录，试分析你的购买偏好。汇总小组同学的"我的订单"购买记录，进行分析。

5）上网调查京东商城的数字化运营中运用了哪些大数据分析工具。

6）试下载并安装 R 和 Python，进行简单的程序操作。

参 考 文 献

[1] 朝乐门. 数据科学 [M]. 北京：清华大学出版社，2016.

[2] 雪鹰传奇. 电商大数据：用数据驱动电商和商业案例解析 [M]. 北京：电子工业出版社，2014.

[3] 阿里研究院. 互联网+从 IT 到 DT [M]. 北京：机械工业出版社，2015.

[4] 李志刚. 大数据：大价值、大机遇、大变革 [M]. 北京：电子工业出版社，2013.

[5] SIMON P. 大数据应用：商业案例实践 [M]. 漆晨曦，张淑芳，译. 北京：人民邮电出版社，2014.

[6] 王仁武. 商业分析：商业数据的分析、挖掘和应用 [M]. 上海：华东师范大学出版社，2014.

[7] MAEX D, BROWN B P. 大数据营销：定位客户 [M]. 王维丹，译. 北京：机械工业出版社，2015.

[8] ARTHUR L. 大数据营销 [M]. 姜欣，等译. 北京：中信出版社，2014.

[9] 陈为. 数据可视化基本原理与方法 [M]. 北京：科学出版社，2015.

[10] Simple. 淘宝用户行为购买数据分析 [EB/OL]. [2022-06-28]. https://zhuanlan.zhihu.com/p/410261855.

[11] 专家发言稿. 大数据与商务创新论坛 [OL]. 贵州：2017 年数据博览会. 2017.

[12] 36 大数据. 全球最牛的 28 个大数据可视化应用案例一 [EB/OL]. (2016-02-18)[2022-05-12]. http://mt.sohu.com/20160218/n437794092.shtml.

[13] 韩耀强. 大数据引领产业变革 [EB/OL]. (2013-03-27)[2022-06-28]. http://www.thebigdata.cn/

html/c3/3330.html

［14］史敏才．大数据的具体核心价值［J］．计算机与网络，2021，47（3）：16-19.

［15］本刊编辑部．践行绿色发展　推进低碳转型［J］．中国建设信息化，2021（6）：38-43.

［16］关静．云计算、大数据、物联网的发展及三者关系研究［J］．信息系统工程，2021（4）：135-137.

［17］刘兆恒．大数据应用价值层级结构研究［D］．长春：吉林大学，2015.

［18］智能医学工程［EB/OL］．［2022-05-12］．https：//baike. baidu. com/item/智能医学工程/22678451？ fr ＝aladdin.

［19］机器人工程［EB/OL］．［2022-06-28］．https：//baike. baidu. com/item/机器人工程/2979135？ fr ＝aladdin.

［20］整型数据［EB/OL］．［2022-05-12］．https：//baike. baidu. com/item/整型数据.

第 2 章
大数据下的云计算

"十四五"规划在数字经济重点产业的发展方面将云计算列在第一位，足以见得云计算在数字产业化中的重要地位。因此，应加快云操作系统迭代升级，推动超大规模分布式存储、弹性计算、数据虚拟隔离等技术创新，提高云安全水平。以混合云为重点来培育行业解决方案、系统集成、运维管理等云服务产业是未来几年发展的重中之重。同时由于目前国家缺乏大数据、云计算这些新工科专业的人才，由高校引领来推进大数据、云计算相关知识的普及就显得尤为重要。

"云计算和大数据是一个硬币的两面，云计算是大数据的 IT 基础，而大数据是云计算的一个'杀手'级应用。"百度前总裁张亚勤说。云计算为大数据提供了保管、访问的场所和渠道，大数据的多样性和复杂性需要借助云计算处理，云计算和大数据的关系是相辅相成的。实质上，大数据与云计算的关系是静与动的关系，结合具体的应用，云计算作为计算资源的底层，支撑着上层的大数据处理，而大数据的发展趋势是提高实时交互式的查询效率和分析能力。

2.1　云计算概述

"云"一词常被用来比喻互联网，这是因为互联网在网络图中是用云的轮廓描绘的，用于表示跨越整个运营商骨干网（即拥有云的一方）到对方云端点位置的数据传输。之所以这样描绘，是因为它在某些方面具有现实中云的特征：云一般都较大；云的规模可以动态伸缩并且边界是模糊的；云在空中飘忽不定，无法也无须确定它的具体位置，但它确实存在于某处。本节将介绍云计算的一些基本概念，包括云计算的定义、特征、体系架构、类型划分、服务模式等。

2.1.1　云计算的定义

微视频
云计算的定义

云计算是并行计算、分布式计算和网格计算的发展，由于云计算是由不同的企业和研究机构同步推进的技术，所以关于云计算的定义有很多，但至今并没有一个公认的标准。

一般云计算定义为：云是由硬件资源、部署平台和相应的服务等方便使用的虚拟资源构成的一个巨大资源池。根据不同的负载，这些用户所需的资源可以动态地重新配置，以达到一个最理想的资源使用状态。也可以将云计算归纳为：云计算以虚拟化技术为核心，将共享的硬件和软件等资源抽象成一个统一的资源池，通过互联网这一载体向用户按需提供所需的资源。其特点在于多用户共享、大数据处理与大数据存储。

微软认为云计算应该是"云+端"的计算，将计算资源分散分布，分别放在云上、用户终端和合作伙伴处，最终由用户选择合理的计算资源分布。

云计算就是服务租用、服务计量以及高性价比的总和，云计算等式如图 2-1 所示。

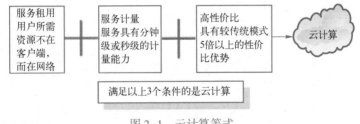

图 2-1　云计算等式

从上图可以看出，需要同时满足服务租用、服务计量、高性价比才可称为云计算。

2.1.2　云计算的特征

无论是广义云计算还是狭义云计算，均具有以下特征：

> 📖 **知识拓展**
> 广义与狭义云计算

1）按需自助式服务（On-demand Self-Service）：用户根据实际需求使用和扩展云计算资源，通过网络方便地进行计算能力的申请、配置和调用，服务商能够及时地进行资源的分配和回收。云计算能快速提供资源和服务。

2）广泛的网络访问（Broad Network Access）：用户可以通过互联网或局域网从任何地方进行访问来获取所需的计算资源，而不需要相关软件和硬件的支撑，也不需要了解具体资源的物理位置。

3）资源池（Resource Pooling）：供应商将计算资源聚集到一起，通过多租户模式，并综合考虑用户的需求后重新分配资源。各用户可以得到专门独立的资源，不需要任何控制和操作，也不需要了解资源的具体位置。通过资源池可以得到高级别、抽象化的云计算资源。

4）快速弹性使用（Rapid Elasticity）：可快速部署资源或获得服务，云的快速计算能力能够满足服务商对用户资源供应的需求。云计算按用户的需求快速部署和提供资源。因为资源和服务可以是无限的，因此可以让用户随时随地购买，并且对于购买数量也是没有要求的，用户只需按需付费即可。

5）可度量的服务（Measured Service）：云可以提供一些抽象服务，如存储、处理等，通过这些抽象服务的计量能力优化云中资源的利用率，也可以监测和管理用户的资源使用过程。并且在云服务的过程中，供应商和用户是清晰透明的。

2.1.3　云计算的体系架构

云计算可以按需提供弹性资源，它的表现形式是一系列服务的集合。体系结构由 5 部分组成，分别为应用层、平台层、资源层，用户访问层和管理层，如图 2-2 所示。

> 📖 **知识拓展**
> 体系架构

> 📖 云计算的本质是通过网络提供服务，其体系结构以服务为核心。

（1）应用层

应用层提供软件服务。企业应用服务指为面向企业的用户提供软件服务，如财务管理、

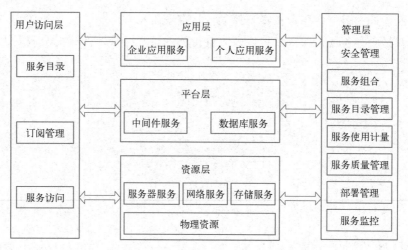

图 2-2 云计算的体系架构

客户关系管理、商业智能等。个人应用服务指为面向个人的用户提供软件服务，如电子邮件、文本处理、个人信息存储等。

（2）平台层

平台层为用户提供对资源层的各项云计算服务的封装，帮助用户构建所需的应用。中间件服务为用户提供可扩展的消息中间件或事务处理中间件等服务。数据库服务提供可扩展的数据库处理的能力。

（3）资源层

资源层是指基础架构层面的云计算服务，可以提供虚拟化的资源。服务器服务提供操作系统的环境，如 Linux 集群等。网络服务提供网络处理功能，如防火墙、VLAN 等。存储服务为用户所需的资源提供存储功能。物理资源是指承载资源的物理设备，如服务器等。

（4）用户访问层

用户访问层为用户使用云计算服务所需的各种支撑服务提供平台。对不同层次的云计算服务提供与之相应的访问接口。服务目录是包含所有服务的列表，用户可以通过服务目录直观便捷地选择所需要的云计算服务。订阅管理可以对提供的服务进行管理，用户可以查看订阅的服务，也可以停止服务。服务访问是给不同层次的云计算服务提供访问接口，如果是资源层的访问，那么提供的接口就是远程桌面等，如果是应用层的访问，那么提供的接口可能是 Web 等。

（5）管理层

管理层提供对全部的云计算服务的管理。安全管理指授权控制服务、用户认证和审计等功能。服务组合指用户可以对需要的云计算服务进行组合。服务目录管理指可以对服务目录和服务进行管理，管理员可以对服务进行增加和删除。服务使用计量可以统计用户的使用情况，然后对用户进行计费。服务质量管理指管理服务的性能、可靠性等。部署管理指自动化部署和配置服务的实例。服务监控记录服务的健康状态。

2.1.4 云计算的类型划分

云计算根据服务对象可以分为私有云、社区云、公共云和混合云 4 类。

（1）私有云（Private Cloud）

私有云指单独为一个客户使用而构建的云基础设施，可以对数据的安全和服务质量进行最有效的控制。私有云可在企业数据中心部署，也可以在一个主机托管场所部署，其主要由一个组织拥有或租用。

（2）社区云（Community Cloud）

社区云被一些组织共享，是提供某一方面的社区服务的基础设施，在满足共享信息安全性，且遵守各项政策要求的基础上，社区服务的形式主要包括人工服务、电话服务、网络服务、电视服务及自我服务等。

（3）公共云（Public Cloud）

公共云是由一个云计算服务的销售组织或公司所有的基础设施，这类基础设施由组织或公司销售给普通消费者使用。公共云可提供灵活且可扩展的服务，降低消费风险和成本。

（4）混合云（Hybrid Cloud）

混合云是由两种或两种以上的云（私有云、社区云或公共云）组成的，各类云相对保持独立，用标准的或专有的技术将它们组合起来，数据和应用程序均有可移植性。混合云有助于提供按需和外部供应方面的扩展。

每一种云计算都有自身的特点，具体比较如表 2-1 所示。

表 2-1　云计算类型的比较

类　型	特　点
私有云	利用企业内网和专网，面向单一企业或组织
社区云	利用内网、专网和 VPN，面向多家关联部门
公共云	利用互联网，面向公众
混合云	2 种或 3 种其他云组合

2.1.5　云计算的服务模式

云计算是一种 IT 服务使用和交付模式，把 IT 资源、数据、应用作为服务，通过网络提供给用户。典型的服务模式包括 3 类：软件即服务（Software as a Service，SaaS）、平台即服务（Platform as a Service，PaaS）、基础设施即服务（Infrastructure as a Service，IaaS）。

> 📖 **知识拓展**
> 有建树的企业

（1）软件即服务

SaaS 以服务的方式把应用程序提供给用户，用户不需要安装软件，只需要通过浏览器就可使用 Internet 上的软件，满足其某种特定需求，供其消费。

优势：简单易操作，初始投入成本低，免费试用。

（2）平台即服务

PaaS 以服务的方式把应用程序开发和部署平台提供给用户。用户基于云计算服务商提供的服务引擎构建服务。常用的服务引擎有互联网应用程序接口（API）或运行平台。

优势：开发、部署简单，维护和管理简单。

（3）基础设施及服务

IaaS 以服务的方式把服务器、存储和网络硬件以及相关软件提供给用户。用户不需购买物理设备，如服务器、网络设备和存储设备等，只要通过云计算服务上提供的虚拟硬件资源进行网上租赁，就可以创建应用程序。

优势：节约费用，灵活，可随时扩展和收缩资源，安全可靠。

📖 无论是 SaaS、PaaS 还是 IaaS，其核心概念都是为用户提供按需服务，都希望用最少的资本支出获得最大的能力和商业价值。

2.2　云计算技术

云计算作为一种新的超级计算方式和服务模式，以数据为中心，是一种数据密集型的超级计算，它运用了多种计算机技术，其中以虚拟化技术、并行计算技术、数据管理技术和数据存储技术最为关键，如图 2-3 所示。

📖 知识拓展
云计算的其他技术

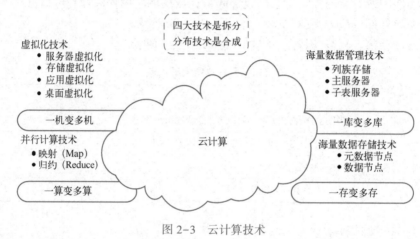

图 2-3　云计算技术

2.2.1　虚拟化技术

云计算和虚拟化这两个概念相辅相成，没有虚拟化就没有云计算。

虚拟化是指计算机相关模块在虚拟的基础上而不是真实的独立的物理硬件基础上运行，是一种把有限的固定资源根据不同需求进行重新规划以达到最大利用率的思路，可实现简化管理，优化资源。虚拟化技术是云计算的核心支撑技术，是将各种计算及存储资源充分整合和高效利用的关键技术。

虚拟化技术可以提高利用率，提供统一访问同一类型资源的访问方式，进而为用户隐藏底层的具体实现，方便用户使用各种不同的 IT 资源。

虚拟化技术包括服务器虚拟化、存储虚拟化、应用虚拟化和桌面虚拟化。

1. 服务器虚拟化

服务器虚拟化技术是 IaaS 的核心技术。服务器虚拟化技术可将一个服务器虚拟成多个独立的虚拟服务器，充分发挥服务器的硬件性能。

服务器虚拟化技术统一管理 CPU、内存、I/O 设备等物理资源，使各个虚拟服务器都能运行所需要的资源。

服务器虚拟化的优点在于：

● 降低能耗，减少了物理服务器的数量，节省电力。

- 节省空间，通过虚拟化技术节省了众多物理服务器的空间。
- 提高基础架构的利用率，虚拟化大幅提升了资源利用率。
- 提高稳定性、安全性、可用性，可以负载均衡、动态迁移等。
- 提高灵活性，通过动态资源配置提高 IT 对业务的灵活适应力，支持异构操作系统的整合，支持旧应用的持续运行，减少迁移成本。

2. 存储虚拟化

存储虚拟化是在基础管理层对大量存储设备进行统一管理。对于存储数据的用户来说，如何将数据存储到终端、数据存储的安全性等是他们关心的重点；而对于提供服务的供应商来说，需要做到的是对不同用户的不同数据进行统一的管理和存储。

存储虚拟化在云存储系统中应用广泛，存储的容量成为衡量该系统性能的重要指标，通过在云存储系统中应用存储虚拟化，可以避免不同厂家因为存储设备的不同而带来的差异化，也可以使原有的存储空间可伸缩，同时实现动态扩展存储容量和动态分配存储空间。一种云存储环境下典型的存储虚拟化结构如图 2-4 所示。

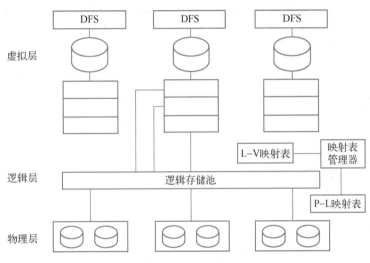

图 2-4　一种云存储环境下典型的存储虚拟化结构

3. 应用虚拟化

应用程序的运行依赖于其安装的操作系统。在同一个操作系统中运行的不同应用可能包含许多共同的系统信息，这样可能导致应用程序之间发生冲突。这就需要依靠应用虚拟化技术解决，通过应用虚拟化技术，各个应用程序会具有极大的自由性和独立性。

应用虚拟化是 SaaS 的基础，提供一个虚拟化平台，使所有的应用都可以在其上运行，所有与应用相关的信息、配置文件都由该平台提供，应用被重新锁定到一个虚拟的位置，在与自身相关的运行环境中打包，构成一个单独的文件。这样，应用需要运行时，就不需要考虑安装环境，可以在不同的环境下运行。打包成单独文件的应用是在数据中心集中化管理的，当用户需要安装、更新或者维护应用时，不需要重新安装应用程序，只需要在数据中心下载即可完成。

4. 桌面虚拟化

桌面虚拟化是指将计算机的桌面进行虚拟化，使用户使用桌面更加安全和灵活，使计算机中的数据更具有安全性。其安全性体现在用户只能通过个人计算机看到数据的内容，而不能对其进行复制粘贴等操作。服务器虚拟化是桌面虚拟化的基础，通过对数据中心的服务器进行服务器虚拟化，使一个桌面生成许多独立的桌面系统，即虚拟桌面，根据相关协议将虚拟桌面发送到终端设备。借助桌面虚拟化，用户可以通过任何设备（手机、平板计算机、笔记本计算机等）远程工作。

虚拟化技术具有以下特点：

- 资源共享。
- 资源定制。
- 细粒度资源管理。

虚拟化技术在实际生活中应用广泛，以下是对虚拟化技术应用较好的行业。

（1）银行用户

银行是国内最早使用大型主机和小型机的行业，在应用中得到的技术支持最多。其行业特点在于对成本敏感度低，对虚拟化技术的安全性和使用效率关注度高。

（2）政府部门

对预算较敏感，通过最低的总体拥有成本（Total Cost of Ownership，TCO）获得最多的计算性能，对系统效率的提高最为关注。

（3）企业单位

虚拟化技术在企业的管理以及企业的信息化建设中发挥着重要作用。企业应用虚拟化技术时，主要集中在对企业服务器虚拟化管理以及企业信息化建设应用上。服务器虚拟化可提高资源的利用率，简化系统管理，实现服务器整合，从而给企业带来许多优势。

（4）高等院校

随着高校信息化的不断深入，校园网络上承载的应用越来越多，通过网络虚拟化技术可以实现不同应用的相互隔离，而同一类应用却可在全网范围内访问，实现将物理网络的逻辑纵向划分。

2.2.2 并行计算技术

并行计算技术可同时使用多种计算资源解决计算问题，是提高计算机系统计算速度和处理能力的一种有效方法。

并行计算的实现层次有两个：

- 单机（单个节点）即内部的多个 CPU、多个核并行计算。
- 集群内部节点间的并行计算。

对于云计算来说，集群节点间的并行更为常见和重要。集群中的节点一般通过 IP 网络连接，在带宽足够的前提下，各节点不受地域、空间限制。所以，云计算中的并行计算也被称作分布式并行计算。

> 📖 **知识拓展**
> 什么是集群

并行计算编程模型一般包括两类：

1）在原有串行编程语言基础上引入并行控制机制，提供并行 API、运行库或者并行编译指令，这类模型包括 OpenMP、MPI 以及为人熟知的 MapReduce。

2）并行编程语言本身就是基于并行算法的，影响比较大的主要是 Erlang。OpenMP 一般用于实现节点内的并行，MPI 一般用于实现节点间的并行；而 Erlang 既可以实现节点间的并行，也可以实现节点内的并行。

📖 虚拟化技术目前已经有成熟的产品，而并行计算并没有成熟的产品，只有相对成熟的工具。并行计算的实现，依赖于开发者和用户对业务的熟悉程度，以及对并行工具正确、熟练地使用。

2.2.3　海量数据管理技术

海量数据管理是指对大规模数据进行计算、分析和处理，如现在互联网的各种搜索引擎。以互联网为计算平台的云计算能够对分布的、海量的数据进行有效可靠的处理和分析。因此，数据管理技术必须能够高效地管理大量的数据，通常数据规模达到 TB 级甚至 PB 级。

云计算系统中的数据管理技术主要是 Google 的 BT（Big Table）数据管理技术以及 Hadoop 团队开发的开源数据管理模块 HBase 和 Hive。BT 是建立在 GFS、Scheduler、Lock Service 和 MapReduce 上的一个大型的分布式数据库，Google 的很多项目都使用 BT，其中包括网页查询、Google Earth 和 Google 金融，图 2-5 是整个 BT 的存储服务体系结构。HBase 和 Hive 作为基于 Hadoop 的开源数据工具，主要用于存储和处理海量结构化数据。

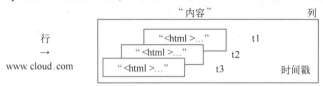

图 2-5　BT 的存储服务体系结构

2.2.4　海量数据存储技术

云计算系统中广泛使用的数据存储系统是 Google 的 GFS。GFS 即 Google 文件系统（Google File System），是一个可扩展的分布式文件系统。GFS 的设计理念是可以进行大规模的数据处理及满足 Google 应用特性。通过提供容错功能，用户可得到性能较高的服务。图 2-6 所示是一个大规模气象云存储服务系统体系结构，用户把气象资料存储在存储资源上，只需向服务提供商购买存储服务，而不需要购买存储资源。

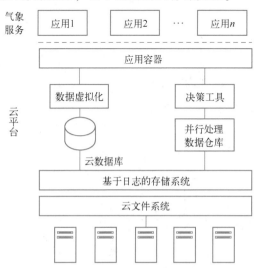

图 2-6　大规模气象云存储服务系统体系结构

2.3 云计算与云存储

云计算系统是一个以数据运算和处理为核心的系统，是分布式计算的一种，它可处理用户的请求并输出结果。与云计算系统相比，云存储可以认为是配置了大容量存储空间的一个云计算系统，又是分布式存储的发展和延续。云计算、云存储，分布式计算、分布式存储彼此之间相互联系又相互区别。因此，本节将详细阐述云存储的概念、云存储的存储方式，简要介绍分布式计算、分布式存储的概念以及它们之间的关系。

2.3.1 云存储的概述

云存储（Cloud Storage）是一种网上在线存储的模式，它把数据存放在第三方托管的多台虚拟服务器上（如 AWS 云、阿里云等）。对使用者来说，云存储不是指某一个具体的设备，而是指一个由许多个存储设备和服务器所构成的集合体。使用者使用云存储，实际上使用的是整个云存储系统带来的一种数据访问服务，所以云存储不是一种存储，而是一种服务。也正因如此，云存储这项服务一般通过 Web 服务应用程序接口（即 API）或通过 Web 化的用户界面来访问。

> 📖 **知识拓展**
> 应用程序和服务

> 📖 与传统的存储平台相比，云存储通过存储共享、重复数据删除和数据压缩等方法，能够快速为用户部署存储空间，降低存储成本。

随着容量增长，云存储需要满足以下功能，以适应当今社会的要求。
- 线性地提高性能和存取速度。
- 将数据存储按需迁移到分布式的物理站点。
- 确保数据存储的高度适配性和自我修复能力，可以保存多年。
- 确保多个用户使用环境下的私密性和安全性。
- 允许用户基于策略和服务模式按需扩展性能和容量。
- 改变存储购买模式，只收取实际使用的存储费用。
- 结束颠覆式的技术升级和数据迁移工作。

而要实现这些功能，云存储必须依赖于服务管理、存储管理、存储资源和服务等关键因素，对这些关键因素的具体要求如表 2-2 所示。

表 2-2 对云存储关键因素的具体要求

关 键 因 素	具体要求
服务管理	用户使用界面 服务生命周期流程 计量和结算 角色和权限
存储管理	存储自动化：资源部署 存储优化：重复数据删除、压缩数据 存储虚拟化 生命周期管理：数据迁移

(续)

关 键 因 素	具体要求
存储资源和服务	存储空间：高速、大容量、磁带 存储形式：块设备、文件系统 数据保护：备份/恢复、灾备

2.3.2　云存储的存储方式

根据云存储的存储单位不同，云存储具有 3 种存储方式：对象存储、块存储和文件存储。

> 📖 **知识拓展**
> 最常用的存储产品

1. 对象存储

对象存储是以对象（Object）为基本单位的存储方式，如图 2-7 所示。对象存储基于文件系统，通过文件系统来存储访问数据。

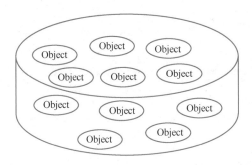

图 2-7　云存储的对象存储

对象存储系统由以下几个部分组成：

1）对象（Object）。包含了文件数据以及相关的属性信息，可以进行自我管理，每个对象都是数据和数据属性集的总和。数据属性包括数据分布、质量服务等。对象的大小没有限制，可以包含整个数据结构，如文件、数据库表项等。

2）基于对象的存储设备（Object-based Storage Device，OSD）。每个 OSD 都是一个智能设备，具有自己的存储介质、处理器、内存和网络系统等，是 Object 的集合，主要对本地的对象进行管理，是对象存储系统的核心。OSD 的主要功能是数据存储和安全访问。

3）元数据服务器（Meta Data Server，MDS）。MDS 可为客户端提供元数据，同时为客户端提供高速缓冲存储器（Cache）的一致性保证及客户端认证服务。

4）文件系统。文件系统对用户的文件操作进行解释，并在元数据服务器和 OSD 间通信，完成所请求的操作。

2. 块存储

块存储是以块为基本单位的存储方式，如图 2-8 所示。块泛指底层磁盘上的扇区组合，某个文件可以对应一个或者多个这样的块。块设备需要记录每个存储数据块在设备中的位置，增加了存储系统的管理任务。

3. 文件存储

文件存储是以文件为基本单位的存储方式，如图 2-9 所示。文件存储设备通过以太网与服务器连接。文件设备主要用于用户文件共享。

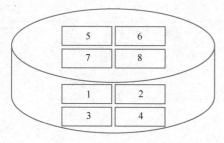

图 2-8 云存储的块存储

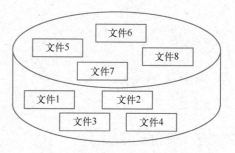

图 2-9 云存储的文件存储

在实际应用中，可根据需求选择不同的存储方式，表 2-3 所示是 3 种存储方式的比较。

表 2-3 云存储的存储方式的比较

类 型	对 象 存 储	块 存 储	文 件 存 储
存储单位	对象	块	文件
存储系统	块存储设备+文件系统+定位逻辑+应用程序	块存储设备	块存储设备+文件系统
典型产品代表	OpenStack 对象存储-Swift	Huawei OceanStor S5500T	Huawei OceanStor N9000 FusionStorage
优点	支持高并行性 支持可伸缩的数据访问 管理性好 安全性高	高性能的随机 I/O 和数据吞吐率	扩展性好 易于管理

2.3.3 云存储与云计算的关系

在了解了云存储的概念及存储方式的基础上，本小节着重介绍云存储与云计算以及分布式存储、分布式计算之间的关系。在介绍联系之前首先引入分布式存储与分布式计算两个概念。

1. 分布式存储与分布式计算的概念

大数据导致数据的爆发式增长，使传统的单机版数据库难以满足数据存储和数据处理的需要，因此具有优秀的可扩展能力的分布式存储和云存储应运而生。

分布式存储通过网络使用企业中每台机器上的磁盘空间，并将这些分散的存储资源组成一个虚拟的存储设备，使数据分散在企业的各个角落，其在性能、维护和容错等方面都具有不同的优势。而分布式计算主要研究分布式系统是如何进行计算的。分布式系统是通过计算机网络相互连接与通信后形成的系统。分布式计算是在分布式系统中把需要进行大量计算的工程数据分成小块，由多台计算机分别计算并上传运算结果后，把结果统一合并得出数据结论的一门科学。

2. 云存储与云计算、分布式存储与分布式计算之间的联系与区别

云存储是由第三方运营商提供的在线存储系统，例如，面向个人用户的在线网盘（如百度网盘）和面向企业的文件或对象存储系统，其背后的技术主要是分布式存储技术和存储虚拟化技术，是分布式存储技术的发展和延续，彼此互补和结合。

📖 **知识拓展**
"百度云" 只是网盘吗

📖 存储虚拟化是通过抽象和封装底层存储系统的物理特性，将多个互相隔离的存储系统统一为抽象的资源池的技术。

同时，云存储又是在云计算的概念上延伸和发展出来的一个新的概念，而在概念层次上，云计算与分布式计算之间既相互独立又相互交叉，云计算是分布式计算面向应用的延伸，分布式计算是云计算的实现基础。云存储是指通过集群应用、网络技术或分布式文件系统等功能，将网络中大量不同类型的存储设备通过应用软件集合起来协同工作，共同对外提供数据存储和业务访问功能的系统。当云计算系统运算和处理的核心是大量数据的存储和管理时，云计算系统中就需要配置大量的存储设备，那么云计算系统就转变为云存储系统，所以云存储是以数据存储和管理为核心的云计算系统，可保证数据的安全性，并节约存储空间。

2.4　云计算与超算

云计算与超算是信息时代全球追逐的技术应用趋势，已经成为各国重点发展的战略性新兴产业。在当今时代，不管是国家方面还是人们日常生活方面，都离不开超级计算技术的支撑，超级计算机是目前世界公认的高新技术制高点，其计算能力的增长对推动国家科技创新、经济发展、国防安全等具有举足轻重的意义。因此本节简单讲述超算的概述与应用，以及超算与云计算的关系。

2.4.1　超算的概述与应用

超算是超级计算机（Super Computer）的简称，又称巨型机，是指能够执行一般个人计算机无法处理的大量资料与高速运算的计算机。其与普通计算机的构成组件基本相

> 📖 知识拓展
> 超级计算机深蓝

同，但在性能和规模方面却有差异。超算的特点主要包含两个方面，即极大的数据存储容量和极快速的数据处理速度，因此它可以在多个领域进行一些人们或者普通计算机无法进行的工作。目前，我国超算"神威·太湖之光"和"天河二号"分别列为第 53 届全球超算 TOP 500 名单中的第三、四名。

根据处理器的不同，可以把超算分为两类。

采用专用处理器的超算可以高效地处理同一类型问题，多见于天体物理学、密码破译等领域。国际"象棋高手""深蓝"和日本的"地球模拟器"都属于这样的超算；采用标准兼容处理器的超算可一机多用，使用范围较灵活广泛，大多数超算属于这一类，可用于军事、医药、气象、金融、能源、环境和制造业等众多领域。

2.4.2　超算与云计算的关系

云计算是一种基于互联网的超级计算理念和商业模式，是许多创新技术背后的驱动力，是超算的新发展与延伸（降低了超算的发展门槛）。它开拓了许多新应用，如物联网、效用计算、普适计算、社会计算、框计算等。这些应用的蓬勃兴起，促进着超级计算的普及。超算在技术和商业模式上跟进云，从而实现了从高性能向高效能、高容错、高通量的转变。

云计算中心与超级计算中心的建设理念及应用模式类似，都采用计算资源集中部署。两者的技术是相通的，也都面临着包括并行编程、能耗效率等的挑战。这导致现如今超算与云的边界愈发模糊，然而这两者又是相互区别的。区别如下：

（1）面向领域的区别

超级计算机主要面向科学计算、工程模拟等领域，大多属于计算密集型的应用；而云计算则主要面向社交网络、企业IT建设等领域，以数据密集型、I/O密集型应用为主。

（2）通用和专用的区别

云计算的发展就是共享经济在计算机领域的演进，面向所有需要信息技术的场景，应用领域和应用层次不断扩张，要支撑构造千变万化的应用；超算则主要是提供国家高科技领域和尖端技术研究需要的运算速度和存储容量。

（3）分布和并行的区别

云计算以分布式为特色，统筹分散的硬件、软件和数据资源，通过软件实现资源共享和业务协同，运行的任务也是分布式的；超算集群逻辑上是集中式的，针对计算密集型任务，更强调通过并行计算获得高性能。

（4）成本和性能的区别

云计算是规模经济，讲究成本效益，采用价格相对便宜的x86硬件搭建，可用性、可靠性和扩展性主要通过软件实现；超算则需要花费大量资金增强计算和存储能力，但在加速芯片、infiniband通信、对高级文件系统的使用上却比较随意，能源消耗也很高。

先进超算与云计算的融合之道已成为重点研究对象。

2.5 云计算与大数据

📷 微视频
云计算与大数据

📖 知识拓展
第四次产业革命

云计算是一种商业模式，也是一种计算模式。它被视为继大型计算机、个人计算机、互联网之后的第四次IT产业革命，顺应了当前各行业整合计算资源和服务能力的要求，成为引领当今世界信息技术变革的主力军。所以，云计算是以大数据为基础进行的，大数据的主要目的是在海量数据中发现其背后的潜在价值，让使用者更好地理解和掌握信息，而云计算则偏重于向使用者提供服务，两者互相关联。本节将展开阐述云计算与大数据的关系和结合。

2.5.1 云计算与大数据的关系

大数据注重数据，可为实际的业务提供数据采集，是对信息的积淀；云计算则注重计算，为IT提供基础架构，是对信息的处理。云计算与大数据存在以下联系：

1）从整体角度看，大数据与云计算相辅相成。

云计算与大数据都是为数据存储和处理服务的，都需要占用大量的存储和计算资源。

2）从技术角度看，大数据根植于云计算。

海量数据存储技术、海量数据管理技术、MapReduce等并行处理技术既是大数据技术的基础，也是云计算的关键技术。

3）从结构角度看，云计算及其分布式结构是大数据的商业模式与架构的重要途径。

大数据的处理技术改变着计算机的运行模式，能够处理目前存在的各种海量数据，包括博客、电子邮件、文档、音频和其他类型的数据，并且其工作速度非常快，由于基于低成本的硬件，所以具有普及性。而云计算则将计算任务分配给资源池，使用户能够按需获取信息服务，以及低成本获取计算和存储。云计算架构支持数据的存储和处理，而大数据的低成本硬件、云计算的低成本软件、低成本运维的结合，推动了大数据的处理，并得以充分利用。图2-10所示是云计算处理海量数据示意图。

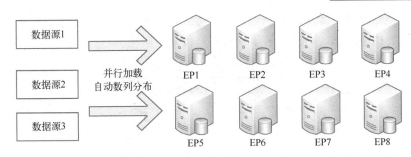

图 2-10　云计算处理海量数据示意图

尽管从整体角度来看，云计算与大数据相辅相成，但大数据与云计算也有很多方面的不同：

1）目的不同：大数据主要通过充分挖掘海量数据来发现数据中的价值，而云计算则是节省企业的 IT 部署成本，主要通过互联网更好地调用、扩展、管理计算及存储资源。

2）对象不同：大数据的处理对象是数据，云计算的处理对象是 IT 资源、处理能力和应用。

3）推动力量不同：大数据的推动力量是从事数据存储与处理的软件厂商，以及拥有海量数据的企业；云计算的推动力量是存储及计算设备的生产厂商，以及拥有计算及存储资源的企业。

4）带来的价值不同：大数据由数据中的价值发现带来收益，云计算则可节省 IT 部署成本。

因此，不难发现云计算和大数据实际上是工具与用途的关系，即云计算为大数据提供了有力的工具和途径，大数据为云计算提供了很有价值的用武之地。而且，从所使用的技术来看，大数据可以理解为云计算的延伸。

2.5.2　云计算与大数据的结合

云计算和大数据的根本不同在于大数据涉及处理海量数据，而云计算涉及基础架构。然而，两者的结合会为组织带来有益的结果。

云计算可以使互联网速度更快，容量更大，成本更低。2021 年，云计算平台正在处理的工作负载已将近 94%。预计到 2026 年，云计算的总支出将以 16% 的复合年增长率增长。云计算快速发展背后的驱动力是全球数据的快速增长。大数据若与云计算相结合，将相得益彰，双方都能发挥最大的优势。云计算能为大数据提供强大的存储和计算能力，能够更加迅速地处理大数据的丰富信息，并更方便地提供服务；而来自大数据的业务需求，能为云计算的落地找到更多更好的实际应用。图 2-11 所示的示意图形象地说明了云计算与大数据的结合。

下面主要介绍一些云计算与大数据结合方面的应用。

新冠肺炎疫情在一定程度上加速了全球以云为中心的 IT 转换。从国内来看，云计算应用的主要推手是阿里云、腾讯云、华为云、百度云。阿里云成立于 2009 年，从零起

> 📖 知识拓展
> 云计算+大数据

步走到了行业前列；腾讯云近年来凭借着腾讯社交的战略资源和产业互联网的发展，被提升为战略核心业务，据腾讯财报的数据显示，2019 年，腾讯云全年营收突破 170 亿元，增速达到 87%；华为云虽然在 2017 年才宣告成立，且云计算业务有很明显的排他性，但到 2020

年，就从行业第二阵营中脱颖而出，冲到国内第二；百度云有别于传统的资源售卖式云服务模式，以技术为核心来驱动高质量云服务的差异化发展路径。

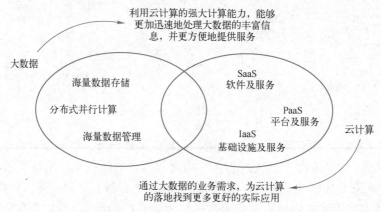

图 2-11　云计算与大数据结合的示意图

下面着重介绍阿里云的发展。

阿里云是目前我国公有云 IaaS 市场最大的服务提供商，阿里云由阿里巴巴集团投资，成立于 2009 年 9 月 10 日。阿里云计算为阿里巴巴、淘宝、支付宝以及一些中小企业提供云计算服务。

阿里云的云计算建立在大规模分布式计算系统上，提供了开放数据存储服务（OSS）、关系型数据库服务（RDS）、开放结构化数据服务（OTS）和开放数据处理服务（ODPS）

> 📖 **知识拓展**
> 阿里云发展历程

等一系列云端的数据存储和计算服务。阿里云的云计算有 3 类产品，包括弹性计算、数据存储与数据库、大规模计算，每类产品具体包括的内容如表 2-4 所示。

表 2-4　阿里云产品具体包括的内容

产 品 类 别	产 品 详 情
弹性计算	云服务器（ECS） 负载均衡服务（SLB） 云盾（Cloud Shield） 云监控（Cloud Monitor）
数据存储与数据库	关系型数据库服务（RDS） 开放数据存储服务（OSS） 开放结构化数据服务（OTS） 内容分发网络（CDN）
大规模计算	开放数据处理服务（ODPS）

和 Amazon 的云存储服务不同的是，阿里云拥有完全的自主知识产权的飞天内核，可以通过构建存储和分析平台做到多种服务器并行架构，数据的安全性由可靠的服务器和传输安全提高。阿里云的数据中心，信息的传输和转移是通过并行处理的应用程序、数据库、备份站点和处理器来完成的。其中，数据通过 ODPS 进行计算和处理，ODPS 提供数据存储和数据分析的平台，用户可以使用该平台上的数据模型和服务，也可以发布数据分析工具。

中石化基于阿里巴巴提供的基础云服务建设共享服务中心"易派客"，系统架构图如图 2-12 所示，基于大数据的技术与营销方法，精准服务 8000 万加油卡客户，提升客户体验。

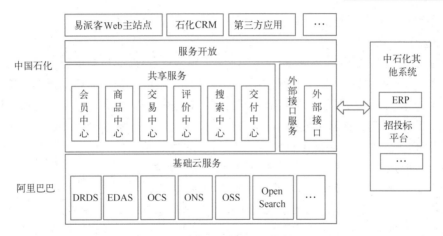

图 2-12　"易派客"系统架构图

国外的主要推动者是 AWS（Amazon Web Services）、IBM、谷歌、微软和甲骨文。其中，AWS 领先全球，它是亚马逊提供的专业云计算服务，于 2006 年推出，以 Web 服务的形式向企业提供 IT 基础设施服务，其主要优势之一是能够以根据业务发展来扩展的较低可变成本来替代前期资本基础设施的费用。另外在 Cloud 2.0 时代的背景下，AWS 无服务器化专注服务应用，不需要按照代码执行时间付费，不需要考虑信息配置和使用率、可靠性和容错性、扩展性、运维和管理等。

下面介绍云计算与大数据的结合在通信业的应用。

大数据与云计算结合具有巨大的能力，对每个行业都是有推动作用的，而信息、互联网和通信产业表现相对突出，特别是在通信业，传统的话务业务不能适应互联网发展的需求，而通过大数据与云计算的结合能够为通信业转型提供动力和途径，带来新的机遇。

（1）提升网络的服务质量

随着互联网的逐步发展，运营商的网络也越来越繁忙，监测网络运行状态的信息数据也在急剧增长。基于大数据的海量数据存储技术，可以满足用户的存储需求；通过智能分析技术，能够有效提高网络维护的实时性，及时预测网络流量高峰值，对异常流量预警，给网络改造和优化提供参考依据，从而提高用户的体验。

（2）提高客户洞察的准确性

客户洞察指的是在企业层面把全面掌握的客户数据提供给市场营销和客户联系等环节，使这些客户数据得到有效应用。通过使用大数据的分析挖掘工具和方法，通信业可以整合来自内部各个部门的数据，如市场部、营销部、服务部等，能够全面客观地了解客户，能够精准刻画用户的形象，寻找目标客户，并制订行之有效的营销计划、产品组合或者商业决策，提升客户形象和价值。通过数据挖掘中的情感分析、语义分析等技术，可以针对客户的喜好和情绪进行个性化的业务推荐等。

（3）增强行业信息化的服务水平

通信业在智慧城市的发展中占据重要地位，而目前的通信业还主要是用于提供终端和通信管道，通信行业的应用软件和系统集成还需要整合外部的应用软件提供商，主要以网络化、自动化等较低水平地体现用户的价值。而随着社会、经济的发展，用户对于智能化的要求越来越强烈，因此运营商如果能把大数据技术整合到行业信息化方案中，帮助用户通过数据采集、存储和分析更好地进行决策，将能极大提升信息化服务的价值。

（4）基于云的数据分析服务

大数据和云计算相结合，可以提供数据分析的服务。通信业目前的云计算服务，以数据中心等资源的提供为主。下一步，通信业可以在数据中心的基础上搭建大数据分析平台，通过自行采集、第三方提供等方式汇聚数据，并对数据进行分析，为相关企业提供分析报告。

【案例2-1】天河工业云的应用

超级计算中心作为公益服务机构，承担较多公共服务属性的同时还响应来自科技创新与产业发展的需求。目前，各超算行业平台都以超级计算机为算力支撑，面向不同的行业应用提供定制化的服务。因此本案例主要以天津超算中心为基点介绍天河云计算在工业云领域的主要应用。

> 📖 **知识拓展**
> 天河一号

1. 关于天津超算中心与天河云计算

国家超级计算天津中心（即天津超算中心）于2019年由科技部批准成立，由国防科技大学与天津滨海新区共同建设，部署了2010年排名世界第一的"天河一号"超级计算机和"天河三号"百亿亿次原型机。该中心依托超级计算技术构建了天河工业云、电子政务云、工业大数据应用平台、人工智能研发和应用环境、工业互联网试验环境，实现了超级计算、云计算、大数据、人工智能和物联网的深度融合。目前，"天河"已成为支撑国家和区域重大科技创新、战略性新兴产业发展的"国之重器"，天津超算中心已成为高端信息技术创新和转化的引领和示范基地。在支撑科技创新领域，天津超算中心服务的科研、企业、政府机构用户数已超过1600家，主要用户已经遍布全国各地，应用涉及生物医药、基因技术、航空航天、天气预报与气候预测、海洋环境模拟分析、航空遥感数据处理、新材料、新能源、脑科学、天文等诸多领域。其中在推动传统产业转型、引导新兴产业发展中发挥了重大作用，例如，构建了石油勘探数据处理平台、生物基因健康平台、动漫与影视特效渲染云平台、工程设计与仿真云平台、建筑工程设计与管理云平台（BIM）等。

天河云计算平台是由国家超级计算天津中心云计算团队与国防科技大学麒麟云团队合作开发的，旨在打造高性能、高可靠的安全云计算平台，面向党政机关、事业单位、社会组织和企业，提供公信、安全、可靠的云计算服务。

基于天河云计算平台构建了天河工业云平台和天河公有云平台。通过公有云平台，用户可以在线试用、购买云资源，自助管理已购买的云资源，查看帮助手册，咨询技术问题，接收通知公告等，主要承担较多的公共服务属性，此处不重点介绍。此案例主要以适应科技创新与企业发展为要求的天河工业云为例进行具体应用介绍。

2. 关于天河工业云

天河工业云以企业需求为导向，聚焦先进制造研发，旨在打造服务工业企业创新发展和转型升级的信息化融合平台，以超级计算驱动先进制造业创新发展。主要服务内容如下：

（1）高端信息化服务

基于高性能计算、云计算、大数据、人工智能融合技术架构，构建了HPC云、公有云、工业大数据、人工智能一体化平台等多个平台，提供安全、易用、高效的多样性融合信息化服务。

（2）面向不同应用需求的定制化行业云服务

整合行业优势资源，提供统一视图、低成本、便利的云服务，目前已构建了仿真云、焊接云、建筑云、渲染云、资产云等行业云，提供了涵盖前端设计、中间计算、后端处理的一体化产品研发和软件工具服务。

（3）工业知识资源库服务

通过模型库、标准库、专利库、文献库、专家库、动态新闻资讯等形式，面向工业企业提供最新的标准、前沿技术、资讯动态等服务。

（4）区域制造能力协同服务

通过供需对接、企业展示等多个模块，向区域内企业提供了产品和服务能力展示、供需匹配等服务。

（5）区域政策快速落地服务

通过"科技创新券"平台可以加速科技政策落地；通过科技共享平台可以高效地管理区域内各组织与协会的资格与审计；通过政策申报平台打通申报企业申报电子通路。

另外，使用天河工业云可进行自主技术开发，安全可控；可将高性能计算与云计算高度融合；拥有开放式服务架构，便于第三方云应用的快速部署；拥有多种云服务模式（IaaS、PaaS、SaaS）；拥有合作式运营模式，支持与合作伙伴共同构建和运营行业云。

3. 天河工业云的应用

天河工业云本着开放、合作、共赢的原则持续延伸工业云应用，为更多行业创造价值。主要用于研发设计上的云包括仿真云、焊接云、矿业云、建筑云等。

（1）仿真云

仿真云依托超级计算机强大的处理能力与天河可视化系统高效的虚拟显卡远程加速技术，将产品设计与优化过程中所涉及的 CAE 模型处理、仿真计算以及结果分析等操作全部集成在云端，为用户节省成本，缩短仿真计算时间。

其主要具有如下功能与服务：

1）高性能计算集群。依托"天河"超级计算机，计算性能卓越；按需动态调整计算资源权限，满足多元化需求。

2）界面化提交作业。无须输入 Linux 命令，无须编辑脚本即可提交作业，资源使用、任务提交情况一目了然，余额、余时实时查询。

3）可视化模型处理。一键远程启动软件界面并开展前后处理，方便用户对作业快速反应，极大地减少传输的数据。

4）高效的数据传输。能以多种方式传输数据，支持文件实时与本地同步，支持断点续传。

5）安全可靠。实现多层次、多体系、全方位的安全架构和保障体系，提供高安全级别的多用户隔离，满足高可用及数据安全需求。

6）按需购买，实时开通。按需购买资源，一键开通资源，可快速找到所需软件应用，申请软件资源后即可使用。

7）独享可视化云服务。提供独享云主机和云应用服务，享有定制化硬件配置、定制化软件应用和专属售后服务等权利。

8）产品仿真咨询服务。拥有专业的技术咨询团队，集结国内知名的仿真专家队伍与专业机构，有效、专业地解决客户实际工程问题。

仿真云具体应用于汽车工程、装备制造、建筑土木、交通工程、海洋船舶、石油化工、航空航天等领域。在航空航天领域的研发设计主要针对飞机、飞船、火箭等各类飞行器，技术含量高、研发周期长、涉及的工程问题非常复杂。在此领域上的仿真主要包括飞机总体气动性仿真、飞机结构强度刚度、气动噪声、机构动力学、鸟撞试验、复合材料及结构优化、多物理场耦合等方面。

（2）焊接云

焊接云平台集成多款自主开发的焊接结构来辅助分析系统性软件，实现包括焊接变形、强度评估、结构变形测量分析、结构搭载评估优化及3D工艺仿真等领域的全覆盖，具备丰富的计算存储，包含通用商业软件、焊接结构辅助软件和二次开发插件在内的大量软件资源，配备了焊接领域、数值计算领域和软件开发领域的专家技术团队，为焊接云平台的发展提供强大的支撑。

焊接云提供了焊接有限元前后处理、焊接变形预测、测量及搭载分析、大型复杂结构装配焊接工艺的3D动态仿真等功能模块，收录了大量焊接仿真所需的材料参数，为不同行业的焊接数值仿真提供参考，其中，江苏扬子江船业集团公司、江南造船集团等都应用了天津超算中心的焊接云。江南造船集团针对实际生产建造时的修型难点，依托焊接平台，实现焊接结构搭载优化，快速自动寻找最佳合龙及切割方案，并生成现场所需的工艺文件和图表，动态演示合龙工程，指导合龙作业时的模型。合龙工程工艺图表如图2-13、图2-14所示。

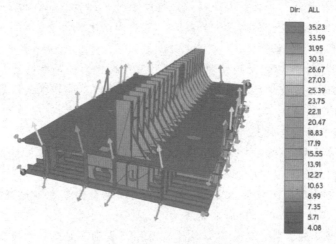

图2-13　合龙工程工艺图表（1）

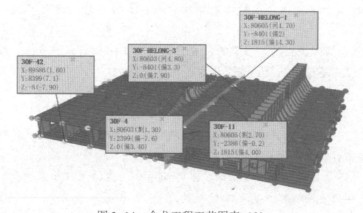

图2-14　合龙工程工艺图表（2）

（3）矿业云

矿业云是基于分布式计算、网络存储、虚拟化等技术的软件服务平台和矿业远程技术服务平台，由中国恩菲与国家超算天津中心联合开发。矿业云面向广大的矿业企业、装备制造商和专业技术人员，可提供全面、实用的矿业技术资源与软件和服务。其功能模块包括软件云服务、供需对接、矿业库、新闻资讯、矿业大数据服务、远程技术服务等。

同时具有如下特点及优势：

1）协同创新。搭建中国矿业信息化技术创新和应用服务平台，促进云计算、大数据、物联网、BIM、移动互联网、人工智能等新一代信息技术在矿业中的应用。

2）集成专属矿业应用软件。根据矿业行业设计需求，采用云端模式部署矿业专业软件，实现随时随地访问。

3）软硬件资源丰富。依托天河工程仿真系统、天河大数据平台和天河云平台，具备丰富的服务器、存储以及软件资源。

4）矿业大数据云服务。矿业大数据云服务坚持合力共建原则、项目带动原则以及集成共享原则。创建信息汇聚、资源开放、人才流动、成果共享、运行高效的资源共享平台。

5）矿业信息模型（MIM）。以三维数字技术为基础，集成矿山工程项目信息，建立可视化数据模型，可实现矿山全生命周期（勘探、基建、开采、复垦）设施实体与功能特性的数字化表达，其中包括对矿山演化进行三维仿真模拟，实现全阶段的工程量、成本、效益及相关技术经济参数的准确估计。

6）远程技术服务。依托远程数据采集、远程诊断及远程技术服务，从矿山企业实际生产的问题数据中查找病因，给出符合其自身特点的解决方案及事前维护计划。

（4）建筑云

建筑云依托天河超级计算与大数据、云计算融合环境的优势资源，整合建筑信息领域的领先软件，创建了建筑信息云平台，提供工程建设全过程应用的解决方案和系列产品，并提供全方位、高精度、多功能的时间和空间一体化的应用系统和云服务平台，对建筑的规划、设计、施工、运营管理的全生命周期进行信息化管理，从而优化设计、控制成本、协助管理、提高工程效率与质量。

平台集成基于 5D BIM 模型的建筑行业先进云应用，集成涵盖合同招标前期规划管理、设计算量计价、施工运维等建筑全生命周期管理的应用模块，可实现在线多项目协同管理。采用"云端部署，随时随地访问"的云应用模式，可根据用户特定需求线下为用户快速定制专属应用，提高使用便利性，节省软硬件采购成本。平台提供设计过程和施工过程的不同参与方、不同专业的多地点及实时协同工作，减少沟通成本。

案例讨论：

- 国家级的其他云计算中心分别是什么？它们在云计算上的突出成果都有哪些？
- 搜索相关资料查看天河工业云还有哪些具体应用。
- 试举例云计算都在哪些领域应用。

2.6　习题与实践

1. 习题

1）说明大数据与云计算的关系。

2）根据本章介绍总结云计算的定义。

3）举例分析云计算的体系架构。

4）结合实例说明云计算的特征，并归纳云计算的优势。

5）简述云计算的3种服务模式及功能。

6）列举云计算的类型及实例。

7）论述云计算与云存储的区别和联系。

8）结合自己专业，谈谈对云计算发展的看法。

2. 实践

1）观看章文嵩关于"互联网+时代的云计算与大数据实践"的演讲，结合本章内容，说明云计算给日常生活带来的改变。

2）调查身边朋友了解和使用阿里云的情况。除了阿里云，百度云也被广泛使用，分析百度云的常用功能所包含的云计算的知识。

3）调查现在我国计划建设智慧城市的城市及其建设方案，分析其中的云计算和大数据知识，写一篇调研报告。

4）调查近几年国内外还有哪些云服务商的后起之秀，并分析其所提供云的使用情况及优缺点。

参 考 文 献

[1] 刘鹏. 云计算 [M]. 2版. 北京：电子工业出版社，2011.

[2] 韩德志，傅丰. 高可用存储网络关键技术的研究 [M]. 北京：科学出版社，2009.

[3] 韩德志. 云环境下的数据存储安全问题探析 [J]. 通信学报，2011，32（9A）：153-157.

[4] 丘永萍. 云存储是一种服务 [N]. 中国城乡金融报，2010，A03：20-22.

[5] WILKINSON B，ALLEN M. 并行程序设计：第2版 [M]. 陆鑫达，等译. 北京：机械工业出版，2005.

[6] 胡嘉玺. 虚拟智慧：VMware vSphere 运维实录 [M]. 北京：清华大学出版社，2011.

[7] 李德仁，龚健雅，邵振峰. 从数字地球到智慧地球 [J]. 武汉大学学报：信息科学版，2010，35（2）：127-132.

[8] 孙小礼. 数字地球与数字中国 [J]. 科学学研究，2000，18（4）：20-24.

[9] 李德仁，邵振峰. 论新地理信息时代 [J]. 中国科学F辑：信息科学，2009，39（6）：579-587.

[10] 罗桂琼. 云计算环境下教育信息化资源共建共享研究 [M]. 长春：吉林人民出版社，2017.

[11] 何克晶，阳义南. 大数据前沿技术与应用 [M]. 广州：华南理工大学出版社，2017.

[12] 李滢雪. 云计算与超级计算的融合 [J]. 电信科学，2010（S2）：247-251.

[13] 俞宋骁凯. 探究超级计算机的原理及应用 [J]. 通讯世界，2019，26（4）：105-106.

[14] 郭赟婧. 浅谈超级计算机 [J]. 东方青年·教师，2013，（23）：61.

[15] 李医生. 超算和云计算的区别 [EB/OL]. https://ask.zol.com.cn/q/2036369.html.

[16] 张如花，陈晓华，等. 云如何重塑超级计算机 [J]. 高性能计算技术，2012，（4）：60-63.

[17] 孙冰. 华为没钱，不能学阿里？华为云冲上国内前二，任正非却踩下刹车 [J]. 中国经济周刊，2021，（1）：53-55.

[18] 于斌，张心怡. 横向评测阿里云、百度云、腾讯云和华为云 [J]. 大数据时代，2019，（8）：12-21.

[19] 康波，马庆珍，司道军，等. 云化与业务流技术支撑的新一代超级计算应用平台 [J]. 计算机工程与科学，2020，42（10）：1852-1858.

[20] 国家超级计算天津中心：中心简介 [EB/OL]. [2022-06-07]. https://www.nscc-tj.cn/zxjj.

第3章
大数据处理

通过各种方法可以采集到不同类型的数据。而这些数据想要用于数据挖掘，就需要进行数据处理，因为采集到的数据往往是不完善的，可能存在各种各样的问题，必须通过技术手段处理这些采集来的原始数据，即通过数据清洗→数据变换→数据集成→数据归约这一过程来处理原始数据。数据处理阶段得到的数据是初步分析的结果，经过后续的数据挖掘、可视化分析等步骤得到的数据即可用于辅助决策。

【案例3-1】北京市果树大数据应用

2017年，北京市园林绿化局对全市果树资源进行了摸底调查，调查范围涉及了北京市13个区、159个乡镇、2298个行政村；梳理编制了8套调查表，涉及340个数据项，积累了188万条基础数据。2019年建立了北京市果树大数据管理系统，首次全面掌握了果树资源情况。

在大数据基础调查阶段，为了确保调查数据准确，推动工作稳步前进，数据采集的每一步都极其严谨：高度重视数据的基础工作，根据调查内容制定了8张表格；对参与调查的人员进行培训；指导填表，对数据逐级把关；同时实地调查规模化果园，详细核查每一方面的数据；将数据输入计算机并进行全面统计分析，对不合理处进行补充调查。

北京市果树大数据管理系统建立了集数据采集、归纳分类、数量质量保证、批量数据处理与数据库管理、可视化展示功能于一体的系统管理平台。根据其功能，大数据管理系统分为3个子系统：大数据驾驶舱、数据工作台系统和果树史系统。大数据管理系统中的数据工作台包含了北京市和13个区的管理系统，可在该系统中完成数据的查询、补充、修改、分析和管理，也可以通过区域、面积区间、果园类型、模糊搜索等多种筛选方式查找所需数据。数据管理系统中的大数据驾驶舱包括果树资源、规模化果园、果园管理和经营主体，在这里可以直观地看到果树产业的现状。果树史系统包括历史数据和果树大事记两部分。其中，"历史数据"页面通过图表直观展示了1949年来北京市果树产业面积、产量、收入等重要历史数据及变化，反映了果树产业发展曲线，实现了北京市果树产业有史以来所有纸质资料全部电子化。图3-1所示为在果园安装的FM1智能农田监测站，它可以拍摄果园高清广角大图，收集光照、温度、湿度、压强等数据，由此管理者可以实时了解果树生长情况和环境信息，辅助灾害预警等。

图3-1　FM1智能农田监测站

经过近一年的试运行，果树大数据平台在不断被完善的过程中得到越来越深入和广泛的应用。数据实时输入、汇总、更新及报表生成以及后台数据的系统化管理与检测，对于北京市果树产业动态化、数字化、精准化、智慧化奠定了坚实基础。

案例讨论：

- 根据网上资料，了解北京市果树大数据管理系统 3 个子系统的详细情况以及对数据的处理。
- 在大数据调查的基础阶段是如何进行数据采集的？

3.1 数据采集

数据采集就是使用某种技术或手段将数据收集起来并存储在某种设备上。数据采集处于大数据生命周期中的第一个环节，之后的分析挖掘都建立在数据采集的基础上。本节主要介绍数据采集的各种方法、数据质量的评估及影响因素。

3.1.1 数据采集方法

通过 RFID 射频、传感器、社交网络、移动互联网等方式可以获得不同类型的数据，包括结构化、半结构化及非结构化的数据。由于这些数据具有数据量大、异构等特点，因此必须采用专门针对大数据的采集方法。本文主要介绍以下 3 种大数据采集方法。

1. 系统日志采集

许多公司的业务平台每天都会产生大量的日志数据。日志收集系统要做的事情就是收集业务日志数据，供离线和在线的分析系统使用。高可用性、高可靠性、可扩展性是日志收集系统所具有的基本特征。目前常用的开源日志收集系统有 Apache Flume、Scribe 等。

微视频
数据采集方法

2. 网络数据采集

网络数据采集即对非结构化数据的采集，是指通过网络爬虫或网站公开 API（应用程序编程接口）等方式从网站上获取数据信息。该方法可以将非结构化数据从网页中抽取出来，以结构化的方式将其存储为统一的本地数据文件。它支持图片、音频、视频等文件或附件的采集，附件与正文可以自动关联。除了网络中包含的内容外，对于网络流量的采集，可以使用 DPI（深度报文检测）或 DFI（深度/动态流检测）等带宽管理技术。

知识拓展
爬虫原理与分类

3. 数据库采集

一些企业会使用传统的关系型数据库（如 MySQL、Oracle、SQL Server 等）来存储数据。除此之外，Redis 和 MongoDB 这样的 NoSQL（非关系型）数据库也常用于数据的采集，在这种情况下，通常在采集端部署大量数据库，并在这些数据库之间进行负载均衡。

知识拓展
关系型数据库

除了前文提过的 Apache Flume、Scribe 外，还有很多知名的数据采集产品，数据采集产品如图 3-2 所示。这 6 种产品的功能、运行环境的对比如表 3-1 所示。

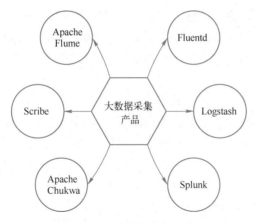

图 3-2　大数据采集产品

表 3-1　数据采集产品对比

产　品	功　能	开发/运行环境
Apache Flume	是高可靠、高扩展、容易管理、支持客户扩展的海量日志采集、聚合和传输系统	依赖于 Java 运行环境
Scribe	大量应用于 Facebook 中，是 Facebook 开源日志收集系统，它为日志的收集、存储、统一处理提供一个可扩展的、高容错的解决方案	基于 C++编写
Apache Chukwa	可以收集并快速处理分布式数据，可以动态地控制数据源。提供对数据的展示、分析和监视	依赖于 Java 运行环境
Fluentd	使用 JSON 文件来统一日志数据。可插拔架构，支持各种不同种类和格式的数据源和数据输出	使用 C/Ruby 开发
Logstash	是一个接收、处理、转发日志的工具。支持系统日志、Web Server 日志、错误日志、应用日志等各种日志类型	使用 JRuby 开发，依赖于 Java 运行环境
Splunk	一个托管的日志文件管理工具，一个分布式的机器数据平台	依赖于 Java 运行环境

3.1.2　数据质量评估

数据质量是保证数据应用的基础，采集来的原始数据可能存在质量问题，需要通过一定的标准来对其进行评估。对未通过评估的数据，将采取一系列后续方法对其进行处理。

数据质量的评估标准如图 3-3 所示，评估数据是否达到预期的质量要求，就可以通过这 4 个方面来进行判断。

1. 完整性

完整性是指数据信息是否存在缺失的情况，**数据缺**

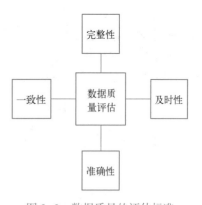

图 3-3　数据质量的评估标准

失可能是整个数据的缺失，也可能是数据中某个字段信息的缺失。数据完整性是数据质量最为基础的一项评估标准。

数据质量的完整性比较容易评估，一般人们可以通过数据统计中的记录值和唯一值进行评估。例如，网站日志日访问量就是一个记录值，如果平时的访问量在1000左右，而某一天突然降到了100，那么此时就需要检查是否存在数据缺失的情况。

2. 一致性

一致性是指数据是否遵循了统一的规范，数据之间的逻辑关系是否正确和完整。规范是指一项数据存在它特定的格式，例如，我国的手机号码一定是11位数字。逻辑是指多项数据间存在着固定的逻辑关系，例如，百分率一定是在0~1之间的。

3. 准确性

准确性是指数据中记录的信息和数据是否准确，数据记录的信息是否存在异常或错误。和一致性不同，存在准确性问题的数据不只是规则上的不一致。导致不具有一致性问题的原因可能是数据记录的规则不一，但不一定存在错误；而准确性关注的是数据记录中存在的错误，例如，字符型数据的乱码现象就表示存在着准确性的问题，还有就是异常的数值，如异常大或者异常小的数值、不符合有效性要求的数值等。

4. 及时性

及时性是指数据从产生到可以查看的时间间隔，也称数据的延时时长，是数据世界与客观世界的同步程度。数据的及时性主要跟数据的同步和处理过程的效率相关。

3.1.3　数据质量影响因素

原始数据的数据质量不一，那么究竟有哪些因素会影响数据的质量呢？本书将数据质量的影响因素归于图3-4所示的四大方面。

- 信息因素：指元数据对数据的描述及理解错误、数据源规格不统一等。
- 技术因素：指由具体技术处理的异常造成的数据质量问题。
- 流程因素：指由系统流程和操作流程设置不当造成的数据质量问题。
- 管理因素：指由人员素质及管理机制方面造成的数据质量问题。

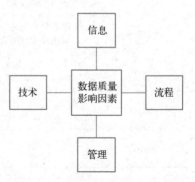

图3-4　数据质量的影响因素

📖 元数据：又称中介数据、中继数据，为描述数据的数据，主要被用于描述数据属性。

3.2　数据清洗

数据清洗是指清除"有问题"数据的过程。按照数据质量评估标准可以筛选出"有问题"的数据，"有问题"的数据主要包含以下3种：残缺数据、噪声数据、冗余数据。本节将依次阐述以上3种"脏数据"的定义，并探究这3种数据的清洗方法。

3.2.1　处理残缺数据

残缺数据是指不完整的数据，例如，可能是整个数据的缺失，也可能是数据中某个字段信息的缺失。可根据数据质量评估标准中的"完整性"判断数据是否是残缺的。对于残缺数据的处理，有以下几种方法。

1. 忽略整个元组

当元组的某个属性残缺时，忽略整个元组。这种方法简单，但存在弊端：采用忽略元组的方法，意味着不能使用该元组的剩余属性值，而这些剩余属性值很可能是分析问题所必需的。除非元组有多个属性残缺，否则该方法不是很有效。当某个属性有很多元组缺失时，它的性能特别差。

2. 填写残缺值

可以通过人工填写或者设立某一规则确定残缺值的填写内容。对于人工填写，仅适用于数据量小且缺失值少的情况；当数据量很大、缺失很多值时，该方法可能行不通。人工填写的主要方法有以下 4 种：

1）使用全局常量填写缺失值。

2）使用属性的均值填充缺失值。

3）使用与存在残缺属性的元组属于同一类的所有样本的属性均值填写残缺值。

4）推测最可能的值并填充：可以使用回归分析等方法推测该缺失值的大小。

需要注意的是，在某些情况下，缺失值并不意味着数据有错误。例如，在大一入学填写个人信息时，表单中有一项是驾照号码，没有驾照的学生自然不填写该字段，这不是错误。理想情况下，每个属性都应当有关于空值条件的规则。这些规则可以说明是否允许空值，并且说明这样的空值应当如何处理或转换。如果在业务处理的后续过程才能填写该值，那么该字段处也可能故意留下空白。

3.2.2 处理噪声数据

微视频
处理噪声数据

噪声数据是指在测量一个变量时测量值可能出现的相对于真实值的偏差或错误，这种数据会影响后续分析操作的正确性与效果。噪声数据主要包括错误数据、虚假数据和异常数据。由于错误数据与虚假数据的处理较为复杂且涉及该数据应用领域的知识，本书不做介绍，本书将着重介绍异常数据的处理。异常数据是指对数据分析结果有较大影响的离散数据。

1. 分箱

分箱是指把待处理的数据按照一定规则放进"箱子"中，采用某种方法对各个箱子中的数据进行处理。本书介绍以下 3 种分箱方法：

1）等深分箱法：每个箱子具有相同的记录数，每个箱子的记录数称为箱子的深度。

2）等宽分箱法：在整个数据值的区间上平均分割，使得每个箱子的区间相等，这个区间的长度被称为箱子的宽度。

3）用户自定义分箱法：根据用户自定义的规则进行分箱处理。

2. 平滑处理

在分箱之后，要对每个箱子中的数据进行平滑处理。

1）按平均值：对同一箱子中的数据求平均值，用均值代替箱子中的所有数据。

2）按中值：取箱子中所有数据的中值，用中值代替箱子中的所有数据。

3）按边界值：使用离边界值较小的值代替箱子中的所有数据。

3. 聚类

聚类是指将数据集合分组为若干个簇，簇外的值即为孤立点，这些孤立点就是噪声数据，可删除或替换这些孤立点。相似或相临近的数据聚合在一起形成各个聚类集合，这些聚类集合之外的数据即为异常数据。图 3-5 所示的 A、B、C 这 3 点即为异常数据。

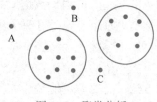

图 3-5 聚类分析

📖 簇：是一组数据对象的集合，同一簇内的数据具有相似性，不同簇之间的数据的差异性较大。

4. 回归

回归是指通过探究发现两个相关变量之间的关系，构造一个回归函数，该函数能够更大程度地满足两个变量之间的关系，可使用这个函数来平滑数据。

3.2.3 处理冗余数据

冗余数据是指数据之间存在重复的现象，也可以说是同一数据存储在不同文件中的现象。冗余数据既包括重复的数据，也包括与分析处理的问题无关的数据，通常采用过滤数据的方法来处理冗余数据。对于重复的数据，可采用重复过滤的方法；对于无关的数据，则采用条件过滤的方法。

1. 重复过滤

重复过滤指在已知重复数据内容的基础上，从每一个重复数据中取出一条记录保留下来，删去其他的重复数据。重复过滤=识别重复数据+过滤操作。过滤操作可以根据操作的复杂度分为直接过滤和间接过滤。

- 直接过滤：对重复数据直接进行过滤操作，保留其中任意一条记录并过滤掉其他的重复数据。
- 间接过滤：对重复数据先进行一定的处理，形成一条新记录后再进行过滤操作。

2. 条件过滤

根据一个或多个条件对数据进行过滤。对一个或多个属性设置条件，将符合条件的记录放入结果集，将不符合条件的数据过滤掉。实际上，重复过滤也是一种条件过滤。

3.3 数据变换

数据变换是指将数据从一种表示形式转换为另一种表示形式的过程。在数据处理阶段，将不满足分析挖掘算法的数据进行数据变换，使得挖掘分析更有效、挖掘的模式更容易理解。数据变换分为属性类型变换与属性值变换，本节将详细讲述这两种数据变换的方法。

3.3.1 属性类型变换

在数据处理过程中，为了后续工作的方便，往往需要将原始数据的属性类型转换成目标数据集的属性类型。此时可以使用数据概化与属性构造等方法进行属性的变换。

1. 数据概化

数据概化是指用更抽象（更高层次）的属性来代替低层属性或原始数据。例如，街道属性可以概化到城市的层次，城市可以概化到国家的层次，当然街道也可以直接概化到国家的层次；年龄属性可以概化为青年、中年、老年；出生年月的属性可以概化为 80 后、90 后、00 后等。

2. 属性构造

属性构造是指构造新的属性并添加到属性集合中以便挖掘，这个属性可以是根据原有属性计算出的属性，例如，根据半径属性可以计算出周长与面积等新属性。此外，根据原属性与目标属性之间的映射关系，可将属性变化分成一对一映射和多对一映射两种。

1）一对一映射：原数据类型与目标数据类型之间为一一对应的关系，如将"××年××月××日"的日期转换为"××/××/××"，这只是形式上的转换，是一对一的关系。

2）多对一映射：原数据类型与目标数据类型之间为多对一的关系，表 3-2 所示的关系即为多对一关系。

表 3-2　多对一关系表

原数据类型（得分，int）	目标数据类型（品质，string）
9~10	优等品
6~8	中等品
1~6	劣等品

3.3.2　属性值变换

属性值变换即数据标准化，是指将属性值按比例进行缩放，使之落入一个特定的区间，以消除数值型属性因大小不一而造成的挖掘效果的偏差。数据标准化主要有以下 4 种方法。

1. 最大-最小标准化

已知属性的原范围为 $[\text{old\_min}, \text{old\_max}]$，将其映射到新范围 $[\text{new\_min}, \text{new\_max}]$：

$$x' = \frac{x - \text{old\_min}}{\text{old\_max} - \text{old\_min}}(\text{new\_max} - \text{new\_min}) + \text{new\_min}$$

这种方法简单，但是存在着缺陷，当新加入的数据超过了原范围 $[\text{old\_min}, \text{old\_max}]$ 时，必须更新 old_min 与 old_max 的值，否则会出错。

2. 0-1 标准化

0-1 标准化是最大-最小标准化的一种特殊形式，即 new_min = 0，new_max = 1 的情况。

$$x' = \frac{x - \text{old\_min}}{\text{old\_max} - \text{old\_min}}$$

3. 零-均值标准化

零-均值标准化适用于数据符合正态分布的情况。

$$x' = \frac{x - \mu}{\sigma}$$

其中，μ 为均值，σ 为标准差。

4. 小数定标标准化

小数定标标准化是指通过移动小数点的位置，将属性值映射到 $[0,1]$ 之间，使用小数的科学计数法来达到规范化的目的。

$$x' = \frac{x}{10^j}$$

其中，j 是使 $\max(|x'|)<1$ 成立的最小值。

3.4 数据集成

数据集成就是将不同数据源中的数据逻辑地（生成一个视图）或物理地（生成一个新的关系表）集成到一个统一的数据集合中，在这个集成的数据集上进行后续的分析处理。由于数据的多样性和数据结构的复杂性，要想实现数据集成，就需要解决模式匹配、数据值冲突、数据冗余等问题，本节针对这3个问题提出了解决的方法。

3.4.1 模式匹配与数据值冲突

在整合不同数据源的数据时，怎样做到模式匹配？来自多个数据源的等价实体如何才能"匹配"？以上问题的实质就是实体识别问题，实体识别就是匹配不同数据源的现

> 📖 **知识拓展**
> 集成模型分类

实实体，如 A. user-id = B. customer_id。通常以元数据为依据进行实体识别，避免模式集成时出现错误。

属性的元数据包括属性名字、含义、数据类型、允许的取值范围、空值规则等。元数据还可以用来帮助变换数据。例如，Gender 属性的数据值在一个数据库中可以是"F"和"M"，而在另一个数据库中是"male"和"female"。

在集成期间，当一个数据库的属性与另一个数据库的属性匹配时，需要注意匹配数据的结构（函数依赖、完整性约束等）以保证原模式数据之间的关系在集成后的模式中仍然适用。例如，在一个系统中，"满100减20"这一折扣发生在购买同类商品满100元的条件下，而在另一系统中则是任意商品满100元即可，在集成这一折扣时需要弄清该折扣在目标系统中的使用条件，再对此依赖关系进行修改。

对于同一现实世界的实体而言，不同系统中同一属性的数据值可能不同，可能不同的原因有属性的表示方式不同、单位不同等。例如，房价这一属性在不同国家使用不同的货币单位、大学之间评分等级的差异等。针对数据值冲突，需要根据元数据提取该属性的规则，并在目标系统中建立统一的规则，将原始属性值转换为目标属性值。

3.4.2 数据冗余

在数据集成时，数据冗余是不可避免的：同一属性在不同系统中使用不同的字段名，例如，同样的顾客 ID，在 A 系统中字段名是 Cust_id，在 B 系统中是 Customer_Num；集成后某个数据属性可以由其他数据属性经过计算得出，如 A 系统中有月营业额属性，在 B 系统中有日营业额属性，而月营业额是可以由日营业额导出的。可以通过相关分析来检验属性之间的相关度，进而判断是否存在数据冗余。

1. 标称数据检测

> 标称数据指具有有穷个不同值（但可能很多）且值之间无序的属性，如地理位置、工种、商品类型等。

对于标称数据，可以通过卡方检验探究两个属性 A 和 B 之间的相关联系。假设 A 有 m 个不同值：$a_1, a_2, \cdots, a_m$。B 有 n 个不同值：$b_1, b_2, \cdots, b_n$。用 A 和 B 描述的数据元组可以用一个二维表显示，其中 A 的 m 个值构成列，B 的 n 个值构成行。令 (A_i, B_j) 表示属性 A 取值

a_i、属性 B 取值 b_j 的联合事件 $(A=a_i,\ B=b_j)$，每个可能的 (A_i,B_j) 联合事件都在表中有自己的单元格。根据卡方检验，可得出：

$$\chi^2 = \sum_{i=1}^{m} \sum_{j=1}^{n} \frac{(o_{ij} - e_{ij})^2}{e_{ij}}$$

式中，o_{ij} 是 (A_i, B_j) 的实际频度；e_{ij} 是 (A_i, B_j) 的期望频度。

$$e_{ij} = \frac{c_a - c_b}{n}$$

式中，n 是元组的个数；c_a 是 $A=a_i$ 的个数；c_b 是 $B=b_j$ 的个数。

卡方检验假设 A、B 之间是独立的。如果可以拒绝该假设，则说明 A、B 之间是统计相关的。

2. 数值数据检测

对于数值数据，可以通过检测它们之间的相关系数来估计这两个属性之间的相关度。

$$r_{A,B} = \frac{\sum_{i=1}^{n} (a_i - \overline{A})(b_i - \overline{B})}{n\sigma_A \sigma_B} = \frac{\sum_{i=1}^{n} (a_i b_i) - n\overline{A}\,\overline{B}}{n\sigma_A \sigma_B}$$

式中，n 是元组的个数；a_i、b_i 是元组 i 在 A、B 上的值；$\overline{A}$、$\overline{B}$ 是 A、B 的均值；σ_A、σ_B 是 A、B 的标准差。

1）$r_{A,B}>0$，表示 A 和 B 正相关。$r_{A,B}$ 的值越大，相关度越高。

2）$r_{A,B}=0$，表示 A 和 B 是独立的。

3）$r_{A,B}<0$，表示 A 和 B 负相关。$r_{A,B}$ 的绝对值越大，相关度越高。

3.5　数据归约

数据归约也称数据削减，是指在尽可能保持数据原貌的前提下，最大限度地精简数据量。**数据归约对后续的分析处理不产生影响，对归约前后数据的分析处理结果相同**，且用于数据归约的时间不超过归约后数据挖掘节省的时间。数据归约的必要前提是充分理解挖掘任务并熟悉数据内容。本节主要介绍数据归约的两种方法：维归约、数值归约。

> 📖 **知识拓展**
> 数据归约分类

3.5.1　维归约

维归约是指从原有的数据中删除不重要或不相关的属性，或者通过重组属性来减少属性个数。维归约的目的是找到最小的属性子集，且该子集的概率分布尽可能地接近原数据集的概率分布。找到最小属性子集的方法有以下几种。

1. 逐步向前选择

逐步向前选择是指从一个空属性集开始，该集合作为属性子集的初始值，每次从原属性集中选择一个当前最优的属性并添加到属性子集中，迭代地选择最优并添加，直至无法选择出最优为止。

2. 逐步向后删除

逐步向后删除是指从一个拥有所有属性的属性集开始，该集合是属性子集的初始值，每次从当前子集中选择一个当前最差的属性并将其从属性子集中删除，迭代地选择最差并删除，直至无法选择出最差为止。

3. 向前选择与向后删除结合

可以将向前选择和向后删除的方法结合在一起，每一步选择一个最好的属性，并在剩余属性中删除一个最差的属性。

3.5.2 数值归约

数值归约是指用较简单的数据表示形式替换原数据，也可以采用较小的数据单位，或者用数据模型代替数据以减少数据量。常用的方法有直方图、聚类、抽样、参数回归法等。

1. 直方图

使用分箱来近似数据分布，是一种流行的数据归约形式。属性 A 的直方图将 A 的数据分布划分为不相交的子集/桶。如果每个桶只代表单个属性值/频率对，则该桶称为单值桶。通常，桶表示给定属性的一个连续区间。

2. 聚类

聚类技术把数据元组看作对象。它将对象划分为群或簇，使得一个簇中的对象"相似"，而与其他簇中的对象"相异"。在数据归约中，用数据的簇替换实际数据。

3. 抽样

抽样可以作为一种数据归约技术使用，因为它允许用比数据小得多的随机样本（子集）表示大型数据集。采用抽样进行数据归约的优点是：得到样本的花费正比于样本集的大小，而不是数据集的大小。

4. 参数回归

参数回归通常采用一个模型来评估数据，该方法只需要存放参数，而不用存放实际数据。这种方法能极大地减少数据量，但只对数值型数据有效。

3.6 案例：Tableau Prep 数据处理技术应用

Tableau Prep 是一种可以在很短的时间内完成数据连接和可视化的软件，它可以帮助人们快速分析、可视化并分享信息。这里从国家统计局搜集了 2016 年高技术产业新产品开发的相关数据，包括新产品开发经费支出、开发项目数、销售收入以及出口销售收入，利用 Tableau Prep 对其进行可视化，得到 2016 年高技术产业新产品开发情况，数据如表 3-3 所示。

> 📖 **知识拓展**
> 什么是 Tableau

表 3-3 2016 年高技术产业新产品开发情况数据表

高技术产业名称	新产品开发项目数/个	开发经费支出/万元	销售收入/万元	出口销售收入/万元
医药制造业	25320	4978805.70	54227526.50	4896556.00
航空航天器及设备制造业	1979	1909534.60	15336595.90	1373118.40
电子及通信设备制造业	42592	22741770.00	318206467.80	138247189.30
计算机及办公设备制造业	5347	2457057.20	54641230.10	32686511.10
医疗器械及仪器仪表制造业	16833	3034640.80	25014345.50	3109374.20

高技术产业是指用当代尖端技术（主要指信息技术、生物工程和新材料等领域）生产高技术产品的产业群，是研究开发投入高、研究开发人员比重大的产业。高技术产业发展快，对其他产业的渗透能力强。

利用 Tableau Prep 处理该数据，探究 2016 年高技术产业新产品开发项目数量的具体情况。具体操作步骤如下：

1）打开 Tableau Prep 软件，选择该数据文件导入数据源。

2）在新的工作表中选择导入的"2016 年高技术产业新产品开发情况数据表"。转到工作表，可以看到已经连接到数据源了。

3）将"高技术产业名称"拖动到右侧的行中，将"新产品开发项目数"拖到列中，就可以得到各个产业在 2016 年开发项目数的条形图。

4）按照开发项目数量由高到低进行降序排列，为了更直观地看到每个产业开发项目的具体数量，将"新产品开发项目数"拖到标记的"标签"内，得到图 3-6 所示的条形图。

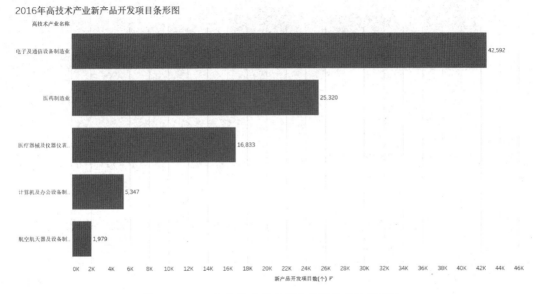

图 3-6　2016 年高技术产业新产品开发项目条形图

根据图 3-6，可以直观地得到各个高技术产业新产品开发项目的数量，其中，电子及通信设备制造业新产品开发项目数量最高，医药制造业次之，航空航天器及设备制造业新产品开发数量位居最后。

分析各个高技术产业新产品开发的收入和出口收入情况，具体操作步骤如下：

1）利用 Tableau Prep 处理数据的步骤 1）和步骤 2）。

2）将"高技术产业名称"拖动到右侧的列中，分别将"销售收入"和"出口销售收入"拖到列中，选择"双轴"并设置为"同轴"，此时两种数据处于一个图中且单位相同。

3）将"销售收入"的"标记类型"设置为条形图，将"出口销售收入"的"标记类型"设置为"线"，得到图 3-7。

从图 3-7 可以观察到，电子及通信设备制造业新产品开发的销售收入和出口销售收入都是最高的，其次是计算机及办公设备制造业。

结合图 3-6、图 3-7 可以得到，电子及通信设备制造业不仅新产品开发项目数量位居第

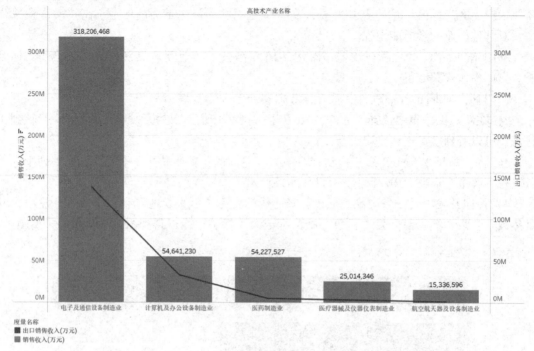

2016年高技术产业新产品开发收入情况

图3-7　2016年高技术产业新产品开发收入情况

一，而且该技术产业的销售收入和出口销售收入都是最高的，可见该高技术产业发展前景较好。

案例讨论：

请下载并学习Tableau Prep，根据表3-3分析2016年高技术产业新产品开发经费支出情况。

3.7　习题与实践

1. 习题

1）以下是客户收入属性的取值，请按照3种方案进行分箱处理：800 1000 1200 1500 1500 1800 2000 2300 2500 2800 3000 3500 4000 4500 4800 5000。

2）对于上一题中的等宽分箱的结果进行不同的平滑处理，并合并最后的结果（注：在按边界值进行平滑处理时，若距离两侧边界相同，则取较小的边界）。

3）前文提到的4种数据标准化方法的值域分别是多少？

4）假定用于分析的数据为属性age的数据，采集到的age的属性值为13 15 16 16 19 20 20 21 22 22 25 25 25 25 30 33 33 35 35 35 35 36 40 45 46 52 70。请使用最大-最小标准化将age=35变换到[0.0,1.0]之间。

5）请在逐步向前选择、逐步向后删除两者之中任选一种，使用流程图来描述其属性子集的选择过程。

6）试利用Tableau Prep对其他数据集进行处理（数据集可以从kaggle、datafountain等网站自行下载）。

2. 实践

1）调查微信运动的步数排行榜中步数的获取途径有哪些。

2）仔细调查研究两个本章提及的数据采集产品，了解它们的突出功能与特点。

3）结合数据库相关知识，阐述如何解决数据集成时的模式匹配问题。

4）在第 1 章的分析自己的网购数据一题中，对于全部的订单数据如何处理以获得一次数据？

5）在问卷调查回收统计分析数据时，你将如何应用本章的知识？若条件允许，请结合问卷调查实例阐述。

参 考 文 献

［1］朝乐门．数据科学［M］．北京：清华大学出版社，2016.

［2］HAN J, KAMBER M, PEI J. 数据挖掘：概念与技术［M］．范明，孟小峰，译．北京：机械工业出版社，2012.

［3］郭晓科．大数据［M］．北京：清华大学出版，2013.

［4］赵勇，林辉、沈寓实．大数据革命：理论、模式与技术创新［M］．北京：电子工业出版，2014.

［5］朱六璋．调度信息系统的数据清洗应用［J］．电力信息化，2007（4）：66-69.

［6］stella_na. 数据预处理 ppt［EB/OL］．［2022-06-22］．https://wenku.baidu.com/view/529fb5ecf8c75fbfc77db283.html.

［7］ddyddydd. 数据清洗与数据预处理［EB/OL］．［2022-06-22］．https://wenku.baidu.com/view/850841172f60ddccda38a088.html.

［8］张瑞，施海，陶万强，等．集数据采集 归纳分类 数据管理 可视化于一身 北京建成果树大数据管理系统［J］．绿化与生活，2021（3）：29-32.

第4章
数据分析与数据挖掘

本章将介绍数据分析方法与数据挖掘的相关知识。数据分析的数学基础在 20 世纪早期就已确立，但直到计算机的出现才使得实际操作成为可能，而数据挖掘这一名词出现于 1990 年前后并引起了众多学者的重视，之后逐渐拓展应用领域。随着时代的发展和技术的进步，各类数据库和数据也在急剧地增长，如何从大数据中获取知识就成了人们关注的焦点。数据分析与数据挖掘的目的是萃取和提炼隐藏在一大批数据中的信息，以找出所研究对象的内在规律，从而帮助人们理解、判断、决策和行动。

【案例 4-1】《觉醒年代》观后感的数据挖掘

在建党一百周年之际播出的革命历史题材电视剧《觉醒年代》在豆瓣获得了 9.3 的高分，微博评论超过 26 亿。《觉醒年代》讲述了在家国动荡的时代、在新旧文化的冲击之下，像陈独秀先生、李大钊先生这样的家国英雄，倾尽一生都为寻求救国道路，为当时的新中国找到了一条通往光明的道路。自《觉醒年代》播出之日起，关于其内容创作、历史文化以及革命精神的探讨逐渐增多，该剧为青年一代传递了浓厚的家国情怀和艰苦奋斗的正能量。图 4-1 所示是为纪念陈延年和陈乔年两位英雄所命名的道路，在这条路上经常可以看到前来献花和驻足观看的行人。

图 4-1 延乔路

根据八爪鱼大数据平台所公布的《觉醒年代》舆情报告，可以直观地看到《觉醒年代》的受众群体以及微博用户对该剧的反映。数据采集过程如下：

1）设置数据采集的字段，包括用户性别、年龄以及微博评论内容。

2）数据来源于微博关键词"觉醒年代"相关的博文及微博评论。

3）数据采集和数据清洗。数据采集的时间段为《觉醒年代》播出后两周内的微博热搜数据；对于数据清洗，去除无效信息以及疑似"水军"的账号内容，共获取有效信息3624条。

在舆情报告的性别分析中，女性粉丝占比近80%，可见女性用户积极地参与了《觉醒年代》的观看、评论、分享、传播甚至争论，她们是《觉醒年代》的主要观众群体，也对该剧的传播和营销起着至关重要的推动作用；从年龄分布来看，青年用户的影响最为广泛，这也体现了《觉醒年代》对青年群体的影响更为深远；在微博评论角色热度分析中，陈独秀、李大钊先生的讨论热度最高，其次还有鲁迅先生、陈延年、陈乔年等人，这也展现了观众对于先烈们的炽热感情。

大数据分析扮演着一个针对影视制作及投资决策建议平台的角色，它可以提供对市场的理性预期，用精准的量化数字计算可能的投资回报率。大数据虽然解决不了艺术性的问题，但是却有商业借鉴的意义。另外，大数据的分析还直接影响后期广告投放，以及衍生品物料的开发，有利于全价值链研究。

因此，不得不承认，大数据对于当下影视创作起着至关重要的作用。尽管影视作品作为具有艺术属性的工业产品，无法用任何数据、技术手段取代，但除了创作之外的部分，如前期的观众导流、后期的宣传，大多都是可以利用大数据去解决的。

4.1　数据分析概述

本节将介绍数据分析的概念以及数据分析的过程。通过本节内容的学习，读者需要了解数据分析的整体概念并熟练掌握数据分析的框架流程。

数据分析是指用适当的统计分析方法对收集来的大量数据进行分析，将它们加以汇总、理解并消化，以求最大化地开发数据的功能，发挥数据的作用。数据分析的三大作用包括现状分析、原因分析以及预测分析。数据分析的过程如下：

1）理解数据分析的目的，确定分析思路。数据分析要有明确的目的，且数据分析目的要满足具体性、可测量以及可实现等要求。数据分析的目的可大致分为4个层次：描述性数据分析、诊断性数据分析、预测性数据分析以及指令性数据分析。描述性数据分析简要概括"发生了什么"，通过描述性统计指标反映数据的波动情况和变化趋势，并且通过描述性数据分析可以观察数据中是否出现了异常情况。诊断性数据分析是在描述性数据分析的基础上更深入了一步，即"怎么发生的"。诊断性数据分析可发现事件的起因与结果。预测性数据分析是综合描述性数据分析和诊断性数据分析的结果，进一步发现数据的走向，预测接下来可能发生的情况，即"可能发生什么"。指令性数据分析是在前3个层次的基础上提出解决方案的过程，即"应该做什么"。

2）数据收集。根据数据分析的目的，收集所需的相关数据。数据收集的来源很多，包括数据库、互联网以及调研数据等。在数据收集过程中，要保证数据是客观有效的。

3）数据预处理，是指对收集到的数据进行降噪、加工处理，使之成为适用数据分析的数据。在数据预处理过程中，要识别关键数据，识别与数据分析主题相关的数据，去除无效数据，如空值以及受其他噪声影响的数据。

4）数据分析。根据数据分析的目的，选择相应的数据分析方法，并通过对应的数据分析工具对预处理后的数据进行数据分析，提取数据中有价值的信息，得出数据分析结果。

5）数据可视化。将数据分析的结果通过图形或者表格的形式进行呈现，可以清楚地展示数据分析结果，也可以快速地发现其中的问题。

4.2 常见数据分析方法

数据分析的意义在于将杂乱无章的数据转换为清晰可见的图片或者表格，从而进行精准决策。根据数据分析的目的选择合适的数据分析方法，也是数据分析中非常重要的一个环节。本节将介绍常见的两种数据分析方法，包括层次分析法和多元线性回归分析法。

4.2.1 层次分析法

层次分析法是一种定性与定量研究相结合的数据分析方法，多用于研究一些难以直接通过定量方法解决的问题。层次分析法是一种多目标决策方法，往往通过决策者的经验来决定因子的重要程度，并计算出每个决策方案的权重，通过优劣排序得到最优决策。层次分析法的具体步骤如下：

1）建立层次结构，包括目标层、准则层和决策层。其中，目标层包括决策的目的，准则层包括决策的度量、影响因素，决策层包括决策的备选方案。

2）构造判断矩阵。通过因子之间两两相互比较这种相对尺度的度量方法来构造判断矩阵，提高了决策的准确度。判断矩阵的标度方法如表 4-1 所示。

表 4-1 标度方法

列因子比 行因子	极重要	很重要	较重要	稍重要	同重要	稍次要	较次要	很次要	极次要
标度	9	7	5	3	1	1/3	1/5	1/7	1/9
备注	2、4、6、8、1/2、1/4、1/6、1/8 为相邻判断中间值								

3）权向量处理及一致性检验。计算 2）中所得到判断矩阵的最大特征值，记为 λ_{max}，并对相应特征向量进行归一化得到 W（W 为同一层次元素对于上一层某因素的相对重要性权限）。一致性检验指标计算定义为：

$$CI = \frac{\lambda_{max} - n}{n-1}$$

若 CI 为 0，则有完全的一致性；若 CI 接近 0，则有满意的一致性；此外，则不具有一致性。为了进一步衡量 CI 的大小，引入随机一致性指标 RI，如表 4-2 所示。

表 4-2 随机一致性指标 RI

矩阵阶数	1	2	3	4	5	6	7	8	9	10
RI	0	0	0.58	0.90	1.12	1.24	1.32	1.41	1.45	1.49

由此可计算出一致性比率 $CR = CI/RI$。若 CR 小于 0.1，则有满意的一致性，即通过一致性检验，反之则不通过一致性检验。

例：某工厂有一笔新到资金，要决定如何使用，可供选择的方案有用作奖金（P_1）、投资集体福利设施（P_2）、引进设备技术（P_3）。所考虑的决策准则包括调动职工积极性（C_1）、提高技术水平（C_2）以及改善职工生活条件（C_3）。建立的层次结构模型如图 4-2

所示。

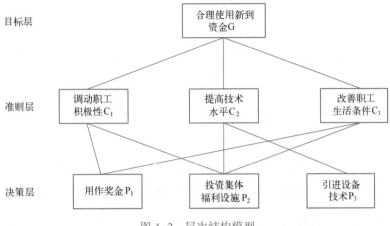

图 4-2　层次结构模型

构建目标层与准则层的判断矩阵（即 G-C 判断矩阵），如表 4-3 所示。

表 4-3　G-C 判断矩阵

G	C_1	C_2	C_3	W
C_1	1	1/5	1/3	0.105
C_2	5	1	3	0.637
C_3	3	1/3	1	0.258

通过计算可得最大特征值 $\lambda_{max}=3.038$，$CI=0.019$，$CR=0.03276<0.1$，即有满意的一致性。构建 C_1-P 判断矩阵，如表 4-4 所示。

表 4-4　C_1-P 判断矩阵

C_1	P_1	P_2	W
P_1	1	1/3	0.25
P_2	3	1	0.75

通过计算可得最大特征值 $\lambda_{max}=2$，$CI=0$。构建 C_2-P 判断矩阵，如表 4-5 所示。

表 4-5　C_2-P 判断矩阵

C_2	P_2	P_3	W
P_2	1	1/5	0.167
P_3	5	1	0.833

通过计算可得最大特征值 $\lambda_{max}=2$，$CI=0$。构建 C_3-P 判断矩阵，如表 4-6 所示。

表 4-6　C_3-P 判断矩阵

C3	P_1	P_3	W
P_1	1	2	0.667
P_3	1/2	1	0.333

计算组合权向量，得到权值矩阵，如表 4-7 所示。

表 4-7 权值矩阵

	P_1 0.105	P_2 0.637	P_3 0.258
C_1	0.25	0	0.667
C_2	0.75	0.167	0.333
C_3	0	0.833	0
权重	0.1983	0.2703	0.5306

由此可得，方案 P_3 优于方案 P_2 和方案 P_1，为合理使用资金，可将 53% 的资金用于引进设备技术，将 27% 的资金用于投资集体福利设施，将 20% 的资金用作奖金。

4.2.2 多元线性回归分析法

在实际生活中，有很多被解释变量对应多个解释变量的数学问题。因此，采用多元线性回归分析法可以有效解决此类问题。多元线性回归模型的一般形式可定义为：

$$y = \beta_0 + \beta_1 x_1 + \beta_2 x_2 + \cdots + \beta_k x_k + \varepsilon$$

式中，$x_1, x_2, \cdots, x_k$ 为解释变量；y 为被解释变量；$\beta_0, \beta_1, \beta_2, \cdots, \beta_k$ 为多元线性回归模型的参数；ε 为模型的误差项。

1. 误差项来源

误差项 ε 主要来源于以下 3 个方面：

1）解释变量的省略。人们的知识具有局限性，模型中不能包含所有的影响因素，因此设定误差项表示未引入模型的解释变量。

2）模型的结构误差。例如，将非线性关系近似为线性关系，将复杂关系近似为简单关系等。

3）随机误差。有一些不可控的系统因素或者偶然因素对被解释变量会产生影响。

2. 4 个假设

多元线性回归模型需要满足以下 4 个主要假设：

1）被解释变量与解释变量之间为线性关系。

2）解释变量的取值是固定的，不具有随机性。

3）误差项 ε 服从正态分布，即 $\varepsilon \sim N(0, \delta^2)$，且相互独立。

4）对于任意的解释变量，误差项的方差都为 δ^2。

根据以上误差项的假设，可以得到多元线性回归方程的一般形式：

$$E(y) = \beta_0 + \beta_1 x_1 + \beta_2 x_2 + \cdots + \beta_k x_k$$

上式表示被解释变量的平均值与解释变量 $x_1, x_2, \cdots, x_k$ 的关系。在进行参数估计时，得到的多元线性回归方程一般形式为：

$$\hat{y} = \hat{\beta}_0 + \hat{\beta}_1 x_1 + \hat{\beta}_2 x_2 + \cdots + \hat{\beta}_k x_k$$

式中，$\hat{\beta}_0, \hat{\beta}_1, \hat{\beta}_2, \cdots, \hat{\beta}_k$ 为方程的参数估计；$\hat{y}$ 是被解释变量 y 的估计值。对多元线性回归模型的估计可以采用最小二乘法，要使得残差平方和最小，则满足如下等式：

$$Q = \sum_{i=1}^{n} (y_i - \hat{y}_i)^2 = \sum_{i=1}^{n} (y_i - \hat{\beta}_0 - \hat{\beta}_1 x_1 - \cdots - \hat{\beta}_k x_k)^2$$

可通过微分极值法求解以上方程，此处不做详细解释。在求解完模型的参数估计后，需要进行模型的检验。模型检验包括拟合优度评价、多重共线性检验、异方差检验和显著性检验等，此处仅介绍显著性检验。回归系数的显著性检验常用方法为 t 检验，即对参数的估计 $\hat{\beta}(j=1,2,\cdots,k)$ 进行一次或多次的检验。具体步骤如下：

1) 原假设：

$$H_0:\beta_j=0;\ H_1:\beta_j\neq0,\qquad(j=1,2,\cdots,k)$$

2) 计算 t 检验统计量：

$$t_j=\frac{\hat{\beta}_j}{\hat{S}_{\hat{\beta}_j}}\sim t(n-k-1)$$

式中，$\hat{S}_{\hat{\beta}_j}$ 是 $\hat{\beta}_j$ 的标准差的估计值。

3) 得出统计决策。通过给定的显著水平 α，对照 t 分布临界值表得出显著性检验结果。当 $|t_j|\geq t_{\alpha/2}$ 时，拒绝原假设，即 β_2 显著不为 0；反之，不拒绝原假设，则 β_j 显著为 0。

4.3　数据挖掘基本概念

本节将介绍数据挖掘的基本概念。大数据是客观存在的，人们要想把它们变成资产并从中获取价值，就需要学会如何去挖掘。

4.3.1　数据挖掘的定义

数据挖掘（Data Mining，DM）就是从大量的、不完全的、有噪声的、模糊的、随机的实际应用数据中，提取隐藏在其中但又有潜在价值的信息和知识的过程。与数据挖掘含义相似的词有数据融合、数据分析和决策支持等。该定义包含以下几层含义：

1) 数据源必须是真实的、大量的、含噪声的。
2) 发现的是用户感兴趣的知识。
3) 发现的知识要可接受、可理解、可运用。
4) 并不要求发现放之四海而皆准的知识，仅支持特定的发现问题。

这里所提到的知识，从广义上理解，数据、信息也是知识的表现形式，但人们更喜欢把概念、规则、模式、规律和约束等看作知识；把数据看作形成知识的源泉，好像从矿石中采矿或者淘金一样。

📖 实际上，所有发现的知识都是相对的，是有特定前提和约束条件、面向特定领域的，同时还要易于理解。因此，最好能用自然语言表达所发现的结果。

原始数据可以是结构化的，如关系型数据库中的数据；也可以是半结构化的，如文本、图形和图像数据；甚至是分布在网络中的非结构化数据。发现知识的方法可以是数学的，也可以是非数学的；可以是演绎的，也可以是归纳的。发现的知识可以被用于信息管理、查询优化、决策支持和过程控制等，还可以用于数据自身的维护。

因此，数据挖掘是一门交叉学科，它把人们对数据的应用从低层次的简单查询提升到从数据中挖掘知识，从而提供决策支持。在这种需求的指引下，不同领域的研究者（尤其是数据库技术、人工智能技术、数理统计、可视化技术、并行计算等方面的学者和技术人员）一并投身到数据挖掘这一领域，使之成为技术热点。

4.3.2　数据挖掘的分类

1. 分类与预测

分类分析是将复杂问题简单化之后，再进行分析和处理的一种数据分析方法。也就是说，分类分析的基本思想是将大量数据分为若干个类别之后，分别分析每个类别的统计特征，通过类别的特征反映数据的总体特征。

需要注意的是，分类和预测是两个相互关联和转化的概念。

1）当目标值的类型为"分类型"时，称之为分类。

2）当目标值的类型为"连续型"时，称之为预测。

分类算法从数据集中选出已经分好类的数据子集作为训练集，在此训练集上运用数据挖掘分类技术构造一个分类模型，然后根据此分类模型对数据集中未分类的数据进行分类。分类过程实际上是对未分类数据进行属性预测的过程。

例如，为了将银行信用卡申请者分为低、中和高风险3类，首先根据还款记录将已有的客户分成3类，并根据客户的收入情况、工作性质等因素建立一个分类模型，然后根据新申请者的工作性质等因素用此分类模型进行分类预测，估计他的还款风险，以决定是否批准申请。分类器的构造方法多种多样，如决策树、贝叶斯方法、神经网络和遗传算法等。接下来，介绍两种经典的分类方法。

决策树与树的分支类似，分类过程是通过递归方式进行的，每次分类都基于最显著属性进行划分。决策树的最顶层为树的根节点，每个非叶节点都表示一个显著属性上的测试，而其后的分支代表基于这个显著属性的划分结果。

贝叶斯方法是基于概率推理的数学模型。其中，概率推理是指通过一些变量的信息来获取其他概率信息的过程，主要用于解决不定性和不完整性问题。

2. 聚类分析

聚类指将数据集聚集成几个簇（聚类），使得同一个聚类中的数据集最大限度地相似，而不同聚类中的数据集最大限度地不同，利用分布规律从数据集中发现有用的规律。

例如，市场营销中可以将客户聚集成几个不同的客户群，从而发现客户群及其相应的特征，由此对不同的客户群采用不同的营销策略。

聚类与分类的区别在于，聚类不依赖于预先定义好的类，不需要训练集，因此通常作为其他算法（如特征和分类）的预处理步骤。常见的聚类方法有基于划分的方法、基于层次的方法、基于密度的方法、基于模型的方法和基于网格的方法等。接下来，介绍一种分层聚类的方法。

分层聚类是通过尝试"对给定数据集进行分层"达到聚类的一种分析方法。根据分层分解采用的策略，分层聚类法又可以分成凝聚的和分裂的分层聚类。

凝聚的分层聚类：采用自底向上的策略，首先将每一个对象作为一个类，然后根据某种度量将这些类合并为较大的类，直到所有的对象都在一个类中，或者是满足某个终止条件时为止。目前，绝大多数分层聚类算法属于此类，而不同方法之间的区别在于类间相似度的定义方法有所不同。

分裂的分层聚类：采用与凝聚的分层聚类相反的策略——自顶向下，它首先将所有对象置于一个类中，然后根据某种度量逐渐细分为较小的类，直到每一个对象自成一个类，或者达到某个终止条件。

3. 关联分析

当数据集中的属性取值之间存在某种规律时，则表明数据属性间存在某种关联。数据关联是数据集中一类重要的可被发现的知识，反映了事件之间依赖或相关性。

最为典型的关联规则例子是"尿布与啤酒"的故事。沃尔玛数据仓库里集中了其各门店的详细原始交易数据。在这些原始交易数据的基础上，沃尔玛利用数据挖掘方法对这些数据进行分析和挖掘。一个意外的发现是：跟尿布一起购买最多的商品竟然是啤酒。经过大量实际调查和分析，揭示了一种隐藏在"尿布与啤酒"背后的美国人的行为模式。在美国，一些年轻的父亲下班后经常要到超市去买婴儿尿布，而他们有 30%~40% 的人同时也为自己买一些啤酒。产生这一现象的原因是：美国的太太们常叮嘱他们的丈夫下班后为小孩购买尿布，而丈夫们在买尿布后又随手带回了他们喜欢的啤酒。

关联可分为简单关联、时序关联、因果关联。关联分析中最重要的内容是关联规则的挖掘研究，关联规则描述数据集中一个数据与其他数据之间的相互依存性和关联性。关联规则从事务、关系数据中的集合对象中发现频繁模式、关联规则、相关性或因果结构。通常，关联规则分析过程主要包含以下两个阶段。

第一阶段，从资料集合中找出所有的高频项目组。

第二阶段，由这些高频项目组产生关联规则。

关联规则分析的算法有很多种，接下来介绍一种最常用的 Apriori 算法。Apriori 算法是一种使用候选项集找频繁项集的方法。此处，"频繁项集"是指所有支持度大于最小支持度的"项集"。Apriori 算法的基本步骤如下：

1）找出所有的"频繁项集"，每个"频繁项集"出现的频繁性至少与预定义的最小支持度一样。

2）由频繁项集产生强关联规则，这些规则必须满足最小支持度和最小可信度。

3）使用第 1）步找到的频繁项集产生期望的规则，即产生只包含集合项的所有规则，其中每一条规则的右侧只有一项，可以采用规则定义方法。一旦这些规则被生成，那么只有那些大于用户给定的最小可信度的规则才被留下来。为了生成所有频繁项集，可以使用递推方法。

Apriori 算法采用了逐层搜索的迭代方法，其优点是：算法简单明了，没有复杂的理论推导，也易于实现。但是，Apriori 算法存在以下一些难以克服的缺陷：

1）对数据库的扫描次数过多。

2）会产生大量的中间项集。

3）采用唯一支持度。

4）算法的适应面窄。

4. 异常分析

在海量数据中，有少量数据与通常数据的行为特征不一样，在数据的某些属性方面有很大的差异。它们是数据集中的异常子集，或称离群点。通常，它们被认为是噪声，常规的数据处理试图将它们的影响最小化，或者删除这些数据。然而，这些异常数据可能是重要信息，包含潜在的知识。例如，信用卡欺诈探测中发现的异常数据可能隐藏欺诈行为；临床上异常的病理反应可能是重大的医学发现。

异常检测的基本方法是寻找观测结果与参照值之间有意义的差别。常见的方法有：

1）请领域专家标记部分正常数据对象和离群点对象，利用这些对象建立离群点监测模型，所使用的方法又可分为监督方法、半监督方法和无监督方法。

2）统计学方法：对数据的表现做一个统计模型假定，符合此模型的被认为是正常数据，而不符合该模型的数据是离群点。

3）基于临近性的方法：在特征空间中，如果数据远离它最邻近的数据，则认为它是离群点。

4）聚类方法：对数据聚类后，小的或者稀疏的簇中的数据可判定为离群点。

4.3.3　数据挖掘的过程

数据挖掘是数据库知识发现（Knowledge Discovery From Database，KDD）中的一个重要步骤。数据挖掘一般是指从大量的数据中通过算法搜索隐藏于其中信息的过程。数据挖掘是通过分析每个数据，从大量数据中寻找其规律的技术，其一般过程如图4-3所示。

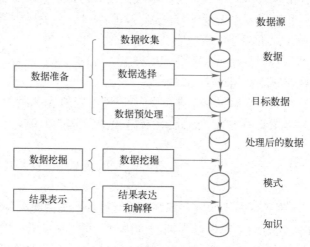

图4-3　数据挖掘的过程

数据挖掘的过程是指对所得到的经过转换的数据进行挖掘，其一般步骤如表4-8所示。例如，企业实施客户关系管理，在客户生命周期的过程中，不同的阶段包含了许多重要的事件。数据挖掘技术可以应用于客户生命周期的各个阶段，以提高企业客户关系管理能力，包括争取新的客户、让已有的客户创造新的利润、保持住有价值的客户等。

表4-8　数据挖掘的步骤

挖掘步骤	具体内容
第一步：建模（Modeling）	在这个阶段，可以选择和应用不同的技术模型，模型参数被调整到最佳的数值。一般情况下，一些技术可以解决某类数据挖掘问题。有些技术在数据形成上有特殊要求，因此需要经常跳回数据准备阶段
第二步：评估（Evaluation）	到项目的这个阶段，已经从数据分析的角度建立了一个高数据质量显示的模型。在开始最后部署模型之前，重要的事情是彻底评估模型，检查构造模型的步骤，确保模型可以完成任务目标。这个阶段的关键目的是确认是否有重要业务问题没有被充分考虑。这个阶段结束之后，数据挖掘结果使用的决定必须达成

（续）

挖掘步骤	具 体 内 容
第三步：部署 （Deployment）	通常，建模的创建不是项目的结束。模型的作用是从数据中找到知识，获得的知识需要便于用户重新组织和展现。根据需求，这个阶段可以产生简单的报告，或者是实现一个比较复杂的、可重复的数据挖掘过程。在很多案例中，这个阶段由客户而不由数据分析人员承担部署工作

整个数据挖掘就是一个不断反馈修正的过程。当用户在挖掘过程中发现所选择的数据不合适，或使用的挖掘方法无法获得期望结果时，就需要重复挖掘过程，甚至需要从头开始。

4.4 数据挖掘经典算法

本节将简述数据挖掘算法中较为出名的几种。数据挖掘算法是根据数据创建数据挖掘模型的一组试探法，数据挖掘都是围绕着数据源进行的。

4.4.1 K-Means 算法

K-Means 算法是一种经典的聚类算法，它接收输入参数 k，然后将 n 个数据对象划分为 k 个聚类，使所获得的聚类满足以下两个条件。

1）同一聚类中对象之间的相似度较高。

2）不同聚类中对象之间的相似度较低。

其中，"聚类相似度"是利用各聚类中对象的均值计算来获得一个"中心对象"的方式，K-Means 算法的基本步骤如图 4-4 所示。

步骤 1，在原始数据集中任意选择 k 个对象作为"初始聚类中心对象"，如 $k=2$。

 微视频
数据挖掘算法

步骤 2，计算其他对象与初始聚类中心之间的距离，并根据最小距离，将其他节点并入对应的最小聚类中心节点所在的聚类，形成 $k=2$ 个"中间聚类结果"。

步骤 3，计算每个"中间聚类结果"的均值，在 k 中间聚类中找出 $k=2$ 个新的聚类中心对象。

步骤 4，重新计算每个对象与"新的聚类中心对象"之间的距离，并根据最小距离重新分类，形成 $k=2$ 个"中间聚类结果"。

步骤 5，重复执行步骤 3 和步骤 4。当所有对象的聚类情况不再变化或已经达到规定的循环次数时结束执行，并得到最终聚类结果。

4.4.2 KNN 算法

KNN（k-Nearest Neighbour，k 邻近）算法主要解决的是在训练样本集中每个样本的分类标签为已知的条件下，如何对一个新增数据给出对应的分类标签。KNN 算法的计算过程如图 4-5 所示。

从图可以看出，KNN 算法的基本原理如下：首先在训练集及其每个样本的"分类标签信息"为已知的前提条件下，当输入一个分类标签为未知的新增数据时，将新增数据的特征与样本集中的样本特征进行对比分析，并计算出特征最为相似的 k 个样本（即 k 个邻近）。然后选择 k 个最相似样本数据中出现最多的"分类标签"作为新增数据的"分类标签"。

可见，KNN 算法的关键在于"计算新增数据的特征与已有样本特征之间的相似度"。计

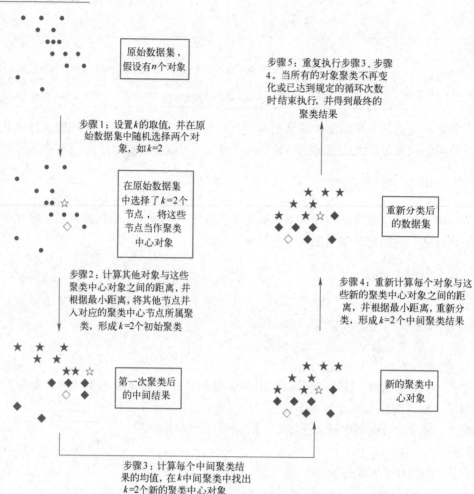

图 4-4　K-Means 算法的基本步骤

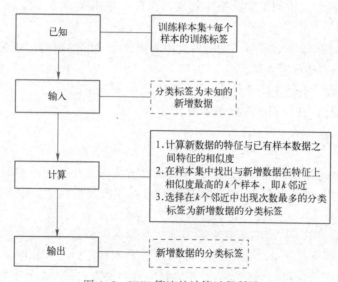

图 4-5　KNN 算法的计算过程所示

算特征相似度的方法很多，最基本且常用的方法就是欧氏距离法。假如把任意的特征实例 z 表示为特征向量：$\langle a_1(x), a_2(x), \cdots, a_n(x) \rangle$。式中，$a_r(x)$ 表示实例 x 的第 r 个属性值。那么，两个实例 x_i 和 x_j 间的距离定义为 $d(x_i, x_j)$，其中：

$$d(x_i, x_j) = \sqrt{\sum_{r=1}^{n} \left(a_r(x_i) - a_r(x_j) \right)^2}$$

目前，KNN 算法广泛应用于相似性推荐。例如，可以采用 KNN 算法，通过对电影中出现亲吻或打斗的次数进行分析，自动划分新上映电影的题材类型。假如，已知 6 部电影的类型（即样本集及每个样本的分类标签）及其中出现的亲吻次数和打斗次数（即特征信息），如表 4-9 所示。

表 4-9　已知 6 部电影的类型及其中出现的亲吻次数和打斗次数

电影名称	打斗镜头	亲吻镜头	电影类型
California Man	3	104	爱情片
He's Not Really into Dudes	2	100	爱情片
Beautiful Woman	1	81	爱情片
Kevin Longblade	101	10	动作片
Robo Slayer 3000	99	5	动作片
Amped	98	2	动作片

那么，当遇到一部未看过的电影（不知道剧情，但知道其中的打斗次数和亲吻次数分别为 18 和 90）时，如何知道它是爱情片还是动作片？可以根据 KNN 算法找出该片的类型，具体方法如下：

首先，计算未知电影与样本集中的其他电影之间的欧氏距离，计算结果如表 4-10 所示。例如，未知电影（18,90）与电影 California Man（3,104）之间距离的计算公式为：

$$d = \sqrt{(3-18)^2 + (104-90)^2} = \sqrt{15^2 + 14^2} = \sqrt{421} \approx 20.5$$

表 4-10　已知电影与未知电影的距离

电影名称	与未知电影的距离
California Man	20.5
He's Not Really into Dudes	18.7
Beautiful Woman	19.2
Kevin Longblade	115.3
Robo Slayer 3000	117.4
Amped	118.9

其次，按照距离递增排序，找到 k 个距离最近的电影。例如，$k=4$，则最靠近的电影依次是 He's Not Really into Dudes、Beautiful Woman、California Man 和 Kevin Longblade。

接着，按照 KNN 算法确定未知电影的类型。因为这 4 部电影中出现最多的分类标签为"爱情片（3 次）"，所以可以推断未知电影也是爱情片。

最后，给出未知电影的类型——爱情片。

4.4.3　随机森林

随机森林（Random Forests）是机器学习中的一种基于 bagging 集成学习的算法。bagging 集成学习方法是通过结合多个模型来提高整体预测精度或者分类精度，降低模型整

体误差的一种方法。当任务要求是预测一个数值结果时，bagging 会对不同的模型结果进行平均，得到最终预测值；当任务要求是分类时，bagging 采用多数投票机制，通过有放回的随机采样，将随机抽到的子样本放入模型进行训练，对训练结果进行汇总，得到最终输出结果。bagging 集成学习方法原理如图 4-6 所示。

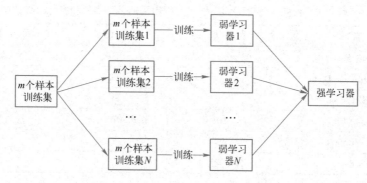

图 4-6　bagging 集成学习方法原理

随机森林在 bagging 的基础上将随机性引入训练过程中，随机森林的基本单元是决策树，而决策树学习的关键在于"如何从候选属性集中选择一个最有助于分类实例的属性"，这种选择是以"信息熵（条件熵）"为依据的，即"信息熵下降最快的属性就是最好的属性"。

下面介绍信息熵和条件熵的概念及公式。

1）信息熵是对信息源整体不确定性的度量，假设 X 为信息源，x_i 为 X 发出的单个信息，$P(x_i)$ 为 X 发出的概率 x_i，则 X 的信息熵 $H(X)$ 为：

$$H(x) = -\sum_{i=1}^{k} P(x_i) \lg P(x_i)$$

2）条件熵是接收者在收到信息后对信息源不确定性的度量，假设 Y 为接收者，X 为信息源，$p(x_i|y_i)$ 为当 Y 为 y_i 时，X 为 x_i 的条件概率，则条件熵 $H(X|Y)$ 的定义为：

$$H(X|Y) = -\sum_{j=1}^{n} \sum_{i=1}^{n} P(x_i|y_i) \lg P(x_i|y_i)$$

简单来说，随机森林就是将每棵决策树集合成森林，综合每棵树的计算结果，成为最终输出结果。随机森林的结构原理示意图如图 4-7 所示。

可见随机森林就是通过将多棵决策树分类进行决策优化的一种机器学习算法。随机森林的实现过程如下：

1）在数据集中随机有放回地抽取 N 个子样本。

2）在子样本中随机选取 k 个特征，并据此构建决策树。

3）重复以上步骤，所构建的每棵决策树聚在一起形成随机森林。

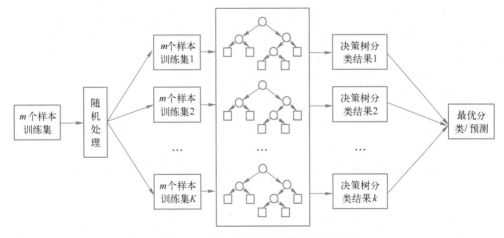

图 4-7　随机森林的结构原理示意图

4）更新数据，通过每棵决策树进行分类或预测，最终投票确认分类结果或者通过算数平均法计算最终预测值。

4.4.4　循环神经网络

循环神经网络（Recurrent Neural Network，RNN）是由 Jordan 和 Elman 分别于 1986 年和 1990 年所提出的，后被广泛应用于各种与时间序列处理相关的工作中。大多数的学习任务都需要处理序列数据，进行图像描述和语言识别等工作。RNN 包括输入层、隐藏层以及输出层，是一种通过每个神经单元的循环来学习序列的动态连接模型。与标准的前馈神经网络不同，RNN 在每个神经单元中都进行了序列的循环，可以同时处理一个元素的序列数据。假设在 t 时刻，给定隐藏层节点值 $h_{(t)}$，计算 t 时刻的节点输出 $\hat{y}_{(t)}$，计算过程如下：

$$h_{(t)} = f(w^{hx}x_{(t)} + w^{hh}h_{(t-1)} + \boldsymbol{b}_h)$$

$$\hat{y}_{(t)} = f(w^{yh}h_{(t)} + \boldsymbol{b}_y)$$

式中，w^{hx} 是输入层与隐藏层之间的权值矩阵，w^{hh} 是隐藏层相邻时间步之间的递归权值矩阵，向量 $\boldsymbol{b}_h$ 和向量 $\boldsymbol{b}_y$ 是每个节点学习偏移量的偏置参数。RNN 的神经单元结构如图 4-8 所示。

将各神经单元展开，得到 RNN 的结构层次图，如图 4-9 所示。

在循环神经网络结构中，各权重参数都是共享的，因此循环神经网络可以处理任意长的时间序列。此外，RNN

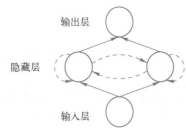

图 4-8　RNN 神经单元结构图

对输入序列以及输出序列的长度都没有限制，具体可划分为以下几种类型，如图 4-10 所示。

RNN 虽然可以处理文本、语音、视频等一系列数据，但是 RNN 结构本身也存在一定的缺陷，如梯度爆炸和梯度消失等问题。随着传入序列的不断增加，模型的深度不断累加，RNN 对长序列数据间的依赖现象难以有效解决，因此造成模型的维度以指数级增加或减少，同时模型的训练结果也差强人意。基于 RNN 不能解决序列的长期依赖问题，有学者提出了改进的 RNN 结构，如 LSTM、GRU 等神经网络，可以有效地处理序列的长期依赖问题。对

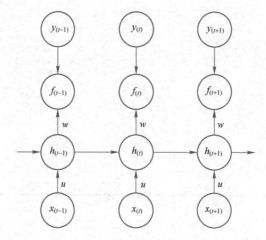

图 4-9　RNN 结构层次图

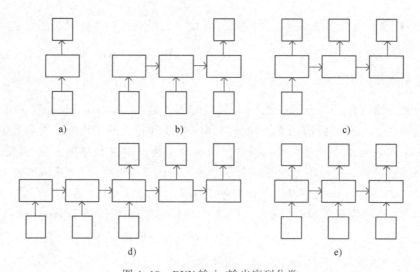

a)　　　　　　　b)　　　　　　　c)

d)　　　　　　　　　　e)

图 4-10　RNN 输入/输出序列分类

a) 固定输入/输出　b) 序列数据分类　c) 图片描述　d) 机器翻译　e) 语音识别

于 RNN 网络结构的研究依然在进行，对其变体的研究也是未来神经网络研究的发展趋势之一。

【案例 4-2】基于随机森林模型对鸢尾花数据集进行分类预测

本案例将介绍使用随机森林模型对 Iris 数据集进行分类预测，实验环境为 Weka 软件。Iris 数据集包含了 150 个实例，其中 sepallength 代表萼片长度，sepalwidth 代表萼片宽度，petallength 代表花瓣长度，petalwidth 代表花瓣宽度，class 代表分类属性，对应于 iris-Setisa（山鸢花）、iris-Virginica（弗吉尼亚州鸢花）和 iris-Versicolour（变色鸢花）。Iris 数据集如图 4-11 所示。

将数据集导入 Weka 中，如图 4-12 所示。

切换到 "Classify" 的界面，选择模型分类器为 RandomForest。定义随机森林分类预测模型，设置训练集与测试集的划分比例，其中训练集占比 66%。模型训练结果如图 4-13 所示，观察混淆矩阵发现共有两个实例分类错误，模型分类正确率为 96.08%，取得了较理想的训练结果。

	A	B	C	D	E
	sepal length	sepal width	petal length	petal width	class
	5.1	3.5	1.4	0.2	0
	4.9	3	1.4	0.2	0
	4.7	3.2	1.3	0.2	0
	4.6	3.1	1.5	0.2	0
	5	3.6	1.4	0.2	0
	5.4	3.9	1.7	0.4	0
	4.6	3.4	1.4	0.3	0

图 4-11　Iris 数据集

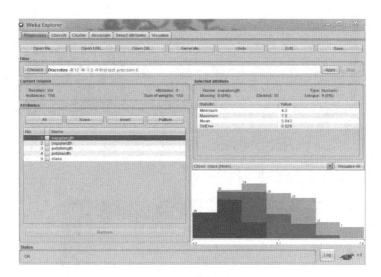

图 4-12　数据导入

```
Time taken to test model on test split: 0 seconds

=== Summary ===

Correctly Classified Instances          49               96.0784 %
Incorrectly Classified Instances         2                3.9216 %
Kappa statistic                         0.9408
Mean absolute error                     0.0335
Root mean squared error                 0.1485
Relative absolute error                 7.5121 %
Root relative squared error            31.4205 %
Total Number of Instances               51

=== Detailed Accuracy By Class ===

              TP Rate  FP Rate  Precision  Recall  F-Measure  MCC    ROC Area  PRC Area  Class
              1.000    0.000    1.000      1.000   1.000      1.000  1.000     1.000     Iris-setosa
              1.000    0.063    0.905      1.000   0.950      0.921  0.988     0.977     Iris-versicolor
              0.882    0.000    1.000      0.882   0.938      0.913  0.988     0.978     Iris-virginica
Weighted Avg. 0.961    0.023    0.965      0.961   0.961      0.942  0.992     0.984

=== Confusion Matrix ===

 a  b  c   <-- classified as
15  0  0 |  a = Iris-setosa
 0 19  0 |  b = Iris-versicolor
 0  2 15 |  c = Iris-virginica
```

图 4-13　训练结果

在图 4-13 中的混淆矩阵中，可以看到有两个实例分类错误，将两个为弗吉尼亚州鸢花
（iris-Virginica）分到了变色鸢花（iris-Versicolour）中。查看分类结果，如图 4-14 所示。

查看具体哪两个实例分类错误，如图4-15所示，可见实例16和实例39为错误分类实例。本案例仅以 Weka 为例简要介绍随机森林的应用，除此之外还可以借助其他辅助工具如 Python 编程等。最后，还可以选择其他算法来进行训练，如 BP 神经网络等，此处留作练习。

图4-14　分类结果

图4-15　分类错误实例

4.5　习题与实践

1. 习题

1）简述数据分析的过程。

2）数据挖掘处理的对象有哪些？

3）数据挖掘方法和技术有哪些？

4）聚类和分类有什么不同？

5）简述 K-Means 算法的基本思想。

6）简述随机森林算法的基本思想。

2. 实践

1）假定你作为一个数据分析师，受雇于一家因特网公司，请你通过特定例子说明数据分析可以为企业提供哪些方面的帮助？如何使用聚类、分类、关联规则挖掘、离群点检测等技术为企业提供服务？

2）利用淘宝两年内的消费记录进行自我分析、评价，进一步认识正确的消费观。强调数据收集、过滤、处理、分析的过程，根据收集到的数据进行分析，为决策、预测服务。

3）使用 Weka 软件构建神经网络模型，注意模型的搭建以及训练过程，得出最终结果。此外还可学习使用其他分类器与神经网络模型训练结果进行比较训练。

参 考 文 献

[1] 维克托·迈尔-舍恩伯格，肯尼思·库克耶．大数据时代：生活、工作与思维的大变革［M］．盛杨燕，周涛，译．浙江：浙江人民出版社，2012.

[2] 张东光，袁岩．统计学［M］．北京：科学出版社，2016.

[3] 朱明．数据挖掘［M］．2 版．合肥：中国科学技术大学出版社，2008.

[4] 潘有能．XML 挖掘：聚类、分类与信息提取［M］．杭州：浙江大学出版社，2012.

[5] 朝乐门．数据科学［M］．北京：清华大学出版社，2016.

[6] 陈燕．数据挖掘技术及应用［M］．北京：清华大学出版社，2011.

[7] 毛国君，段立娟．数据挖掘原理与算法［M］．北京：科学出版社，2009.

[8] HAN J，KAMBER M．数据挖掘概念与技术［M］．范明，孟小峰，译．北京：机械工业出版社，2007.

[9] 冯登国，张敏，李昊．大数据安全与隐私保护［J］．计算机学报，2014，37（1）：246-258.

[10] 孟小峰，慈祥．大数据管理：概念、技术与挑战［J］．计算机研究与发展，2013，50（1）：146-169.

[11] 王惠中，彭安群．数据挖掘研究现状及发展趋势［J］．工矿自动化，2011，37（2）：29-32.

[12] 李会，胡笑梅．决策树中 ID3 算法与 C4.5 算法分析与比较［J］．水电能源科学，2008，26（2）：129-132；163.

[13] 王光宏，蒋平．数据挖掘综述［J］．同济大学学报，2004，32（2）：246-251.

[14] 吕红燕，冯倩．随机森林算法研究综述［J］．河北省科学院学报，2019，36（3）：37-41.

[15] 李扬，祁乐，聂佩芸．大规模数据的随机森林算法．统计与信息论坛，2020，35（6）：24-33.

[16] BREIMAN L．Bagging Predictors［J］．Machine Learning，1996，24（2）：123-140.

[17] 杨丽，吴雨茜，王俊丽，等．循环神经网络研究综述［J］．计算机应用，2018，38（S2）：1-6；26.

[18] 戴红，常子冠，于宁．数据挖掘导论［M］．北京：清华大学出版社，2018.

第**5**章
大数据安全

身处大数据时代，每个人都是大数据的使用者和生产者。人们在享受着基于移动通信技术和数据服务带来的快捷、高效的便利的同时，也笼罩在"个人信息泄露无处不在，人人'裸奔'"的风险之中，近年来频繁发生的信息安全事件更是引发了大数据的信任危机，对大数据的发展造成了不利影响。

大数据的确改变了人们的思维，更多的商业和社会决策开始"以数据说话"。然而除了这些利好，如何解决大数据分享与个人隐私保护这对矛盾，正是大数据安全需要严肃考虑的问题。本章将介绍大数据时代人们所面临的安全与隐私问题现状，以及相应的解决方法。

【案例5-1】网络安全与隐私保护问题：云视频会议软件Zoom

新冠肺炎疫情的暴发使得远程办公、网课、线上培训及面试等成为常态，视频会议需求激增，各种在线视频会议软件刷屏。作为全球最大的基于云的企业级通信平台之一的软件Zoom（见图5-1），因其具有便捷、强大、个性的功能备受追捧，市场份额不断扩大。当全球股市面临"黑天鹅"时，其股票却实现大幅增长。然而好景不长，连环爆发的安全漏洞问题让其饱受争议，甚至被FBI警告。首先，因加密手段不严导致数万私人Zoom视频被上传至公开网页，涉及商务会议、医患交流等敏感内容，任何人可在线浏览。其次，在企业间及软件商与顾客间信息不对称的情况下，Zoom向Facebook共享了用户的城市、广告唯一标识符等设备信息，被指控侵犯用户隐私。另外，遭遇黑客攻击，多个Zoom网络教室和会议中被播放种族歧视甚至不雅内容，50万Zoom账号流入黑市并被售卖。基于其他的一些安全漏洞，黑客很可能获得特权控制用户主机，进而导致商业机密泄露，甚至侵入企业内网，造成难以估计的后果。这一系列的安全问题使其陷入信任危机，SpaceX、NASA等公司禁止使用Zoom，纽约的部分学校也禁止使用Zoom，失去了谷歌、特斯拉等大客户，同时股票下跌。

图5-1　视频会议软件Zoom

为什么会频繁发生这些安全事件呢？一方面是安全技术问题，实质上，Zoom 并未完全实现端对端（E2EE）加密，而是广泛采用传输（TLS）加密，仅保证服务器到用户间的传输加密，保留了服务器访问传输内容的权限，会议内容存在泄露风险。端对端的加密技术在信息发出前就对信息进行加密，只有接收方可以解密，即使服务器遭受入侵，传输内容也不会泄露，如同厂家直销而不是经销商代销，具有更强的安全保密性。另一方面是产品本身的设计逻辑问题，如默认会议主持人可以随意录制屏幕，且以相同的命名方式保存并上传至云端或公开网站；隐私权限政策中，对于个人数据责权说明含糊其辞等。对此，Zoom公司做出了回应并进行整改，将优化功能且在安全和隐私方面增加更多的投入，进而改善隐私和安全问题。

> 📖 **知识拓展**
> 端对端（E2EE）加密

不只是 Zoom，很多企业也存在各种网络安全隐患，这关系着个人、组织甚至国家的利益。数字经济时代下，网络空间也已成为国际竞争的重要阵地，提升网络安全成为全球趋势。没有网络安全就没有国家安全，就没有经济社会的稳定运行，广大人民群众的利益也难以得到保障。为贯彻落实总体国家安全观，构建安全的网络空间，明确个人隐私保护，我国相继颁布了《网络安全法》《数据安全法》以及《个人信息保护法》等，同时在良好的制度保障下，要进一步解决网络安全与隐私问题还需要企业、个人及社会各方的共同努力。

案例讨论：

- 查找资料，了解端对端（E2EE）加密与传输（TLS）加密的具体内容及两者有何区别？
- 对于上述安全隐患，Zoom 做出了怎样的技术改进？
- 你在什么时候觉得个人隐私被泄露了？对你的生活造成了怎样的影响？

5.1　安全与隐私问题凸显

本节将介绍日益凸显的网络安全漏洞与个人隐私泄露问题。大数据安全风险伴随着大数据应运而生。随着互联网、大数据应用的爆发，数据丢失和个人信息泄露事件频发，地下数据交易造成数据滥用和网络诈骗，并引发恶性社会事件，甚至危害国家安全。因此，保护数据安全与隐私成为目前极为重要和紧迫的任务。

5.1.1　网络安全漏洞

安全和隐私问题是大数据时代所面临的最为严峻的挑战。根据 IDC 的调查，安全和隐私是用户首先关注的问题，政府和企业对安全问题尤其重视，大家公认安全问题是应用大数据时最大的顾虑。很多企业家甚至认为，企业向大数据和云计算转型，无异于将家中的保险柜打开，把珠宝、现金和存折等所有财产都放到大庭广众之中。

> 🎬 **微视频**
> 安全与隐私问题凸显

以前，只有 IT 部门中那些最懂技术的工作人员才了解数据安全。在 IT 部门的办公室之外，病毒、木马、蠕虫这些词都不会被提及，管理层也并不关心黑客和僵尸机，董事会根本不清楚什么是零日攻击，更不用说零日攻击能带来多大的危害了。然而现在，大数据以及随之而来的各种威胁几乎成为每一个单位面临的日常问题的一部分，大数据的网络安全也变成了一个被广泛关注的商业问题。

随着越来越多的交易、对话及互动在网上进行，使得网络犯罪分子比以往任何时候都要猖獗。网络风险产生的主要因素如图 5-2 所示。

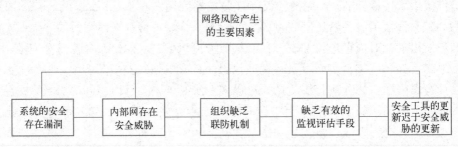

图 5-2　网络风险产生的主要因素

国际上，网络安全已开始从信息安全转向信息保障，从被动的预防向主动保护过渡。国内的信息保障虽已提上日程，但从理论走向应用还需要一个过程，这个过程的长短和企业信息化的进程息息相关。总的来说，网络安全系统以策略为核心，以管理为基础，以技术为实现手段。

很显然，保证数据输入以及大数据输出的安全性是一个很艰巨的挑战，它不仅影响潜在的商业活动和机会，而且有着深远的法律内涵。人们应该保持敏捷性，并在问题出现前对监管规则做出适当的改变，而不是坐等问题出现后再亡羊补牢。

5.1.2　个人隐私泄露

曾经被美国在全球通缉的斯诺登"闯入"上海的一场大数据研讨会。确切地说，研讨会的多位发言者都提到被斯诺登捅破的"棱镜门"。从纯技术角度来看，"棱镜门"就是一个典型的通过分析海量通信数据获取安全情报的大数据案例，它引发了人们的思考：大数据时代，个人隐私该在何处安放？

在大数据时代的背景下，部分隐私泄露途径如图 5-3 所示。

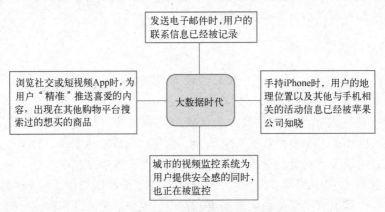

图 5-3　大数据时代背景下的隐私泄露途径

在大数据的时代背景下，一切都可以数据化，平常上网浏览的数据，以及医疗、交通和购物数据，统统都被记录下来，这就是大数据的起源。在这个时候，每个人都成了数据产生者和数据贡献者。大数据的神奇之处在于，通过对大数据的分析，其他人甚至能够在很大程度上精确地知道你是谁。

人的行为看似随机无序，但实际上存在某种规律。在社交网络如此发达的今天，大数据把人的行为进行放大分析，从而能够相对准确地预测人的性格和行程。所以，不排除有这样一种可能：在忙完了一天的工作以后，你还没有决定要去哪儿，数据却先于你预测了接下来的目的地。

例如，2018 年 3 月，Facebook 因保护数据不周而导致超 8700 万用户的个人数据被泄露，被美国联邦贸易委员会处以 50 亿美元罚款；2020 年 9 月，知名游戏硬件制造商 Razer 雷蛇，由于后台服务器的错误配置而造成数据泄露，相关信息包括电子邮件、地址、订单信息等内容，据估计，受影响客户数量约为 10 万；2021 年 6 月，逯某、黎某因侵犯公民个人信息被判刑，两人通过自己开发的软件爬取淘宝用户 ID、手机号码、评价内容等信息，共计 11 亿余条，用于公司营利活动，非法获利 395 万余元。

随着近年来产生、存储和分析的数据量越来越大，隐私保护问题也将愈加凸显。所以，新的数据保护要求，以及立法机构和监管部门的完善应当提上日程。

5.2 大数据时代的安全挑战

本节将介绍信息安全的发展历程与信息安全带来的挑战。信息安全与隐私保护是云计算和大数据等新一代信息技术发挥其核心优势的最大拦路虎，是大数据安全时代所面临的最为严峻的挑战。随着云计算和大数据技术的普及，越来越多的潜在漏洞将会暴露。

5.2.1 信息安全的发展历程

传统的信息安全防护按照其发展阶段大体上可以分为以下几个方面。

1. 物理安全

早期的也是最基础的安全涉及的是信息系统的物理安全，即整个系统所处的场所和环境的安全、设备和设施安全等方面，这些是信息系统安全运行的基本保障。从物理层面出发，系统物理安全技术应确保信息系统的安全性、保密性、可用性和完整性，例如，门禁保安、机房建设、综合布线及通信线路的要求。机房应具备一定的防火防盗、温湿度控制能力，以及一定的应急供配电能力，以保证系统的可用性；通过设备访问控制、边界保护、设备及网络资源管理等措施确保信息系统的保密性和完整性；通过容错、故障恢复及系统灾难备份等措施确保信息系统的可用性。为保证系统整体的正常运行，还应有设备备份、网络性能监测、设备运行状态监测和报警监测的要求。物理安全非常重要，微软公司设在美国芝加哥的数据中心就曾经发生过盗贼用锯子锯开围墙，把服务器抱走的事故。

2. 网络安全

早期 20 世纪 80 年代，信息系统就做到了物理上的安全隔离和可靠运行，具备了基本的安全保障。然而到了 90 年代，随着网络的出现和发展，信息能够通过网络进行远程传输和交换，因而安全防护也就不再局限于信息系统的物理隔离，并且扩展到整个网络可以到达的范围。网络安全是指网络系统的硬件、软件及其系统中的数据受到保护，不因偶然的或恶意的原因而遭受破坏、更改和泄露，系统可以连续、可靠、正常地运行，网络服务不中断。网络安全包含网络设备安全、网络信息安全和网络软件安全。从广义上来说，凡是涉及网络上信息的保密性、完整性、可用性、真实性及可控制住的相关技术和理论都是网络安全的研究范畴。建立网络安全保护措施的目的是确保经过网络传输和交换的数据不会发生增加、修改、丢失和泄露等问题。从网络运行和管理者角度来说，希望本地网络信息的访问、读写等操作受到保护和控制，避免出现"陷门"、病毒、非法存取、拒绝服务和网络资源非法占用及非法控制等问题，制止和防御网络黑客的攻击。对安全保密部门的人员来说，他们希望能够对非法的、有害的或涉及国家机密的信息进行过滤和防堵，避免机要信息泄露而对社会产生危害，以及给国家造成巨大损失。从社会教育和意识形态的角度来说，网络上不健康的内容会阻碍社会的稳定和人类的发展，必须对其进行控制。

3. 应用安全

信息一般都是通过应用系统来存取的，因此，应用系统的安全也是确保信息安全的一个重要部分。常见的应用有 Web 应用、数据库服务和电子商务等，只有确保这些应用的安全，才能保障它们所管理维护的信息安全。在 2000 年前后，由于互联网的快速发展，催生了大量的基于 Web 的应用和服务。Web 业务是开放的交互业务，其安全性也面临很大的挑战。这涉及身份鉴别、数据访问权限管理、保护服务器不被非法授权访问、保护浏览器不被恶意代码（如病毒和木马等）侵袭、保护网页不被非法篡改。针对应用安全的常见安全防护手段包括身份认证、访问控制、入侵防护、正确设置浏览器安全选项以及定期进行漏洞扫描加固等。而带有支付功能的电子商务应用对于安全防护的要求更高，因为它直接涉及用户的经济财产安全，尤其是当今的移动电子商务，泄密风险非常高。

例如，2019 年 7 月，美国第一资本银行（Capital One）遭遇黑客攻击，一亿多用户的信用卡及私人信息外泄，包括姓名、电话号码及地址等。国内方面，随着移动互联网的发展，金融进入手机 App 时代。手机丢失风险、非法病毒侵袭、钓鱼网站骚扰、交易密码泄露、键盘录制及远程控制等都成为金融 App 不安全的因素。据统计，2021 年第一季度假冒金融 App，通过电话、短信等手段诈骗钱财环比增长 19%，其中，80% 被骗者的金额在 5000元以上，单次受骗金额最高达 7 万元。上述事件严重影响了金融消费者的合法权益，也充分暴露出网络信息安全领域有较大隐患，不容小觑。在这方面，除了常规的网络安全和应用安全手段之外，还涉及密钥管理、数字证书、身份认证鉴权和电子支付手段等，对于黑客攻击、病毒及木马的防护也尤为重要。

4. 数据安全

在当今大数据时代，数据安全上升到非常重要的地位，因为数据的体量大，价值高。要保障数据安全，一是防止数据丢失，主要采用现代信息存储手段对数据进行主动防护，如磁盘阵列、数据备份和恢复、异地容灾等。二是防止数据泄露，首先可以采用现代密码算法对数据进行主动保护，如数据加密、数据完整性检查及双向强身份认证等；其次需要防止数据被非法访问和盗取，在数据的传输和处理过程中对数据的保护也很重要。

除了以上几个方面外，管理是信息安全中最重要的部分。安全意识不强、责权不明、安全管理制度不健全及缺乏可操作性等都会带来泄露风险。事前对安全防范不重视，缺乏严密的安全管理、防护制度及流程，当出现安全风险和威胁时，无法进行实时的检测、监控、报告与预警，在事故发生后，也不能提供追溯线索、采取补救措施、加强防范，必然会导致严重的后果和损失。

5.2.2 信息安全带来的挑战

新兴技术日新月异，物联网、云计算、大数据和移动互联网被称为新一代信息技术的

"四架马车"，它们提供了科技发展的核心动力，这些技术在给政府、企业、社会和人民带来极大便利的同时，也促生了不同于以往的安全问题和威胁。在传统的安全防护体系中，"防火墙"起着至关重要的作用。防火墙是一种形象的说法，其实它是一种计算机硬件和软件组合，在内部网络与外部网络之间建立起一个安全网关，从而保护内部网络免受外部非法用户的侵入。然而在云计算时代，公有云是为多租户服务的，很多不同用户的应用都运行在同一云数据中心内部，这就打破了传统安全体系中的内外之分。

作为企业和用户来说，不仅要防范来自数据中心外部的攻击，还要提防云服务供应商，以及潜藏在云数据中心内部的其他别有用心的用户，形象地说，就是"家贼难防"。这就使得用户及云服务商的信任关系的建立、管理和维护更加困难，同时对用户的服务授权和访问控制也变得更加复杂。

现有的安全理论与实践大多针对传统的计算模式而生，不能完全适用云计算的新商业模式和技术架构。在安全隐私方面，大部分云计算服务商都无法在短期内达到企业内部网的成熟度，更不用说提供比内网更高的安全服务。据调查显示，当前所有云服务商都无法通过完全的合规审计，更无法抵御黑客和其他犯罪者的多方攻击，所以任何云服务商都不敢向企业客户提供敏感隐私数据的安全等级协议。安全与合规已经成为大多数企业 IT 向云转型的头号顾虑，他们不能放心地将高价值数字资产放入云中。

在云计算时代，"坏分子"（黑客和其他犯罪者）进行云攻击的模式可以分为前面攻击、侧面攻击和后面攻击 3 种，如表 5-1 所示。

表 5-1 "坏分子"的云攻击模式

名　称	说　明	例　子
前面攻击	数据隐私从内部网移到云中后，遭受来自互联网的攻击	黑客利用 Web 应用中的安全漏洞，盗取企业数据库中的信息
侧面攻击	公有云中的数据隐私，遭受同一云中其他租客的攻击	竞争者利用 CPU Covert Channel 安全缺陷，盗取同一物理机上对方虚拟机的密钥
后面攻击	云中的数据隐私，遭受来自云服务商内部人员的攻击	不满者利用管理员权限盗取客户信息

这几种模式中，尤其是侧面进攻，是云安全防护的重点对象。具体到进攻的各种模式，业界总结为以下 8 种云安全攻击性威胁类型。另外，还有一些非攻击性的威胁风险，包括无法支持法庭案件调查、不了解数据的物理存放位置和灾难恢复等。

1. 滥用和非法使用云计算

云计算的一大特征是自助服务，在方便用户的同时，也给了"坏分子"机会，他们可以利用云服务简单方便的注册步骤和相对较弱的身份审查要求，用虚假的或盗取的信息注册，冒充正常用户，然后通过云模式的强大计算能力向其他目标发起各种各样的攻击。

2. 恶意的内部人员

所有的 IT 服务，无论是运行在云中的系统还是内部网，都有受到内部人员破坏的风险。内部人员可以单独行动或勾结其他人，利用访问特权进行恶意的或非法的危害他人的行动。内部人员搞破坏的原因是多种多样的，例如，为了某件事进行报复，或是发泄他们心中对社会的不满，又或为了物质上的获益。

3. 不安全的应用编程接口

云服务商一般都会为用户提供应用程序接口，让用户使用、管理并且扩展自己的云资源。云服务的流程会用到这些接口，如创建虚拟机、管理资源、协调服务，以及监控应用等。

4. 身份或服务账户劫持

身份或服务账户劫持是指用户在不知情或没有被用户批准的情况下，他人恶意地取代用户的身份密码或劫持其账户。账户劫持的方法包括网络钓鱼、欺骗和利用软件漏洞持续攻击等。

5. 资源隔离问题

通过共享基础设施和平台，服务商可以以一种可扩展的方式交付他们的服务，这种多租户的体系结构、基础设施和平台的底层技术通常没有设计强隔离。资源虚拟化支持将不同租户的虚拟资源部署在相同的物理资源上，这也方便了恶意用户借助共享资源实施侧通道攻击。

6. 数据丢失或者泄露

随着 IT 的云转型，敏感的数据正从企业内部数据中心向公有云环境转移，随之而来的是云计算的安全隐私问题。云策略和数据中心虚拟化使防卫保护的实现变得更复杂，数据被盗或被泄露的危险程度在云中大大增加。

与此同时，商业用户和个体用户对于数据保护的预期很高，往往假定数据在云中是无条件安全的。企业 IT 还必须小心政府和行业的法律规则，这些管理规定则挑战企业 IT 管理数据的合规性。

7. 商业模式变化风险

云计算的一个宗旨是减少用户对硬件和软件的维护工作，使它们可以将精力集中于自己的核心业务。云计算固然有着明显的财政和操作方面的优势，但云服务商必须解除用户对安全的担忧。当用户评估云服务的安全状态时，软件的版本、代码的更新、安全规则、漏洞状态、入侵尝试和安全设计都是重要的影响因素。除了网络入侵日志和其他记录外，谁与自己分享基础架构的信息也是用户要知道的。

8. 对企业内部网的攻击

很多企业用户都将混合云作为一种减少公有云中风险的方式。混合云是指混合地使用公有云和内部网络资源。
在这种方案中，客户通常把网页前台移到公有云中，而把后台数据库留在网络内部。在云和网络之间，一个虚拟或专用的网络通道被建立起来，这就产生了对企业内部网络攻击的新机会，致使本来被安全边界和防火墙保护的公司内部网络随时可能受到来自云的攻击。但如果这一通道被关闭，那么由混合技术支持着的业务将被停止，从而会给公司带来重大的财产损失。

> 📖 **知识拓展**
> 混合云

5.3　如何解决大数据安全问题

本节将介绍大数据安全防护对策、关键技术以及数据治理与数据安全。大数据的安全性直接关系到大数据业务能否全面推广，大数据安全防护的目标是保障大数据平台及其中数据的安全性。人们在积极应用大数据优势的基础上，应明确大数据环境所面临的安全威胁，从技术层面到管理层面应用多种策略加强安全防护能力，提升大数据安全性。

5.3.1　大数据安全防护对策

大数据的安全防护要围绕大数据生命周期的变化来实施，在数据的采集、传输、存储和使用的各个环节采取安全措施，提高安全防护能力。大数据安全策略需要覆盖大数据存储、应用和管理等多个环节的数据安全控制要求。

1. 大数据存储安全对策

目前，大数据存储架构往往采用虚拟化海量存储技术、NoSQL 技术、数据库集群技术等来存储大数据资源，主要涉及的安全问题包括数据传输安全、数据安全隔离和数据备份恢复等方面。

大数据存储安全方面的对策主要包括以下 3 个方面。

1）通过加密手段保护数据安全，如采用 PGP（Pretty Good Privacy）、TrueCrypt 等程序对存储的数据进行加密，同时将加密数据及密钥分开存储和管理。

2）通过加密手段实现数据通信安全，如采用 SSL（Secure Sockets Layer，安全套接字层）协议实现数据节点和应用程序之间通信数据的安全性。

3）通过数据灾难备份机制，确保大数据的灾难恢复能力。

2. 大数据应用安全对策

大数据应用往往具有海量用户平台和跨平台特性，这会在一定程度上带来较大的风险，因此在数据使用方面，特别是大数据分析方面，应加强授权控制。大数据应用方面的安全对策包括以下 3 个方面。

1）对大数据核心业务系统和数据进行集中管理，保持数据口径一致，通过严格的字段级授权访问控制、数据加密，实现在规定范围内对大数据资源快速、便捷、准确地综合查询与统计分析，防止超范围查询数据、扩大数据知悉范围。

2）针对部分敏感字段进行过滤处理，对敏感字段进行屏蔽，防止重要数据外泄。

3）通过统一身份认证与细粒度的权限控制技术，对用户进行严格的访问控制，有效保证大数据应用安全。

3. 大数据管理安全对策

大数据安全管理是实现大数据安全的核心工作，主要的安全对策包括以下几个方面。

1）加强大数据建立和使用的审批管理。通过大数据资源规划评审，实现大数据平台建设由"面向过程"到"面向数据"的转变，从数据层面建立较为完整的大数据模型，面向不同平台的业务特点、数据特点、网络特点建立统一的元数据管理、主数据管理机制。在数据应用上，按照"一数一源，一源多用"的原则，实现大数据管理的集中化、标准化、安全化。

2）实现大数据的生命周期管理。依据数据的价值与应用的性质将数据进行划分，划分为在线数据、近线数据、历史数据、归档数据、销毁数据等。依据数据的价

> 📖 **知识拓展**
> 大数据生命周期管理

值，分别制定相应的安全管理策略，针对性地使用和保护不同级别的数据，并建立配套的管理制度，解决大数据管理策略单一所带来的安全防护措施不匹配、性能瓶颈等问题。

3）建立集中日志分析和审计机制。收集并汇总数据访问操作日志和基础数据库数据手工维护操作日志，实现对大数据使用安全记录的监控和查询统计，建立数据使用安全审计规

则库。依据审计规则对选定范围的日志进行审计检查，记录审计结论，输出风险日志清单，生成审计报告。实现数据使用安全的自动审计和人工审计。

4）完善大数据的动态安全监控机制。对大数据平台的运行状态数据，如内存数据、进程等进行安全监控与检测，保证计算系统健康运行。从操作系统层次看，包括内存、磁盘以及网络 I/O 数据的全面监控检测。从应用层次看，包括对进程、文件以及网络连接的安全监控。建立有效的动态数据细粒度安全监控和分析机制，满足对大数据分布式可靠运行的实时监控需求。

目前，大数据安全防护还是一个比较新的课题，还有很多领域需要研究、探索和实践，但安全措施一定要与信息技术同步发展，才能保障信息系统的高效、稳定运行，推动信息系统对数据进行科学、有效、安全的管理，提高信息管理能力，为后续建设提供良好的数据环境和有效的数据管理手段。

5.3.2　大数据安全防护关键技术

大数据安全已经成为信息领域的热点之一，目前大数据安全防护的关键技术包括以下几个方面。

1. 访问控制技术

大数据安全防护中的访问控制技术主要用于防止非授权访问和使用受保护的大数据资源。目前，访问控制主要分为自主访问控制和强制访问控制两大类。自主访问控制是指用户拥有绝对的权限，能够生成访问对象，并能决定哪些用户可以使用及访问。强制访问控制是指系统对用户生成的对象进行统一的强制性控制，并按已制定的规则决定哪些用户可以使用及访问。近几年比较热门的访问控制模型有基于对象的访问控制模型、基于任务的访问控制模型和基于角色的访问控制模型。

对于大数据平台而言，由于需要不断地接入新的用户终端、服务器、存储设备、网络设备和其他 IT 资源，当用户数量多、处理数据量巨大时，用户权限的管理任务就会变得十分沉重和烦琐，导致用户权限难以正确维护，从而降低大数据平台的安全性和可靠性。

因此，需要进行访问权限细粒度划分，构造用户权限和数据权限的复合组合控制方式，提高对大数据中敏感数据的安全保障。

2. 安全威胁的预测分析技术

对于大数据安全防护而言，提前预警安全威胁和恶意代码是重要的安全保障技术手段。安全威胁和恶意代码预警可以通过对一系列历史数据和当前实时数据的场景关联分析来实现。对大数据的安全问题进行可行性预测分析，识别潜在的安全威胁，可以更好地保护大数据。通过预测分析的研究，结合机器学习算法，利用异常检测等新型方法技术，可以大幅度提升大数据安全威胁的识别度，从而更有效地解决大数据安全问题。

3. 大数据稽核和审计技术

对大数据系统间或服务间的隐秘存储通道进行稽核，对大数据平台发送和接收的信息进行审核，可以有效发现大数据平台内部的信息安全问题，从而降低大数据的信息安全风险。例如，通过系统应用日志对已经发生的系统操作或应用操作的合法性进行审核，通过将备份信息审核系统与应用配制信息进行对比及审核，判断配制信息是否被篡改，从而发现系统或应用的异常安全威胁。

4. 大数据安全漏洞分析技术

大数据安全漏洞主要是指大数据平台和服务程序由于设计缺陷或人为因素留下的后门和问题。安全漏洞攻击者能够在未授权的情况下利用该漏洞访问或破坏大数据平台及其数据。大数据安全漏洞的分析可以采用白盒测试、黑盒测试、灰盒测试及动态跟踪分析等方法。

现阶段，大数据平台大多采用开源程序框架和开源程序组件，在服务程序和组件的组合过程中，可能会遗留安全漏洞或致命性安全弱点。开源软件安全加固指根据开源软件中不同的安全类别，使用不同的安全加固体，修复开源软件中的安全漏洞和安全威胁点。动态污点分析方法能够自动检测覆盖攻击，不需要程序源代码和特殊的程序编译，可执行程序二进制代码覆盖重写。

5. 基于大数据的认证技术

基于大数据的认证技术可利用大数据技术采集用户行为及设备行为的数据，并对这些数据进行分析，获得用户行为和设备行为的特征，进而通过鉴别操作者行为及其设备行为来确定身份，实现认证，从而弥补传统认证技术中的缺陷。

基于大数据的认证使得攻击者很难模仿用户的行为特征来通过认证，因此可以做到更加安全。另外，这种认证方式也有助于降低用户的负担，不需要用户随身携带 USB Key 等认证设备进行认证，可以更好地支持系统认证机制。

5.3.3　数据治理与数据安全

欧盟制定的《通用数据保护条例》（GDPR）要求组织对数据存储的内容、地点及数据的使用方式进行有效地掌握。我国工业和信息化部于 2020 年 5 月发布的《关于工业大数据发展的指导意见》强调了提升数据治理、加强数据安全管理的重要性。2021 年 6 月，全国人大常委会颁布的《中华人民共和国数据安全法》更为数据治理提供了新思路。

数字时代，公共政府部门、企业及一些组织经常会收集、存储、处理及共享数据，数据逐渐成为生产及生活的支柱，但是存在数据质量参差不齐、流通性低、责权不明确及安全与隐私等方面的问题，进行数据治理、保障数据安全是必然选择。

简单来讲，数据治理是指对零散的数据进行统一管理，保证企业中使用数据的可用性、易用性、完整性和安全性，如同使商场里的规格不一、杂乱无章的货物整齐有序地陈

微视频
数据治理与数据安全

列于货架上，其目的是增加数据价值，使数据相关成本和风险最小化。由于现在的数据呈现高容量、高多样性、高速且实时的特征，所以大数据治理更具有挑战性。

信息治理准则的七大核心原则为组织变革、元数据管理、隐私保护、数据质量管理、业务流程整合、主数据整合和信息生命周期管理，也适用于大数据治理。据此总结出大数据治理概念框架，整个框架由 8 个部分组成，如图 5-4 所示。

1）识别组织结构，组织及其结构影响大数据治理决策，大数据治理应与组织的目标和愿景保持一致。

2）识别利益相关者，即受数据管理和价值创造方式影响或对此产生影响的个人、组织或团体，如数据分析师、数据管理人员、业务管理负责人等。

3）确定大数据范围，且这个范围是适用于本组织的。

4）制定政策和标准，大数据治理需要制定与大数据有关的数据优化、隐私保护和数据变现的策略、规则和标准，并与传统政策比对。

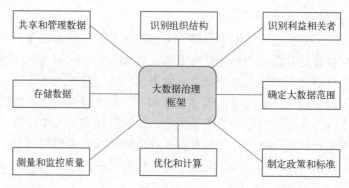

图5-4 大数据治理概念框架

5）优化和计算，包括数据采集和数据转换两个部分，组织可以从分析数据中获益。

6）测量和监控质量，这是大数据治理中的一项重要任务，大数据管理人员应检查和纠正大数据分析中数据不一致或无效的问题，跟踪可视化的整个过程，分析前还必须清洗数据，保证数据可用性。

7）存储数据，数据存储在一个安全的位置，同时可以根据需求随时访问。

8）共享和管理数据，将输出的信息传递给客户。

数据治理越来越重要，但目前对于大数据治理的研究还不够深入，实践者和研究人员缺口极大。人们需要制定合理、高效的数据治理机制，采用先进的创新技术以加强数据全生命周期管理，探究适合各行业特征的不同治理体系与框架，有效破除安全隐患问题，进一步提升数据治理水平，促进数据安全，更好地实现"安全+利用"的形态。

5.4 如何解决隐私保护问题

本节将介绍隐私问题的政策法规、主要的隐私保护技术，以及区块链、联邦学习中的隐私保护。随着大数据的价值越来越明显，隐私的重要性也在不断提高。当今，人们在新闻、搜索、电商及交友等各类网站上的行为记录一方面能够提高网站服务的精准性和人们的服务体验，另一方面，这些类别的数据也可能是最敏感的。在信息泛滥的时代，每个人及其所在的社会都将不得不在数据隐私和数据功能之间进行权衡取舍。

5.4.1 隐私保护的政策法规

在大数据时代保护个人隐私，既要靠技术，更要靠法律。在技术层面，不仅要防止隐私信息的泄露，防止不法分子的侵入和盗取，同时也要控制好隐私信息的访问权限，使每个层级的相关人员只能掌握相应的有限信息。但更重要的是法律层面，从法律着眼，既要为依法合理地搜集并处理大数据信息提供保障，也要确保信息处理过程中个人隐私不被泄露，以及不被用于服务和统计以外的目的。

目前世界上的很多国家，包括我国，都在完善与数据使用及隐私相关的法律，来保护隐私信息不被滥用。欧盟在隐私保护的立法方面一直走在世界前列，尤其是网络环境保护下的隐私保护立法。1995年制定的《欧盟隐私保护指令》是保护网络隐私权的重要法规，其对网络环境下的隐私保护做了较全面、系统的规定。此后，欧盟颁布了《电子通信资料保护指令》和《欧洲电子商务行动方案》。美国虽然没有一部综合性法典来保护个人信息的隐私权，但是宪法、联邦和州政府制定的各种类型的隐私和安全条例都足以承担起保护个人信息的重任，其中最为重要的是 1986 年颁布的《电子通信隐私法案》。在 2012 年，美国最大的 DVD 租赁公司就支付了 900 万美元，以此解决此前大量用户提起的隐私侵权诉讼案件。

我国在积极推动大数据产业发展的过程中非常关注大数据安全问题，近几年发布了一系列与大数据产业发展和安全保护相关的法律法规和政策文件。

2016 年 11 月，全国人大常委会发布了《中华人民共和国网络安全法》，加强对公民个人信息的保护，防止公民个人信息被非法获取或者非法使用，要求关键信息基础设施的运营者在境内存储公民个人信息等重要数据，网络数据确实需要跨境传输时，需要经过安全评估和审批。

2016 年 12 月，国家互联网信息办公室发布了《国家网络空间安全战略》，提出要实施国家大数据战略，建立大数据安全管理制度，支持大数据、云计算等新一代技术创新和应用，为保障国家网络安全夯实产业基础。

2021 年 6 月，我国首部《中华人民共和国数据安全法》正式出台，明确监管方数据安全监管职责，健全数据安全协同治理体系；加强对企业发展大数据技术的规制，力争在保护个人或组织数据安全的同时，提高国家数据治理和利用水平；促进以数据为关键要素的数字经济的发展，推动国家大数据发展战略的实施。与此前颁布的《网络安全法》一样，对加强网络安全管控，有效防御国家安全风险，保障国家安全具有重要意义。

2021 年 8 月，全国人大常委会出台了《中华人民共和国个人信息保护法》，这是我国首部针对个人隐私保护的法律。对当下热议的个人信息保护问题（如大数据杀熟、强

> 📖 **知识拓展**
> 禁止"大数据杀熟"

制推送个性化广告、未经授权过度收集个人信息等）进行了取缔，明确个人信息的使用与处理权责，严格管控任何个人信息侵害行为，为个人隐私保护提供了强有力的法律保障。

与数据隐私密切相关的是数据的"所有权"和数据的"使用权"。数据由于资产变化和生产要素变化，其所附带的经济效益和价值也就引出了一系列法律问题，例如，数据的所有权归属，其所涵盖的知识产权如何界定，如何获取数据的使用权，以及数据的衍生物如何界定等。智慧城市和大数据分析往往需要整合多种数据资源进行关联分析，分析的结果能产生巨大的价值，然而这些数据源分属不同的数据拥有者，这些数据对所有者来说是其核心资源，甚至是保持竞争优势的根本，因此他们不一定愿意将其开放共享。如何既能保证数据资产者的利益，同时又能有效地促进数据的分享和整合，也将成为与立法密切相关的重要因素。

5.4.2　隐私保护技术

对于隐私保护的效果可以用"披露风险"来度量。披露风险表示攻击者根据所发布的数据和其他相关的背景知识能够披露隐私的概率，那么隐私保护的目的就是尽可能地降低披露风险。隐私保护技术大致可以分为以下几类。

1. 基于数据失真技术

数据失真技术简单来说就是对原始数据"掺沙子"，让敏感的数据不容易被识别出来，但沙子也不能掺得太多，否则就会改变数据的性质。用专业术语来说就是对数据进行扰动，让数据失真。攻击者通过失真数据不能还原出真实的原始数据，但同时失真后的数据仍然能够保持某些性质不变。例如，对原始数据加入随机噪声，可以实现对真实数据的隐藏；在关联规则挖掘中，可以在原始数据中加入很多虚假的购物信息，来保护用户的购物隐私，但同时又不影响最终的关联分析结果。

2. 基于数据加密技术

对数据加密可以起到有效保护数据的作用，但就好像把东西锁在箱子里，别人拿不到，自己要用也很不方便。如果在加密的同时还想从加密之后的数据中获取有效的信息，那么应该怎么办？最近在"隐私同态"或"同态加密"领域取得的突破使其变得可能。同态加密是一种加密形式，它允许人们对密文进行特定的代数运算，得到的仍然是加密的结果，与对明文进行同样的运算再将结果加密一样。这项技术使得人们可以在加密的数据中进行诸如检索、比较等操作，并得出正确的结果，而在整个处理过程中无须对数据进行解密。例如，医疗机构可以把病人的医疗记录数据加密后发给计算机服务提供商，服务商不用对数据解密就可以对数据进行处理，处理完的结果仍以加密的方式发回给客户，客户在自己的系统上解密才可以看到真正的处理结果。但目前这种技术还处在初始阶段，所支持的计算方式非常有限，同时处理的时间开销也比较大。

3. 基于限制发布技术

限制发布也就是有选择地发布原始数据、不发布或发布精度较低的敏感数据，以实现隐私保护。限制发布大多采用"数据匿名化"技术，在隐私披露风险和数据精确度间进行折中，有选择地发布敏感数据及可能披露敏感数据的信息，但应保证对敏感数据及隐私的披露风险在可容忍范围内。隐私数据中有的可以显性标识一个人，如姓名、身份证号码等，这些信息一般不予发布；有的信息虽然单独使用时不能标识一个人，但联合起来就能泄露一个人的身份信息，如性别、年龄、身高和住址等，这种情况一般采用泛化技术来处理。泛化技术是对数据进行更加概括、抽象的描述。例如，把年龄分成18~24、25~32等年龄阶段，把住址泛化成所在的东城区、西城区等，可以起到一定的隐私保护作用。

以上3种隐私保护技术有着不同的特点与性能，根据不同的需求可选择合适的隐私保护技术，具体的优缺点如表5-2所示。

表5-2　3种隐私保护技术的优缺点

技术类型	优　点	缺　点
基于数据失真技术	保护效率高 计算开销小 容易实现	数据信息缺损度高 数据依赖性强，处理数据算法灵活性要求高
基于数据加密技术	数据的准确程度高 隐私保护度高，安全性较强	计算开销、通信开销大 部署复杂，实际应用难度大
基于限制发布技术	发布的数据真实，可用性较高 适用范围很广，算法移植性强 容易实现	存在一定的信息丢失 实现最优化的数据匿名开销较大

5.4.3　区块链技术与隐私保护

2008年，中本聪提出了一种新的数字货币——比特币，介绍了区块链技术，为信息的组织和存储带来了创新，堪称一场技术革命，不仅在金融领域被应用，而且目前还被应用于卫生、物流和运输、物联网甚至工业等多个领域。

2016年，我国发布了《"十三五"国家信息化规划》，区块链首次被列入国家级信息化规划，之后发布了一系列区块链白皮书，旨在跟踪区块链发展动态，指导区块链技术引领信息化建设，促进经济高质量发展。

工业 4.0 时代的到来更为区块链技术提供了更加广阔的发展空间，物联网、大数据、云计算、3D 打印，甚至人工智能、智慧城市都将与其交融，区块链技术正向众多不同的设备开放。

区块链即一个分布在网络上的公共分类账，用于记录、存储数字资产交易，本质上是一个分散的数据库，保持信息在分布于远程位置的多个节点之间的复制和共享。整个账本都是公开透明的，在方便交易的同时也带来了隐私问题。同时区块链匿名性和防篡改性的特征，为解决数据公开透明与隐私保护间的矛盾准备了条件。

> 📖 **知识拓展**
> 区块链基本特征及应用

（1）匿名性

匿名性指区块链上的成员都以假身份与系统进行交互，真实的身份隐藏在其公钥背后，外部人员不能获得部分甚至全部交易信息。具体来讲，区块链中的地址是某个用户公钥的哈希值，用户通过将公钥的哈希值作为他们的假身份进行交易，而不透露真实姓名。此外，用户可以生成多个密钥对（多个地址），就像一个人可以拥有多个银行账户一样。目前区块链利用一些加密技术，如群签名、同态加密等，使清晰、完整的交易信息更难追溯，进一步提升了匿名水平。

（2）防篡改性

防篡改性指存储在区块链中的任何交易信息在区块生成过程中和之后都不能被篡改。区块链上的每一笔交易都被计算为一个安全的哈希函数（几乎不可逆转），通过安全签名算法（不可伪造）分布在网络的所有节点上。如果区块创建者企图修改接收到的交易输出地址，由于其无法对修改后的信息生成有效签名，其他人在用支付方的公钥检查签名时，恶意篡改行为就会被发现；由于采用加密保护技术，攻击者修改区块链上存储的任何历史数据的行为也都将失败。

面对身份隐私和交易隐私两方面的隐私保护需求，在区块链中，当前已经发展了混合技术、环签名技术、零知识证明技术和同态加密技术等多种适当的技术和机制，为隐私保护提供了有效途径。由于前文已经介绍了同态加密技术，此部分将不再赘述，其他 3 种技术具体介绍如下。

（1）混合（Mixing）技术

混合技术即将区块链多个用户输出的代币集中起来进行混合处理后再输出，割裂了两端用户之间的联系，掩盖了原始信息，从而防止输出方的地址被链接。混币次数越多，匿名性越强。混合技术主要分为两类，一类是基于中心节点的混合方法，另一类是基于分布式的混合方法，如表 5-3 所示。

表 5-3 混合技术分类

混 合 技 术	特 点	应 用 例 子
基于中心节点的混合方法	需要一个可信任的第三方提供混币服务	Mixcoin 混币机制：多个用户直接将代币发送到第三方服务器进行随机组合，再由服务器按照协议数额与地址将代币发送给接收方，同时使用问责机制来监测混币过程中的不诚信行为
基于分布式的混合方法	不需要第三方的参与，用户自发协商并执行混币	Coinjoin 混币机制：当一个用户想要支付时，需要寻找同时也要支付的用户，经协商将多笔交易混合成一笔大交易，再根据输出地址进行分配。采用联合支付的想法，大大降低了连接交易双方的可能性，更不可能追踪到特定用户资金流动的确切方向。但是此思想在应用层面多使用第三方服务器组织混币，可能缺乏所需的匿名性，这取决于如何实现 CoinShuffle 混币机制在 Coinjoin 混币机制基础上进行改进，对输出地址洗牌，实现了完全去中心化，增强了交易的私密性

（2）环签名（Ring Signature）技术

环签名技术是一种数字签名，在给定一组拥有私钥和公钥成员的情况下，其中一个发送者利用自己的私钥和群中所有成员的公钥对交易的信息进行签名，但签名本身不显示是谁签的。这样，即使有人得知此群中所有成员的公钥，也不能判定具体出处，进而实现对交易发送方信息的隐藏。这个名字来自于代表签名的形状，而不是代数结构。

CryptoNote 是环签名的典型应用之一。它使用环签名技术计算，得到发送方的签名，将资金发送到一个公共地址（由接收方的公钥计算得到），接收方根据最新的交易信息利用自己的私钥兑换资金，从而同时实现对交易发送方和接收方的隐藏。由于使用环签名，如果环成员的数量为 n，则对手成功猜测交易的真实发送者的概率为 $1/n$。

（3）零知识证明（Zero-Knowledge Proofs，ZKP）技术

零知识证明是一种加密技术，它允许一方（证明方）向另一方（验证方）证明给定的陈述是真实的，除了证明正确性以外，不透露交易双方和金额等其他关键信息，从而保护了用户的隐私。

成为 ZKP 协议的 3 个必要条件是完备性、稳健性、零知识。其中，完备性指如果要证明的陈述是正确的，那么证明者总能成功地进行证明；稳健性指如果要证明的陈述是假的，那么作弊的证明者不能使验证者相信它是真的，除非很小的概率；零知识指除证明者外，其他人即使可以生成协议的有效文本，也无法从中获得任何额外信息。一些 App 设置的密保问题便是一个很好的例子，当你忘记密码需要找回时，使用密保问题就可以直接验证身份，不涉及关于密码的任何信息。

基于零知识证明发展而来的 ZK-Snark 技术被广泛应用，它证明简洁，验证速度快，且不需要交易发送方和接收方同步在线，支持离线验证。

5.4.4 联邦学习与隐私保护

大数据时代，世界每时每刻都在产生海量数据，能够利用大量已知数据进行预测的机器学习便在社会许多领域发挥了重要作用。但是，这些数据通常来自用户，可能在本质上是敏感的或包含一些私人信息，这便会带来隐私泄露风险。谷歌在 2016 年首次提出联邦学习，克服了传统机器学习的一些隐私与安全问题并提高了效率。

联邦学习是一种特殊的分布式机器学习（DML），可调动多个客户端，如智能手机、平板计算机或传感器等，由中央服务器协调，以协作的方式训练机器学习模型。具体

> 📖 **知识拓展**
> 联邦学习的分类

来讲，在每个训练阶段，服务器将一个训练任务和计算资源分配给任何准备学习的客户端，然后传递现有模型。客户端使用自己的本地数据训练本地模型，并将更新后的参数作为加密的训练结果发送回服务器，服务器收集这些信息，聚合并更新全局模型，如图 5-5 所示。其中，每个客户端都是一个隔离的"数据孤岛"，数据永远不会离开这个岛。整个过程不需要传输敏感信息，且对参数进行了加密，提供了强有力的隐私保障。

除了本身的隐私属性，联邦学习中的隐私保护方法和机制主要有差分隐私、安全多方计算和同态加密技术，同态加密技术如前文所述，另外两种技术介绍如下。

1. 差分隐私（Differential Privacy）

差分隐私是一种可度量的高强度隐私保护方法，即一个随机算法对训练过程中的数据添加适量的噪声，如 Laplace、Gaussian 和指数机制等，以掩盖某些敏感信息，使得相邻数据

集可查询的输出结果在统计特征上是相似的，对模型更新结果不产生影响，且攻击者无法据此做出有效推断，从而达到差分隐私的效果。具体定义为 $Pr[M(D_1) \in S] \leqslant e^\varepsilon Pr[M(D_2) \in S]$。其中，$M$ 为随机算法；D_1 和 D_2 是相邻数据集，两者至多差一条记录；ε 是隐私参数，也称为隐私预算，体现着隐私保护的水平，较小的 ε 代表较高的隐私保护水平；S 表示输出结果，且 S 属于 M 的值域。

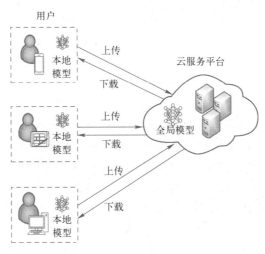

图 5-5　联邦学习结构图

2. 安全多方计算（Secure Multi-Party Computation）

安全多方计算是由图灵奖获得者姚期智先生提出的，主要研究如何在没有可信第三方的情况下，使各参与者安全地计算指定函数。具体来讲，一组参与者分别拥有各自的信息（X、Y、Z 等）且这些信息互为隐私，所有的参与者在加密保护状态下输入各自拥有的信息，合作计算一个函数 $f(X,Y,Z,\cdots)$，并获得计算结果。这样各方可以在不获得其他参与者具体输入的情况下得到预期的输出，原始数据得到了保护且价值也得到了发挥。

【案例 5-2】百度大数据安全实践

数据是百度公司的重要资产。百度公司在内部构建了公司级大数据平台，收录公司各个业务领域的数据，建设数据闭环解决方案，推动全公司数据的统一管理、数据共享、数据发现和数据使用。这些聚在一起的数据资产来自多个部门和业务，对安全的要求也不同。百度非常重视大数据应用过程中的安全保障，在安全方面形成了统一的大数据安全框架，通过在数据全生命周期各环节实施安全技术和管理机制，为大数据平台和用户数据提供安全保障。

1. 百度大数据平台安全架构

百度大数据平台具备基础的系统安全、安全管理及以数据安全分级机制为核心的数据安全架构，如图 5-6 所示。

系统安全和安全管理是百度大数据平台中最基础的安全机制。数据安全架构在整个大数据安全架构中处于极为重要的位置。数据安全架构包括安全审计、安全控制和安全加密 3 部分，并采用安全分级机制，分为基础级和可选级。安全基础级别包括安全审计和安全控制两个功能，它是所有在大数据平台的业务数据都会得到的安全基础保障，为大数据平台上的数据提供生命周期过程中的可审计性和细粒度完整控制功能。可选级别包括数据的加解密功能，支持各种强度的加解密算法。百度大数据平台支持数据的加密存储，考虑到平台每天产生的数据量极其庞大，以及数据运算的效率要求，可以根据数据的业务特点和密级要求来选择不同强度的加密算法。

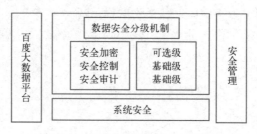

图 5-6 百度大数据平台安全架构

2. 百度大数据平台关键能力

百度提出 4A 安全体系来构建大数据平台的关键安全能力，分别介绍如下。

1）Account（账号）：为每个用户创建唯一的用户账号，并对用户身份进行鉴别，确保数据访问控制和安全审计可以追溯到个人账号。同时，采用基于角色的用户分组管理，将系统管理角色、系统数据建设角色和数据查看角色进行区分。

2）Authentication（鉴别）：百度大数据平台上的数据访问必须有统一的身份鉴别机制。百度大数据平台采用统一单点登录身份认证技术对用户进行身份鉴别管理。

3）Authorization（授权）：百度大数据平台需要根据数据访问主体身份及被访问数据的密级，实现对各类数据的访问授权。对于机密等级以上的数据，需要对接到具体的电子审批流程。此外，数据在流转过程中，大数据平台可以自动判断对应的下一个节点的安全等级和人员授权情况，进行数据流转的安全判断和维护。

4）Audit（审计）：百度大数据平台具有审计日志记录功能，可实现对系统中针对用户管理、权限管理、用户登录，以及数据获取、访问、修改等行为的完整日志记录。基于系统审计日志，可以实现事中的安全监控，以及事后的行为溯源和取证分析。

案例讨论：

- 数据治理是什么？百度公司在数据治理方面做了什么？
- 百度公司在提升数据安全方面应用了哪类安全防护和隐私保护技术？除此之外还有什么技术？
- 百度公司是如何使数据利用与安全并行的？

5.5 习题与实践

1. 习题

1）试分析大数据环境下的网络安全包括哪些方面。

2）大数据时代给个人隐私保护带来哪些挑战？

3）大数据安全三要素是什么？

4）大数据信息安全技术有哪些？

5）大数据安全法规和政策是什么？

6）大数据治理面临怎样的难题？

7）区块链还有哪些隐私保护技术？

8）联邦学习与区块链是否可以结合起来进一步加强隐私保护？如何实现？

2. 实践

1）通过网络数据搜集，请你试分析并总结出华为企业的大数据安全实践战略。

2）针对手机银行使用情况，分组进行数据统计（如使用人数、使用年龄、使用范围等），以小组为单位进行汇报展示，试分析当前手机银行的发展现状、用户使用过程中应注意哪些安全问题以及银行业应如何利用大数据加强信息安全。

参 考 文 献

［1］赵勇，林辉，沈寓实．大数据革命：理论、模式与技术创新［M］．北京：电子工业出版社，2014.

［2］黄河．计算机网络安全：协议、技术与应用［M］．北京：清华大学出版社，2008.

［3］宋欣，马骏涛．网络安全分析及防御技术［J］．科技情报开发与经济，2010（4）：112-114.

［4］刘修峰，范志刚．网络攻击与网络安全分析［J］．网络安全技术与应用，2006（12）:46-48.

［5］张军伟．高校网络安全分析及其对策［J］．网络安全技术与应用，2009（10）：62-64.

［6］陈如明．大数据时代的挑战、价值与应对策略［J］．移动通信，2012（17）：14-15.

［7］黄哲学，曹付元，李俊杰，等．面向大数据的海云数据系统关键技术研究［J］．网络新媒体技术，2012，（6）：20-26.

［8］孟小峰，慈祥．大数据管理：概念、技术与挑战［J］．计算机研究与发展，2013（1）：146-149.

［9］周水庚，李丰，陶宇飞，等．面向数据库应用的隐私保护研究综述［J］．计算机学报，2009，32（5）：847-861.

［10］黄金杰．区块链匿名技术研究［J］．电子技术与软件工程，2019（23）：152-153.

［11］Al-BADI A，TARHINI A，KHAN A I．Exploring Big Data Governance Frameworks［J］．Procedia Computer Science，2018，141：271-277.

［12］YANG L，LI J，ELISA N，et al．Towards Big data Governance in Cybersecurity［J］．Data-Enabled Discovery and Applications，2019，3（1）：1-12.

［13］de HaroOlmo Francisco José，VarelaVaca Ángel Jesús，ÁlvarezBermejo José Antonio．Blockchain from the Perspective of Privacy and Anonymisation：A Systematic Literature Review［J］．Sensors，2020，20（24）：7171.

［14］ZHANG R，XUE R，LIU L．Security and Privacy on Blockchain［J］．ACM Computing Surveys（CSUR），2019，52（3）：1-34.

［15］SHEN S，ZHU T，WU D，et al．From Distributed Machine Learning To Federated Learning：In The View Of Data Privacy And Security［J］．Concurrency and Computation Practice and Experience，2020（2）：1-19.

［16］LI N，QARDAJI W，SU D．On Sampling，Anonymization，and Differential Privacy：Or，k-Anonymization Meets Differential Privacy［J］．ACM，2011：32-33.

［17］脑极体．从 Zoom 连环爆雷，聊聊会议软件的安全水位［EB/OL］．（2020-04-10）［2022-06-07］．https://baijiahao.baidu.com/s? id=1663588930472793562&wfr=spider&for=pc.

［18］O'DONNELL L．Zoom Screen-Sharing Glitch 'Briefly' Leaks Sensitive Data［EB/OL］．（2021-03-18）［2022-06-07］．https://threatpost.com/zoom-glitch-leaks-data/164876/.

第 6 章 数据可视化

数据爆炸是当前信息科学领域面临的重大挑战，不仅所需处理的数据量越来越大、数据高维、多源、多态，而且更重要的是数据获取的动态性、数据内容的噪声和互相矛盾、数据关系的异构性与异质性等。大数据时代的数据复杂性更高，如数据的流模式获取、非结构化、语义的多重性等。数据可视化指综合运用计算机图形学、图像、人机交互等技术，将采集或模拟的数据映射为可识别的图形、图像、视频或动画，并允许用户对数据进行交互分析的理论、方法和技术。现代的主流观点将数据可视化看成传统的科学可视化和信息可视化的泛称，即处理对象可以是任意数据类型、任意数据特性以及异构异质数据的组合。

针对复杂的数据，已有的统计分析或数据挖掘方法往往是对数据的简化和抽象，隐藏了数据集真实的结构。本章提出数据可视化的概念，利用数据可视化的方法可还原乃至增强数据中的全局结构和具体细节。因此，数据可视化能将不可见现象转换为可见的图形符号，并从中发现规律和获取知识。

【案例 6-1】报表和图形

小黄是某公司销售部门的员工，每周都要从公司系统中整理关键数据给老总。公司例行报表如图 6-1 所示。

客户	主产品	副产品	当周销售漏斗							3季度目标	成功预测值	成功预测值周变化
			潜在	接触	投入	确定意向	赢单	阶段4以上合计	周变化			
xx	xx	xx	0.00	0.00	0.00	0.00	0.00	0.00	0.00	3.36	0.59	0.00
		xx	0.30	2.25	1.27	0.00	0.24	3.76	-0.00	4.46	2.01	-1.04
	xx	xx	0.00	10.00	0.00	0.00	0.00	10.00	0.00	1.20	2.95	-0.68
	xx	xx	0.00	0.07	0.20	0.00	0.00	0.27	0.07	0.91	0.16	0.02
		xx	0.00	0.00	0.00	0.00	0.00	0.00	0.00	0.05	0.00	0.00
	xx	xx	0.00	0.00	0.00	0.00	0.00	0.00	0.00	0.00	0.00	0.00
	xx	**xx**	**0.30**	**12.32**	**1.47**	**0.00**	**0.24**	**14.03**	**0.07**	**9.97**	**5.71**	-1.70
	xx	xx	0.00	0.00	0.05	0.00	0.00	0.05	0.00	0.15	0.03	0.01
	xx	xx	0.30	1.06	3.15	0.00	0.00	4.21	2.50	3.29	1.79	1.17
	xx	xx	0.00	0.00	0.00	0.00	0.00	0.00	0.00	1.64	4.23	0.00
	xx	**xx**	**0.30**	**1.06**	**3.20**	**0.00**	**0.00**	**4.26**	**2.50**	**5.08**	**6.06**	**1.17**
	xx	**xx**	**0.60**	**13.38**	**4.67**	**0.00**	**0.24**	**18.29**	**2.57**	**15.04**	**11.76**	-0.53
	xx	xx	0.00	3.34	0.00	0.00	0.00	3.34	0.03	1.40	0.41	-0.15
	xx	xx	4.50	2.39	6.92	0.00	0.00	9.31	0.00	2.03	1.06	-0.20
	xx	**xx**	**4.50**	**5.73**	**6.92**	**0.00**	**0.00**	**12.65**	**0.03**	**3.44**	**1.46**	-0.35

图 6-1 公司例行报表

随着公司业务的扩大，销售部又来了小帅，小帅对待工作很认真，不仅提交了报表，还在工作之余学会了用可视化软件分析图形。图 6-2 所示为公司可视化仪表板。

到了年底，小帅在个人评分上毫无悬念地超过了小黄，成为部门里最受赏识的员工。小帅用图表为自己争取到了更为广阔的职场发展空间。这个故事让我们认识到可视化分析能力在业务中的重要性。一图值千言，可视化图形分析不仅可以直观、快速地表达出公司的经营状况，还能从图形的视觉元素中受到启发和感染，加深读者的记忆，甚至达到过目不忘的效果。

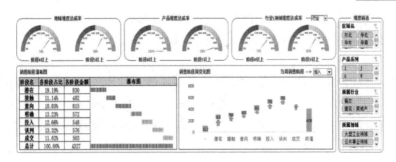

图 6-2 公司可视化仪表板

- 你会运用哪种可视化工具？
- 总结可视化图形与数字报表相比有哪些优势。

微视频
数据可视化类型

6.1 数据可视化类型

数据可视化的处理对象是数据。本节依照所处理的数据对象，提出数据可视化所包含的两个重点分支，即科学可视化与信息可视化。广义上，科学可视化面向科学和工程领域的数据，如包含空间坐标和几何信息的三维空间测量数据、计算模拟数据和医学影像数据等，重点探索如何以几何、拓扑和形状特征来呈现数据中蕴含的规律。信息可视化的处理对象则是非结构化、非几何的抽象数据，如金融交易、社交网络和文本数据，其核心挑战是针对大尺度高维复杂数据如何减少视觉混淆对有用信息的干扰。由于数据分析的重要性，将可视化与分析结合，形成一个新的学科——可视分析学。

6.1.1 科学可视化

科学可视化是可视化领域发展最早、最成熟的一个学科，其应用领域主要是自然科学，如物理、化学、气候气象、航空航天、医学、生物学等各个学科，涉及对这些学科中数据和模型的解释、操作与处理，旨在寻找其中的模式、特点、关系以及异常情况。

1. 科学可视化类型

科学可视化的基础理论与方法已经相对成型。早期关注点主要在于三维真实世界的物理化学现象，其数据通常定义在二维或三维空间，或包含时间维度。按数据的类别，科学可视化可大致分为 3 类，分别为标量场可视化、向量场可视化和张量场可视化。

在标量场可视化中，标量指单个数值，标量场中的每个数据点都记录一个标量值。标量值的来源分为两类：第一类从扫描或测量设备获得，如医学断层扫描设备获取的 CT、MRI 三维影像；第二类从计算机或机器仿真中获得，如核聚变模拟中产生的壁内温度分布。

向量场可视化的主要关注点是其中蕴含的流体模式和关键特征区域。向量场中的每个采样点都记录一个向量（一维数据）。向量代表某个方向、趋势，例如，实际测得的风向、旋涡，数据仿真计算得出的速度和力等。在实际应用中，二维或三维流场是最常见的向量场，流场可视化是向量场可视化中非常重要的组成部分。

张量是矢量的推广：标量可看作零阶张量，矢量可看作一阶张量。张量场可视化方法可分为基于纹理、几何、拓扑 3 类。基于纹理的方法可将张量场转换为动态演化的图像（纹理），图释张量场的全局属性，其思路是将张量场简化为向量场，进而采用线积分法、噪声纹理法等显示。

以上分类不能概括科学数据的全部内容。随着数据复杂性的升高，一些描述性、文本、影像、信号的数据也是科学可视化的处理对象，且其呈现空间变化多样。

2. 科学可视化应用软件

科学可视化具有较长的发展历史和广泛的应用领域，包括医学图像、地理信息、流体力学等有相应时空坐标的数据。一些软件适用于科学可视化领域的数据，如 VTK、AVS 等。另一些软件适用于科学可视化中的某些子领域，如医学图像领域的 3D Slicer、地理信息领域的 ArcGIS 等。

（1）3D Slicer

3D Slicer 是一款免费的、开源的、跨平台的医学图像分析与可视化软件，广泛应用于科学研究与医学教育领域。3D Slicer 支持 Windows、Linux 和 macOS 等平台。3D Slicer 支持包括医学图像分割、配准在内的很多功能，分别如下：

- 支持 DICOM 图像，并支持其他格式图像的读写。
- 支持三维体数据、几何网格数据的交互式可视化。
- 支持手动编辑、数据配准与融合和自动图像分割。
- 支持弥散张量成像和功能核共振成像的分析及可视化，提供图像引导放射治疗分析和图像引导手术的功能。图 6-3 所示为使用 3D Slicer 的肺部效果图。

3D Slicer 的实现全部基于开源工具包：用户界面采用强大的 QT 框架，可视化使用 VTK，图像处理使用 ITK，手术图像引导使用 IGSTK，数据管理使用 MRML，基于跨平台的自动化构建系统 CMake 实现跨平台编译。

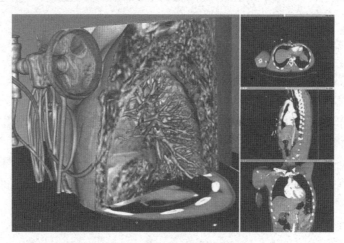

图 6-3　使用 3D Slicer 的肺部效果图

（2）ArcGIS

ArcGIS 是美国的 Esri 公司开发的地理信息软件。ArcGIS 通过基本的地图、地理信息为用户提供方便快速的地理数据映射，并提供开发工具包为开发新的应用提供支持。ArcGIS 可以将结果嵌入 Excel 报表中，在微软 Office 程序中插入地理信息数据。

（3）Visualization Toolkit

Visualization Toolkit，简称 VTK（http://www.vtk.org/），是一个开源、跨平台的可视化应用函数库。它的主要维护者是 Kitware 公司，创造了 VTK、ITK、Cmake、ParaView 等众多开源软件系统。VTK 的设计目标是在三维图形绘制底层库 OpenGL 的基础上，采用面向对象的设计方法，构建用于可视化应用程序的支撑环境。它屏蔽了在可视化开发过程中常用的算法，以 C++ 类库和众多翻译接口层（如 Tcl/Tk、Java、Python 类）的形式提供可视化开发功能。

- VTK 具有强大的三维图形和可视化功能，支持三维数据场和网格数据的可视化，也具备图形硬件加速功能。
- VTK 具有更丰富的数据类型，支持对多种数据类型进行处理。
- VTK 的体系结构使其具有很好的流数据处理和高速缓存的能力，在处理大量的数据时不必考虑内存资源的限制。
- VTK 支持基于网络的工具，例如 Java 和 VRML，其设备无关性使其代码具有可移植性。
- VTK 中定义了许多宏，极大地简化了编程工作，并加强了一致的对象行为。
- VTK 支持 Windows 和 UNIX 操作系统。
- VTK 支持并行地处理超大规模数据，最多可处理一个 Petabyte 的数据。

VTK 可广泛使用科学数据的可视化，如建筑学、气象学、生物学或者航空航天等领域，其中在医学影像领域的应用最为常见，包括 3D Slicer、Osirix、BioImageXD 等在内的众多优秀的医学图像处理和可视化软件都使用了 VTK。图 6-4 所示为使用 VTK 绘制的效果图。

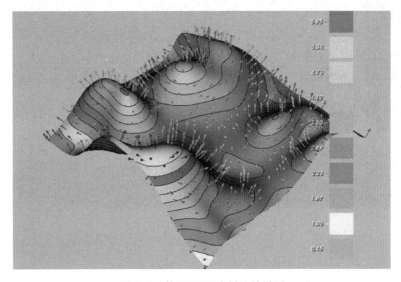

图 6-4　使用 VTK 绘制的效果图

6.1.2　信息可视化

信息可视化处理的对象是抽象的、非结构化的数据集合（如文本、图表、层次结构、地图、软件、复杂系统等）。与科学可视化相比，信息可视化更关注于抽象、高维的数据。传统的信息可视化起源于统计图形学，与信息图形、视觉设计等现代技术相关，其表现形式通常在二维空间，因此关键问题是在有限的展示空间中以直观的方式传达抽象信息。在大数据爆炸时代，信息可视化面临巨大的挑战：在海量、动态变化的信息空间中辅助人类理解、挖掘信息，从中检测预期的特征，并发现未预期的知识。

信息可视化应用软件介绍如下。

1. CiteSpace

CiteSpace 是由可视化专家 Chaomei Chen 教授开发的一款文献分析的可视化软件，主要面向科研论文之间相互引用所构成的网络。CiteSpace 的数据来源于 Web of Science，分析过程包括确定主题词和专业术语、收集数据、提取并研究前沿术语、时区分割、阈值选择、显示、可视检测和验证关键点 8 个步骤。CiteSpace 系统适用的用户群广泛，包括科学家、科技政策研究者和学生，可用它进行学科发展趋势和发展过程中重要变化的探测和可视化研究。图 6-5 所示为利用 CiteSpace 绘制的效果图。

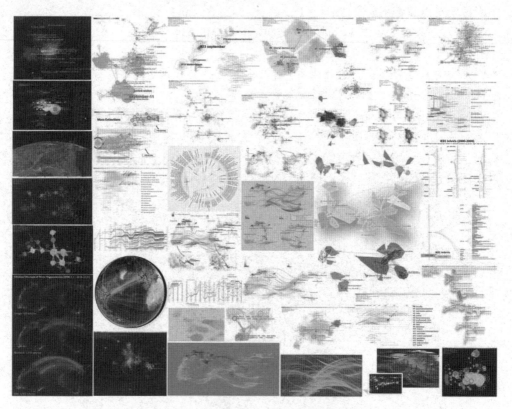

图 6-5　利用 CiteSpace 绘制的效果图

2. 数据驱动文档（Data Driven Documents，D3）

Data Driven Documents（D3）是一套面向 Web 的二维数据变换与可视化工具。它以轻量级的浏览器端应用为目标，具有良好的可移植性。D3.js 是基于 D3 规范的 JavaScript 库，基于 HTML、SVG（向量图形）和 CSS 构建，前身是美国斯坦福大学研发的 Protovis（目前已停止更新）。D3 可以将任意数据绑定到一个 DOM，并对文档实施基于数据的变换。例如，利用一组数字生成一个 HTML 表，或用相同的数据生成一个可交互的 SVG 条形图。

D3 的特点在于它提供了基于数据的文档高效操作，这既避免了面向不同类型和任务设计专有可视表达的负担，又能提供设计灵活性，同时发挥了 CSS3、HTML 5 和 SVG 等 Web 标准的最大性能。自问世以来，D3 在学术界和工业界都被广泛使用，产生了很大影响。图 6-6 所示为使用 D3 绘制的可视化效果图。

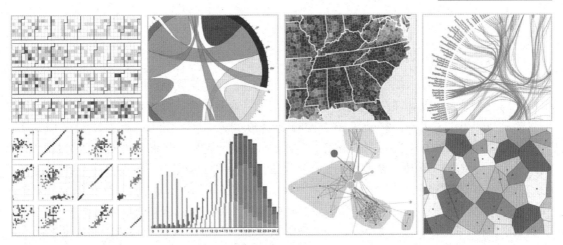

图 6-6　使用 D3 绘制的可视化效果图

3. Gephi

Gephi 是一个应用于各种网络、复杂系统和动态分层图的交互可视化和探索平台，支持 Windows、Linux 和 macOS 等各种操作系统。可用于探索性数据分析、链接分析、社交网络分析和生物网络分析等，其设计初衷是采用简洁的点和线描绘与呈现丰富的世界。

Gephi 从各个方面对图的可视化进行了改进，并使用图形硬件加速绘制。Gephi 提供了各种类型的图布局方法并允许用户自行设定布局。此外，Gephi 在图的分析中加入了时间轴以支持动态的网络分析，提供交互界面以支持用户实时过滤网络，从过滤结果建立新网络。Gephi 使用聚类和分层图的方法处理较大规模的图，通过加速编辑大型分层结构图来探究多层图，如社交社区、生化路径和网络交通图；利用数据属性和内置的聚类算法聚合图网络。Gephi 处理的图规模上限约为 50000 个节点和 1000000 条边。图 6-7 所示为使用 Gephi 绘制的可视化效果图。

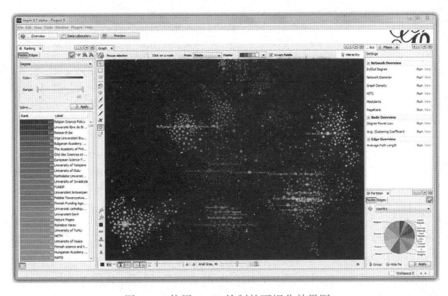

图 6-7　使用 Gephi 绘制的可视化效果图

6.1.3 可视分析学

可视分析学被定义为一门由可视交互界面为基础的分析推理科学。它综合图形学、数据挖掘和人机交互等技术，如图 6-8a 所示，以可视交互界面为通道，将人的感知和认知能力以可视的方式融入数据处理过程，使人脑智能和机器智能优势互补和相互提升，建立螺旋式信息交流与知识提炼途径，完成有效的分析推理和决策。

新时期科学发展和工程实践的历史表明，智能数据分析所产生的知识与人类掌握的知识的差异正是导致新的知识被发现的根源，而表达、分析与检验这些差异必须有人脑智能的参与。另外，当前的数据分析方法大都基于先验模型，用于检测已知的模式和规律，对复杂、异构、大尺度数据的自动处理经常会失效，如数据中蕴含的模式未知、搜索空间过大、特征模式过于模糊、参数很难设置等。而人的视觉识别能力和智能恰好可以辅助解决这些问题。同时，自动数据分析的结果通常带有噪声，必须人工干预。为了有效结合人脑智能与机器智能，一个必经的途径是以视觉感知为通道，通过可视交互界面，形成人脑智能和机器智能的双向转换，将人的智能特别是"只可意会，不能言传"的人类知识和个性化经验可视地融入整个数据分析和推理决策过程中，使得数据的复杂度逐步降低到人脑智能和机器智能可处理的范围。这个过程，逐渐形成了可视分析这一交叉信息处理新思路。

可视分析学可看成将可视化、人的因素和数据分析集成在一起的一种新思路。图 6-8b 诠释了可视分析学包含的研究内容。其中，感知与认知科学研究在可视化分析学中具有的重要作用；数据管理和知识表达是可视分析中从构建数据到知识转换的基础理论；地理分析、信息分析、科学分析、统计分析、知识发现等是可视分析学的核心分析论方法；在整个可视分析过程中，人机交互必不可少，用于驾驭模型构建、分析推理和信息呈现等的整个过程；可视分析流程中推导出的结论与知识最终需要向用户传播和应用。

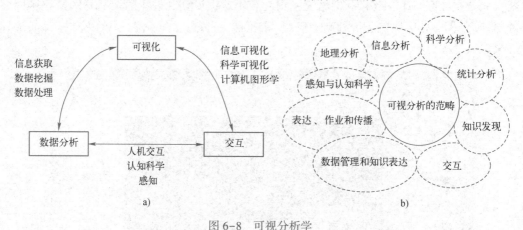

图 6-8 可视分析学

a）可视分析的学科交叉组成　b）可视分析学包含的研究内容

可视分析学是一门综合性学科，与多个领域相关：在可视化方面，有信息可视化、科学可视化与计算机图形学；与数据分析相关的领域包括信息获取、数据处理和数据挖掘；而在交互方面，则由人机交互、感知与认知科学等学科融合。可视分析的基础理论和方法仍然是正在形成、需要深入探讨的前沿科学，在实际中的应用仍在迅速发展之中。

可视分析软件介绍如下。

1. GapMinder

GapMinder Trendalyzer 是瑞士 GapMinder 基金会开发的
一款用于分析时变多变量数据变化趋势的可视分析软件。

它采用互动的可视化形式动态地展示了世界各地及各机构公开的各项人文、政治、经济和发展指数，在信息产业界产生了积极的影响。2007 年，Google 公司向 GapMinder 基金会购买了 Trendalyzer，并进行了自己的开发和功能拓展。通过 Google GapMinder，用户可以查看 1975—2004 年世界各国人口的发展和 GDP 发展的动态变化图像。图 6-9 所示为使用 GapMinder 工具的可视化效果图。

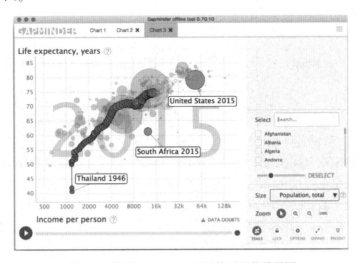

图 6-9　使用 GapMinder 工具的可视化效果图

2. Google Public Data Explorer

Google Public Data Explorer 使用 Google 的 Dataset Publishing Language（DSPL）数据发布语言，支持各类数据库链接进行可视化的定制。它的优点是上传接口简单易行，所有操作都在网页上完成，而可视化的结果则用 Flash 的形式展现，并且允许用户嵌入第三方网站中或者分享给其他用户，基本满足普通用户的统计数据分析需求。

3. Palantir

Palantir 是可视分析领域的标杆性软件，为政府机构和金融机构提供高级数据分析服务。Palantir 的主要功能是链接网络各类数据源，提供交互的可视化界面，辅助用户发现数据间的关键联系，寻找隐藏的规律或证据，并预测将来可能发生的事件。

6.2　数据可视化基础

多年的研究与应用发现，人们在可视化设计、开发和应用方面积累了大量的经验。尽管不同领域的数据可视化将面对不同的数据，并面临不同的挑战，但可视化的基本步骤、流程和体系是相同的。本节简要介绍数据可视化的流程、数据处理和变换、视觉编码、统计图表、视觉隐喻。

6.2.1　数据可视化流程

可视化不是一个单独的算法，而是一个流程。除了视觉映射外，也需要设计并实现其他关键环节,如前端的数据采集、处理和后端的用户交互。这些环节是解决实际问题必不可少的步骤,且直接影响可视化效果。作为可视化应用的设计者,解析可视化流程有助于把问题化整为零,降低设计的复杂度。作为可视化开发者,解析可视化流程有助于软件开发模块化,提高开发效率,缩小问题范围,重复利用代码。作为可视化软件工具开发者,解析可视化流程有助于设计工具库、编程界面和软件模块。

可视化流程以数据流为主线,其主要模块包括数据采集、数据处理和变换、可视化映射和用户感知。整个可视化过程可以看成数据流经一系列处理模块并得到转换的过程。用户通过可视化交互和其他模块互动,通过反馈提高可视化效果。具体的可视化流程有很多种。图6-10所示为可视化流程的概念图。

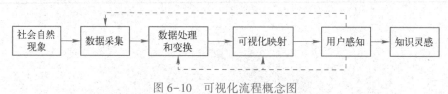

图6-10　可视化流程概念图

1)数据采集。数据是可视化的对象。数据可以通过仪器采样、调查记录、模拟计算等方式采集。数据的采集直接决定了数据的格式、维度、尺寸、分辨率和精确度等重要性质,并在很大程度上决定了可视化结果的质量。在设计一个可视化解决方案的过程中,了解数据的来源、采集方法和数据的属性,才能有的放矢地解决问题。例如,在医学可视化中,了解MRI和CT数据的来源、成像原理和信噪比等有助于设计更有效的可视化方法。

2)数据处理和变换。数据的处理和变换可以认为是可视化的前期处理。一方面,原始数据不可避免地含有噪声和误差。另一方面,数据的模式和特征往往被隐藏。而可

> 📖 **知识拓展**
> 用 EXCEL 清洗

视化需要将难以理解的原始数据变换成用户可以理解的模式和特征并显示出来。这个过程包括去噪、数据清洗、提取特征等,为之后的可视化映射做准备。

3)可视化映射。可视化映射是整个可视化流程的核心。该步骤将数据的数值、空间坐标、不同位置数据间的联系等映射为可视化视觉通道的不同元素,如标记、位置、形状、大小和颜色等。这种映射的最终目的是让用户通过可视化洞察数据和数据背后隐含的现象及规律。因此,可视化映射的设计不是一个孤立的过程,而是与数据、感知、人机交互等方面相互依托,共同实现。

4)用户感知。用户感知指从数据的可视化结果中提取信息、知识和灵感。也许可视化和其他数据分析处理方法最大的不同是用户的关键作用,可视化映射后的结果只有通过用户感知才能转换成知识和灵感。用户的目标任务可分成3类:生成假设、验证假设和视觉呈现。数据可视化可用于从数据中探索新的假设,也可证实相关假设与数据是否吻合,还可以帮助专家向公众展示数据中的信息。用户的作用除被感知之外,还包括与可视化其他模块的交互。交互在可视化辅助分析决策中发挥了重要作用。有关人机交互的探索已经持续很长时间,但智能的适用于海量数据可视化的交互技术(如任务导向的、基于假设的方法)还是一个未解难题。可支持用户分析决策的交互方法涵盖底层的交互方式与硬件、复杂的交互理念与流程,需克服不同类型的显示环境和不同人物带来的可扩充性问题。

以上几个可视化模块构成大多数可视化方法的核心流程。作为探索数据的工具,可视化有其输入和输出。可视化对象或者说研究的问题并非数据本身,而是数据背后的社会自然现

象和过程。例如，基于医学图像研究疾病攻击人体组织的机理，基于气象数值模拟研究大气的运动变化、灾害天气的形成等。可视化的最终输出也不是显示在屏幕上的像素，而是用户通过可视化从数据中得来的知识和灵感。

图 6-10 中各模块之间的联系并不仅仅是顺序的线性联系，而是任意两个模块之间都存在联系。图中的顺序线性联系只是对这个过程的简化表示。例如，可视化交互是在可视化过程中，用户控制及修改数据采集、数据处理和变换、可视化映射各模块而产生新的可视化结果，并反馈给用户的过程。在许多应用场合，需要在可视分析或自动分析之前对多源、异构的数据进行整合。因此，流程的第一步是对数据进行预处理和变换，导出统一的表达，便于后续的分析。其他的欲处理任务包括数据清洗、数据规范、数据归类等。

数据预处理后，分析人员可以在对数据进行自动分析或交互可视分析之间选择。如果选择自动分析，则通过数据挖掘方法从原始数据中生成数据模型。可视化界面为分析人员在自动分析方法的基础上修改参数或选择分析算法提供了方便，并可增强模型评估的效率。允许用户自主地组合自动分析和交互可视分析的方法是可视分析学流程的基本特征，整个流程迭代地对初始结果进行改善和验证，有助于及早发现任何中间步骤的错误结果或自相矛盾的结论，从而快速获得高可信度的结果。

6.2.2 数据处理和变换

1. 数据滤波

数据滤波在信号处理中的作用是从数据信号中去除不需要的部分。在可视化中常采用数据滤波来去噪。事实上，在数据采集的过程中噪声不可避免。如果数据来源于传感器，那么仪器的误差和环境中的光、电、磁信号等的噪声会产生数据中的噪声。如果数据源于模拟计算，则初始数据、计算参数、计算网格的不确定性和数值计算精度的限制会产生数据中的噪声。这些噪声在可视化中会覆盖数据本身的特征，形成对用户的误导。

2. 数据降维

数据可视化的显示空间通常是二维的。三维图形的绘制解决了在二维平面上显示三维物体的问题。然而，高于三维的数据超出了图形学和三维可视化显示的维度，需要发展新的思路。可选择的方法有维度选择、低维空间嵌入、维度堆叠等。其中，维度选择方法属于机器学习领域；维度堆叠的思想被广泛应用于高维数据可视化显示环节，如平行坐标法。高维数据的数据降维方法有多种，包括将高维数据压缩在低维可以显示的空间中，设计新的可视化空间，直观呈现不同维度的相似程度等。数据降维的方法分为线性和非线性两类，其目的都是在降低数据维度的同时尽量保持数据中的重要属性和关联。线性方法包括多维尺度分析、主成分分析和非负矩阵分解。非线性方法的代表有 ISOMAP、SOM和局部线性嵌套等。

3. 数据采样

原始数据以离散形式出现在数据采集、存储和计算的环节，在将离散数据转换为连续信号进行处理或将数据的维度和粒度进行变换时，需要对数据进行重新采样，使之满足所要求的分辨率、精度、粒度或尺度。常见的例子包括放大缩小视角、填补缺失信息、计算某精确位置的数据。针对离散数据集，往往通过插值法得到给定位置处的采样数据。数据插值的方法有分段常数插值、线性插值、多项式插值和样条插值等。分段常数插值即取距离采样点最近的数据作为采样点值。在一维空间中的线性插值相当于用直线连接相邻的两数据点，然后基于采样点的位置在直线上取值。如果在两个点(x_1, y_1)、(x_2, y_2)之间做线性插值，则插值点$y = y_1 + (y_2 - y_1)(x - x_1)/(x_2 - x_1)$。多项插值是线性插值的推广，这个方法用多项式曲线代替分段直线。多项式插值比线性插值平滑，但复杂度较高。图6-11所示为原始数据及3种一维数据插值方法。

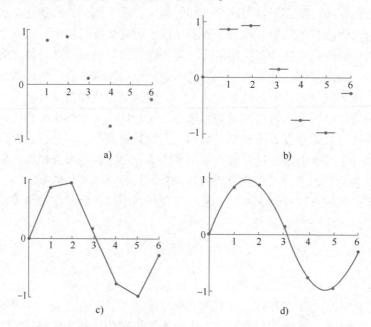

图6-11 原始数据及3种一维数据插值方法
a）原始数据 b）分段常数插值 c）线性插值 d）多项式插值

4. 数据聚类和剖分

高维、大尺度和多变量数据导致可视化时信息超载。通过聚类可以将数据中类似的采样点放在同一类中，在可视化中仅显示类别，而隐藏具体的数据点，以减少视觉干扰并展示数据中重要的结构。与简单的降维和插值不同，利用聚类和剖分可以将数据中有相似特征的区域和相邻区域分开，并基于数据本身的性质和特征实现数据的简化。

数据聚类的例子包括在社交网络里对不同人群的聚类，在生物领域对基因序列的聚类，在多媒体领域对文本、图像和视频的聚类等。很多复杂数据的可视化都利用聚类来简化数据的复杂度，以提取重要信息。

数据聚类是模式识别和数据挖掘领域的核心问题。大多数聚类方法需要定义数据点之间的相似度，将相似度高的数据点聚为一类。这里介绍层次聚类法和K均值聚类法。

层次聚类法假设相聚较近的点比相距较远的点更相似，对数据集中相聚较近的点划归在一起形成聚类。一个聚类大致可以用连接该类中不同部分之间的最大距离来定义，采取不同的距离时，数据集会聚合成不同数目的类，用一个分支图来表示。层次聚类并不产生单一的分类，而是提供多个层次上的分类，低层中不同的类会在高层中融合。在分支图中，纵轴表示每层中各类融合的距离，横轴上列出各个类。根据不同类之间链接的准则，层次聚类方法可以分为单链接（两个类中数据点间的最小距离）和全链接（两个类中数据点间的最大距离）等方法。层次聚类可以为可视化进行一个连续的数据简化，用户通过改变聚类层次观察不同程度简化后的数据。

另一种常用的聚类方法是以 K 均值聚类方法为代表的基于中心点的聚类方法。K 均值由用户输入聚类数目 K，随机取 K 个数据点作为中心，将所有数据点按距离分配到这些中心所在的类中，计算新的中心，重复地计算中心点的位置并聚类，一直到聚类不再变化为止。K 均值方法简单，而且对很多数据聚类的效果好。缺点是需要用户输入 K 值，而且趋向于得到类似大小的类。

6.2.3 视觉编码

可视化映射是信息可视化的核心步骤，指将数据信息映射成可视化元素，映射结果通常具有表达直观、易于理解和记忆等特性。可视化元素由 3 方面组成：可视化空间、标记和视觉通道。数据的组织方式通常是属性和值，例如，在学生成绩数据中，"学号"属性对应了一个数字串，"姓名"属性对应了一个字符串，而"成绩"属性则对应了数字。与之对应的可视化元素是标记和视觉通道。其中，标记是数据属性到可视化元素的映射，用于直观地代表数据的属性归类，视觉通道是数据属性的值到标记的视觉呈现参数的映射，用于展现数据属性的定量信息，两者的结合可以完整地将数据信息进行可视化表达，从而完成可视化映射这一过程。由于各个视觉通道特性的差异，当可视化结果呈现给用户时，用户获取信息的难度和所需要的时间不尽相同。

人类感知系统在获取周围信息时，存在两种最基本的感知模式。第一种模式感知的信息是对象的本身特征和位置等，对应的视觉通道类型为定性或分类。第二种模式感知的信息是对象的某一属性的取值大小，对应的视觉通道类型为定量或定序。例如，形状是一种典型的定性视觉通道，人们通常会将形状辨认成圆、三角形或交叉形等，而不是描述成大小或长短。反过来，长度则是典型的定量视觉通道，用户直觉地用不同长度的直线描述同一数据属性的不同值，而很少用它们描述不同的数据属性，因为长线、短线都是直线。视觉通道的类型主要有空间、标记、位置、尺寸、颜色、亮度、饱和度、色调、配色方案、透明度、方向、形状、纹理及动画这 14 种类型。某些视觉通道被认为属于定性的视觉通道，如形状、颜色的色调或空间位置，而大部分的视觉通道更加适合于编码定量的信息，例如，直线长度、区域面积、空间体积、斜度、角度、颜色的饱和度和亮度等。高效的可视化可以使用户在较短的时间内获取有关原始数据更多、更完整的信息，而其设计的关键因素是视觉通道的合理运用。可视化编码是信息可视化的核心内容。数据通常包含了属性和值，因此可视化编码类似地由两方面组成：图形元素标记和用于控制标记的视觉特征的视觉通道。标记通常是一些几何图形元素，如点、线、面、体等。视觉通道用于控制标记的视觉特征，通常可用的视觉通道包括标记的位置、大小、形状、方向、色调、饱和度、亮度等。

标记可以根据空间自由度进行分类，如点具有零自由度，线、面、体分别具有一维、二维和三维自由度。视觉通道与标记的空间维度相互独立。视觉通道在控制标记的视觉特征的同时，也蕴含着对数据的数值信息的编码。人类感知系统则将标记的视觉通道通过视网膜传递到大脑，处理并还原其中包含的信息。

图 6-12 所示为应用标记和视觉通道进行信息编码的简单例子。首先，单个属性的信息可以使用竖直的位置进行编码标识，在图 6-12a 所示的柱状图中，每个条状的高度编码了相应属性所具有的数量大小。然后，通过增加一个水平位置的视觉通道来表示另外一个不相关的属性，从而获得一个散点图的可视化表达。在图 6-12b 所示的散点图中，散点图精确

地利用竖直的位置和水平的位置（属视觉通道）来控制二维空间中具体位置的视觉通道（如深度的位置）不可行。幸运的是，除了空间位置，可用作视觉通道的元素还有大小、形状、色调等。例如，赋予点（标记）不同的颜色和大小，可编码第三个和第四个独立属性，其结果如图 6-12 所示。

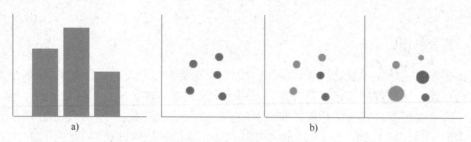

图 6-12　可视化表达应用举例

a）柱状图　b）散点图

　　标记的选择通常基于人们对事物理解的直觉。然而，不同的视觉通道在表达信息的作用和能力上可能具有截然不同的特性。为了更好地分析视觉通道编码数据信息的潜

> **对比展示**
> 标记和视觉通道

能并将之利用以完成信息可视化的任务，可视化设计人员首先必须了解和掌握每个视觉通道的特性以及它们可能存在的相互影响，例如，在可视化设计中应该优选哪些视觉通道？具体有多少不同的视觉通道可供使用？某个视觉通道能编码什么信息？能包含多少信息量？视觉通道表达信息的能力有什么区别？哪些视觉通道互不相关，而哪些又相互影响？只有熟知视觉通道的特点，才能设计出有效解释数据信息的可视化。

6.2.4　统计图表

　　在数据可视化的历史中，从统计学中发展起来的统计图表可视化发源较早，应用甚广，并且是很多高级可视化方法发展的起点和灵感来源。

1. 单变量数据

　　单变量数据的关注点是数据分布的总体形状、分布比例与密度。下面介绍单变量数据统计图表方法。单变量数据图表如表 6-1 所示。

表 6-1　单变量数据图表

图表定义	描　述	图表展示
数据轨迹图	一种以 x 坐标显示自变量，以 y 坐标显示因变量的标准的单变量数据呈现方法。可直观呈现数据分布、离群值、对均值的偏移等信息	（数据轨迹图，显示 1953年至2005年间经纬度数据轨迹） 数据轨迹图

（续）

图表定义	描　　述	图表展示
抖动图	将数据点布局于一维轴时，可能产生部分数据重合。抖动图可将数据点沿垂直横轴方向随机移动一小段距离	 抖动图
核密度估计图	核密度估计（KDE）图是一种估计空间数据点密度的图。它将离散的数据点重建为连续的图，其原理是将平滑的单峰核函数与每个离散数据点的值进行卷积，获得光滑的反映数据点密度的连续分布	 核密度估计图
盒须图	一种用于显示一组数据分散情况资料的统计图，由一个盒子和上下边缘线组成，提供了一种用 5 个点对数据集做简单总结的方式。盒子中间和上下边缘分别对应数据的中位线、上四分位数和下四分位数。上下两条线表示数据中除去异常值外的最大值和最小值。盒须图能使读者直观明了地察觉数据中的异常值，还可以通过同时绘制多个数据集的盒须图比较它们的统计性态	 盒须图
饼图	用圆形及圆内扇形面积表示数值大小的图形，用于表示总体中各组成部分所占的比例	 饼图

（续）

图表定义	描　述	图表展示
柱状图	由一系列高度不等的纵向长方形条纹组成，表示不同条件下数据分布情况的统计报告图。长方形条纹的长度表示相应变量的数量、价值等，常用于较小的数据集分析。条状图亦可横向排列，也可以出现负值。有时将统一变量的几个不同含义的数据堆叠一起，形成堆叠图	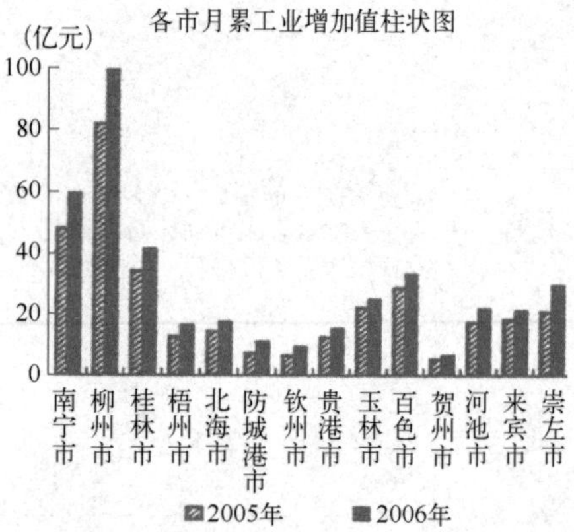 各市月累工业增加值柱状图 柱状图
直方图	对数据集的某个数据属性的频率统计图。单变量数据的取值范围映射到 x 轴，并分割成多个子区间，每个子区间都用一个高度正比于落在该区间数据点的个数的长方块表示。直方图可以直观地呈现数据的分布、离群值和数据分布模态。直方图主要用于描述数据的分布状况，常见的分布类型有正常型、折齿型、缓坡型、孤岛型、双峰型和峭壁型	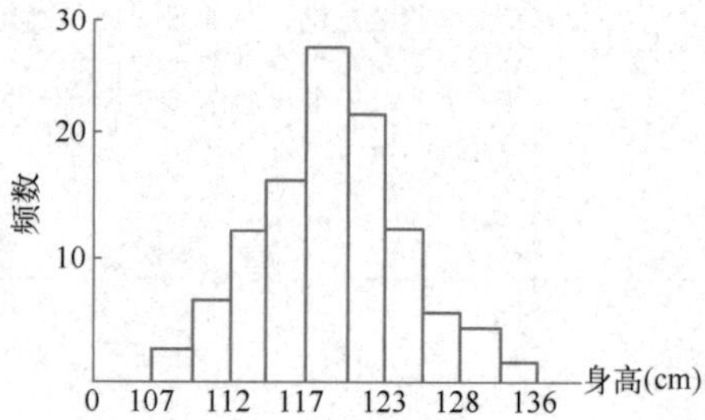 直方图

2. 双变量数据

处理双变量数据时主要关心两个变量之间是否存在某种关系及这种关系的具体形式。下面介绍双变量数据的统计图表方法。双变量数据图表如表6-2所示。

表6-2　双变量数据图表

图表定义	描　述	图表展示
散点图	一种以笛卡儿坐标系中点的形式表示二维数据的方法。每个点的横、纵坐标代表该数据在该坐标轴所表示维度上的属性值大小。散点图在一定程度上表达了两个变量之间的关系。散点图的不足是难以从图上获得每个数据点的信息，但结合图标等手段可以在散点图上展示部分信息	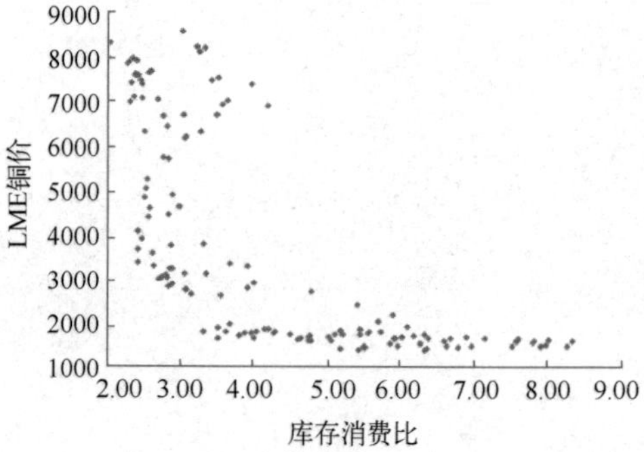 散点图

（续）

图 表 定 义	描　　述	图 表 展 示
对数图与半对数图	描述两个变量之间的关系最常用的方式是将一个变量随另一个变量变化的过程绘制在直角坐标系中。为了更加方便地观察以指数速度变化的变量之间的关系，不再描述原始数据，而是描述其对数值。对数图能有效呈现数据的大幅度变化，将乘法运算转换成加法运算，揭示数据中的指数分布。两个坐标轴均使用对数值的图称为对数图，只有一个坐标轴使用对数值的图称为半对数图	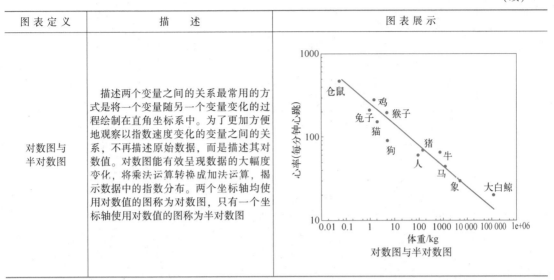 对数图与半对数图

3. 多变量数据

当处理多变量数据时，绘图方法变得复杂，需采用一些实用的可视化方法。这里介绍两个最基本的多变量数据图表方法。多变量数据图表如表 6-3 所示。

表 6-3　多变量数据图表

图表定义	描　　述	图 表 展 示
等值线图	利用相等数值的数据点的连线来表示数据的连续分布和变化规律。等值线图中的曲线是空间中具有相同数值的数据点在平面上的投影。典型的等值线图包括平面地图上的地形等高线、等温线、等湿线	等值线图
热力图	热力图使用颜色来表达与位置相关的二维数值数据的大小。这些数据常以矩阵或方格形式整齐排列，或在地图上按一定的位置关系排列，由每个数据点的颜色反映数值的大小	热力图

4. 时序数据

走势图是一种紧凑简洁的时序数据趋势表达方式，常以折线图为基础，大小与文本相仿，往往直接嵌入在文本或表格中。由于尺寸限制，走势图无法表达太多的细节信息。图 6-13 所示为近 5 年的黄金价格走势图。

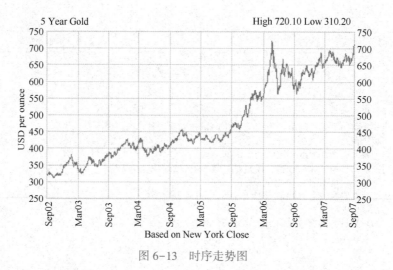

图 6-13 时序走势图

6.2.5 视觉隐喻

用某种表达方式体现某个事物、想法、事件且其间具有某种特殊关联或相似性的方法，称为隐喻。常用的隐喻手法有可视化隐喻、语言隐喻、动作隐喻等。隐喻的设计包含 3 个层面：隐喻本体、隐喻喻体和可视化变量。如果隐喻本体和隐喻喻体具有不同的模态（语言、视觉、步态等），那么隐喻也称为多模态隐喻。图 6-14 所示为隐喻概念。广告业、卡通和电影常用隐喻的手法表达其主题。

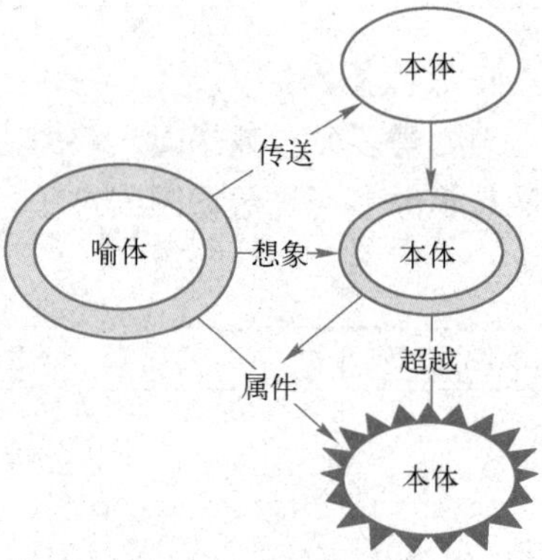

图 6-14 隐喻概念

时间隐喻和空间隐喻是可视化隐喻中最常见的两类方式。选取合适的源域和喻体表示时间和空间概念，能创造最佳的可视和交互效果。图 6-15 所示为"隐喻：向日葵"的实例。

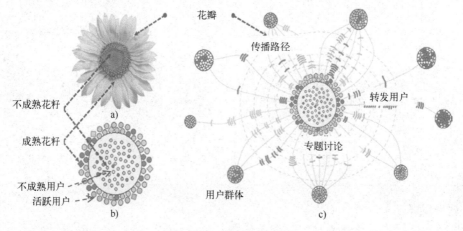

图 6-15 隐喻：向日葵

a）喻体，向日葵的花盘 b）本体，社交网络用户 c）社交网络用户及传播机制

6.3　可视化评估

随着可视化方法的不断丰富和成熟，对可视化方法的评估越来越重要。本节提出可视化评估的概念。一方面，可针对新的可视化方法进行评估，确定新方法的优越性及其适用范围。另一方面，可视化的推广和应用需要用户的信心，对可视化的有效评估有助于用户认识到可视化的作用，进而在专业领域里接受和使用可视化。

6.3.1　评估分类

可视化评估方法有它们的共性，所有评估都需考虑特定可视化方法的研究目的。评估的方式有很多种，不同的方式都有它们的优缺点和适用的评估任务。通常，研究人员力求可视化评估方法满足以下性质。

1）通用性。如果可视化评估方法适用于很多种可视化方法，则可以节省可视化评估软件的开发时间和投资。

2）精确性。可视化评估方法越精确，得到的结果越具有可信度，用户越可能接受。定量评估一般比定性评估精确性高。

3）实际性。可视化评估方法需要面向实际问题、实际数据和用户等。在实验室环境下得出的评估结果很可能在实际应用中不成立。

具体应用时，应针对应用需要选择合适的可视化评估方法，可视化评估方法分类如表 6-4 所示。

表 6-4　可视化评估方法分类

分　类	描　述
实地调查	在实地调查中，调查者可在用户实际工作的环境中观察可视化方法的使用方式和效果。调查者应尽可能减少自己对用户的影响，观察用户在正常状态下的表现。实地调查报告一般围绕评估目的，有详细的记录和描述。实地调查最接近实际情况，不过其结果并不一定精确，而且通用性不一定好
实地实验	实地实验同样在用户实际工作环境中进行。调查者为了得到更确定的信息可以牺牲某些自然状态
实验室实验	在实验室实验中，评估者在实验室环境下设计并实施实验，包括实验的时间、地点、实验内容、用户任务等方面。用户一般在评估者的指导下按照要求在一定时间内完成实验操作。这种方式的好处是针对性强，结果准确度高，用时较短，而且评估者可以要求用户执行某些实地条件下无法完成的任务。不过，实验的可靠性减弱，实验结果在自然工作环境下是否适用需要进一步论证
实验模拟	在实验模拟中，评估者试图通过模拟方法进行实验并获得尽可能确定的结果。实验模拟一般针对危险的和难以实施的实验。对于计算机应用程序，也可以在完成开发之前用模拟的方式评估设计，减少开发的风险和成本
判断研究	判断研究用于衡量用户对可视化方法中视觉、声音等感知元素的反应。在判断研究中，应尽量保持环境的中立性，减少环境对结果的影响。测量的目的是判断可视化方法中各种感知刺激的有效性，而不是用户自身，因此，设计实验时应减少用户个体行为对结果的影响。可视化中对感知的研究经常采用这一方法
样本调查	在样本调查中，评估者需要在特定人群中找到一个变量的分布或一组变量之间的联系。同时，用户的抽样非常重要，也很难控制。在分析调查结果时，需要考虑对样本分布的校正
理论	理论是对实验结果的总结和分析。理论并不产生新的实验结果，其实际性较低而通用性很强。理论的优点在于用精炼的逻辑和论证解释实验结果，并可以应用在其他类似问题上。在可视化领域，理论研究仍然缺乏
计算模拟	在社会自然科学中，一些需要人参与的实验现已能用计算机模拟，在可视化评估中也可以通过对数据、可视化过程和用户等元素的模拟来进行评估。还可以模拟用户在看到社交网络的结构和信息传播后对信息的反应。整个评估过程没有人的参与，完全由计算机完成

6.3.2　评估方法

可视化评估方法按照评估结果的性质可分为定量评估和定性评估两大类。在可视化中，这两类评估都经常用到。

1. 定量评估

定量评估是科学研究中的主要方法。多数科学研究从假设出发，通过理论推导或实验对假设证实或证伪。定量方法可以准确地判断一个假设是否成立，并推广到其他类似问题中。用定量分析积累起来的结果一点一滴地形成了现代科学知识。可视化方法评估中定量评估的基本步骤如图 6-16 所示。

图 6-16　定量评估的基本步骤

设定虚假设："用户使用可视化方法 A 和可视化方法 B 在完成任务 T 的时间及准确度方面没有统计意义上的区别。"在评估实验中记录一组用户分别用方法 A 和方法 B 完成 T 所用的时间和准确度。用统计工具可以判断虚假设是否成立以及结论的可信度。

在检验虚假设时，可能犯两种错误。一种是当虚假设在现实中成立时，分析结果判断为不成立。这种错误也被称为第一类错误或假阴性错误。例如，当方法 A 和方法 B 对任务 T 没有区别时却从实验结果判断为有区别。这种错误可能由参与用户的倾向性和特殊性造成，也可能由实验中除独立变量和因变量外的其他元素变化造成。一个常犯的错误是，用户采用方法 B 完成任务后，再用方法 A 完成同样的任务，那么由于使用方法 A 时用户对任务已经熟悉，其效率自然有所提高，这和方法 A 的优越性没有关系。第二种错误是当虚假设在现实中不成立时，分析结果判断为成立。这种错误也被称为第二类错误或假阳性错误。例如，方法 A 和方法 B 对任务 T 有显著区别时，由实验结果判断为没有区别，或者说实验结果掩盖了两种方法之间的区别。一般来说，第一类错误造成的后果要比第二类错误严重，应尽量避免。

定量评估是可视化开发的子项目之一，各个步骤都需要仔细设计并认真完成。每一步都需要一定的时间。由于上述实验均有用户参与，定量评估需要考虑用户的工作习惯、情绪、舒适度等因素。考虑到评估的投入时间和精力比较大，可以先在小范围用户群中进行非正式的试评估，检验并改进评估方法后再进行正式评估。

当评估结果显示独立变量和因变量之间有关联时，不能将这种关联自动归结为因果联系。例如，当用户评估显示使用某种网上日志可视化工具的用户比不使用该工具的用户对日志的信息理解更充分时，一种解释是网上日志可视化工具帮助用户理解数据，另一种解释是对日志信息有较多了解的用户更倾向于使用新工具来观察数据。如果没有进一步的调查，则不能简单地取一种解释。

2. 定性评估

定性评估比定量评估有更大的灵活性和实际性。定性评估针对可视化实际应用的环境，对影响可视化开发和使用的各方面因素综合考虑，以期达到对可视化更深入的理解。定性评估可以增进对现有方法、应用环境和感知局限性的理解。图 6-17 所示为定性评估方法。

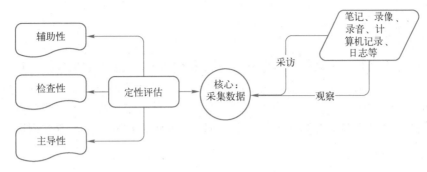

图 6-17　定性评估方法

定性评估方法的核心是采集数据的方法。定性评估数据包括笔记、录像、录音、计算机记录、日志等。采集这些数据的方法主要分为两大类：观察和采访。

观察时，评估者尽量让自己变得透明，让用户在自然状态下实验可视化程序，完成任务。在评估时，可以一边观察，一边记录笔记。如果记录笔记妨碍了对过程的观察，则可以在观察间歇时完成记录，或在观察结束时回忆并记录。不过，人的记忆有时间限制，一些记忆在几个小时之后就会衰减，因此应尽量缩短观察和记录之间的间隔。在记录时应该将实验的背景、时间、参与人等记录下来。在复杂实验中可以通过画图来记录仪器的位置和用户的活动。在记录时，不但要将明显的结果和活动记录下来，也要寻找可能帮助理解的细节，如用户的身体语言、情绪变化等。当然，在分析结果时需要确定各种细节的可信度。观察中不要带有偏见，对正面和负面的结果都要记录。要区分哪些是事实，哪些是自己的分析。

采访比观察更具主动性，更加有的放矢。采访中询问的问题很重要，而积极地倾听用户诉说也同样重要。采访者需要确定自己理解了用户的描述和解释。如果任何地方有疑问，都需要让用户解释清楚，但要避免让用户感觉受到质疑。采访者需要减少自己谈话的时间，让用户从使用者的角度自主发表意见。在记录笔记时可以让用户暂停谈话以便将用户意见完整记录下来，这样也可以显示对用户意见的尊重。接受采访的用户说话可能会比较谨慎，这时采访者可以鼓励用户说出更多真实的想法。采访者应该随用户的谈话话题深入采访内容，让用户提供的信息引导采访内容，而避免提出自己的意见和想法，以免引导用户意见，形成偏见。采访问题最好是开放式的，利于用户表达自己的想法。可以向用户询问具体细节。总之，在使用采访进行评估时，采访者的细心、敏感、人性化的采访方式对用户分享经验和想法有重要帮助。

定性评估和定量评估经常在用户评估中共同出现。从定性评估在整个用户评估中的位置来看，可以分为辅助性、检查式和主导性定性评估。定性评估在可视化设计开发的任何阶段都可以进行。例如，在设计可视化交互部分之前，可以让用户模拟交互任务并记录用户在没有可视化交互界面的情况下如何用物理模型完成交互任务，从中找到的一些线索并应用到可视化交互的设计中。

定性评估中的主观性可以看作一种优势，让评估更完整、更全面、更深入。由主观性带来的误差也是一个不容忽视的问题。为了保证评估的质量，评估报告需要将完成评估的背景如实记录下来，例如，评估是否由实验者直接完成，评估的地点是否有利于观察，实验者的社会背景是否会造成观察偏差，评估者和用户是否有利益关系，评估结果是否连贯，是否和其他评估结果相容等。

6.4　可视化主要工具

数据可视化工具是用来进行大数据分析并以图形的形式呈现的数据分析工具。当原始数据集通过数据处理过程最终转换为可见的图形形式时，管理者能快速在图中发现数据中潜在的规律和知识，并为决策提供及时的支持。目前，有些软件公司提供了一些开源、专用的数据可视化软件工具，为需要者提供方便，也有部分付费的商用软件。本节介绍当下几款主要的数据可视化工具。

6.4.1　主要工具列举

可视化工具是用来快速形成可视图形的软件，包括文本可视化工具、网页可视化工具、XML可视化工具、WPF树可视化工具以及数据集可视化工具，前3种均用于字符串对象，第4种用于显示WPF对象可视化树的属性，最后一种用于DataSet、DataView和DataTable对象。本小节以基本数据集出发，讲述几款可视化工具。

1. 面向文本的可视化软件

（1）Contexter

Contexter由Jozef Stefan研究院知识技术部门设计开发。设计者认为对于文本内容的分析应根据特定的需求来选取文本，而不应该草率地将全部的关键词和关系都识别出来。该软件在进行文本分析时，能利用信息抽取的方法发现需要呈现出的已经设定好的词汇，再利用词袋、特定算法（如TF-DF算法）等工具在系统中建立命名实体之间的关系。

（2）NLPWin

NLPWin是微软公司的软件项目，是为Windows系统提供自然语言的处理工具。其中，文本中的语义关系通常是以抽取命名实体、凝练实体间关系的方式进行的。其操作过程基本如下：①用户需要提取句子中主谓宾之间的逻辑关系，并以此分析文本的句法结构；②用户需要采用共引处理、跨句指代处理等方式对生成的三元组关系进行提纯和精炼，再将处理结果映射到可视化图像中，从而完成文档关键信息的可视化。

（3）TextArc

TextArc是将单个页面上的文本整体进行可视化呈现的文本分析工具。通过单词间的关系和单词出现的频率在文本中发现模式和概念，将文本内容进行一定程度的转换，生成交替可视化的作品。TextArc通过索引和摘要的一致性组合，采用人类可视化的方法实现对文本主要任务、概念及核心思想的理解。

2. 面向图的可视化软件

（1）Microsoft Excel

Microsoft Office是微软公司专门为Windows操作系统及macOS操作系统设计的计算机办公软件，Microsoft Excel是其中的电子表格组件。Microsoft Excel普遍应用于经济管理等诸多领域，内置可视化工具，能完成数据处理、数据分析、辅助决策等工作要求，也能绘制不同类型的图表，如经常被使用的散点图、旭日图、雷达图、箱形图等。

（2）Google Charts

Google Charts是以HTML 5和可缩放矢量图形（SVG）为基础的浏览器与移动设备的交互式图表开发软件包。其功能强大，易于使用，而且免费向用户开放。Google Charts内部设有JavaScript图表库，包含散点图、分层树图、地图等各种图表样例，用户只需要将简单的

JavaScript 语句嵌入 Web 页面中，就可以创建出自己的个性化定制图形和表格。

（3）iCharts

iCharts 是一种建立在 HTML 5 基础上的 JavaScript 图表库，主要由 JavaScript 语言编写。iCharts 的工作原理是使用 HTML 5 中的 Canvas 标签来绘制各式各样的可视化图表。iCharts 注重于为用户提供更简单、直观且可交互的绘制图表组件，同时它还支持用户在 Web 或应用程序中进行图表的展示。目前有环形图、条形图、堆积图、区域图在内的多种可视化图表类型可供用户选择。iCharts 还具有跨平台、轻量级、快速构建的特点。相较于 Microsoft Excel 软件，iCharts 的操作方法更为便捷。

（4）WEKA 系统

怀 卡 托 环 境 知 识 分 析 （Waikato Environment for Knowledge Analysis，WEKA）系统是一种在 Java 语言环境下开发的机器学习及数据挖掘软件。该软件的图标来自于新西兰的鸟类——秧鸡（英文名称为 WEKA）。作为一款开源的数据挖掘工作平台，WEKA 系统集成了大量的可用于数据挖掘的机器学习算法，可以在交互界面中实现数据预处理、分类、聚类、关联规则选择、特征选择、可视化等操作。同时，WEKA 系统可根据数据挖掘的结果生成一些简单的可视化图表。

> 📖 知识拓展
> 网上认证

3. 面向商业智能的可视化软件

（1）Tableau

Tableau 是一款用于大数据整理、统计、分析的可视化

> 外部资源
> 公众号

工具。它可以帮助用户快速将导入或搜索到的 Tableau 中的数据转换、整理成便于分析的形式，还能将不同来源的数据合并，并直观地展示在操作界面上。Tableau 主要有两种数据处理方案，一种是个人计算机上的 Tableau Desktop 所支持的托管方案，另一种是用于企业内部数据共享的服务器端软件 Tableau Sever 所支持的本地或云端自行管理方案。Tableau 可以实现报表生成、发布、共享和自动维护的全过程。另外，Tableau 能够通过实时连接或者根据制定的日程表自动更新来获取最新的数据；它允许用户全权指定无论是用户权限、数据源连接还是为部署提供支持所需设定的公开范围，让用户在安全可靠的环境中分析数据并发表自己的分析结果。

> 📖 Tableau 尽管商用成本不低，但对于短期学习者、学生和教师，却能在不同时间段免费使用。

（2）Power BI

Power BI 是一套商业分析工具，用于在组织中提供见解，可连接数百个数据源，简化数据准备并提供即时分析，还可生成报表并进行发布，供组织在 Web 和移动设备上使用。用户可以创建个性化仪表板，获取针对其业务的全方位独特见解。在企业内实现扩展，内置管理和安全模块。Power BI 是基于云的商业数据分析和共享工具，它能把复杂的数据转换成简洁的视图。通过它可以创建可视化交互式报告，即使在外也能用手机端 App 随时查看。

4. 面向 Web 的可视化软件

（1）D3

数据驱动文档是面向 Web 的二维数据变换与可视化工具。D3 允许用户将任意数据绑定到文档对象模型（Document Object Model，DOM），然后对文档应用数据进行驱动转换。它能够帮助用户以超文本标记语言（HTML）、可缩放矢量图形和层叠样式表（CSS）的形式

快速进行可视化展示，并在 Web 页面进行动画演示。D3 最大的优势在于它能够提供基于数据的有关文档对象模型的高效操作，这种操作既能够避免专有可视化设计带来的负担，又能够增加可视化设计的灵活性，同时还发挥了 CSS 3 等网络标准的最大性能，被广泛应用于学术研究及工业领域。

（2）Shiny

Shiny 是一个开源的 R 语言软件包。因为 Shiny 可以自动将数据分析转换为交互式 Web 应用程序，所以用户在使用 Shiny 时可以不具备任何编程知识。Shiny 的功能之所以强大，是因为它可以在后端执行 R 代码，这样 Shiny 应用程序就可以执行在桌面上运行的任何 R 计算。Shiny 还可以根据用户的输入对数据集进行切片和切块，也可以使 Web 应用程序对用户选择的数据运行线性模型、GAM 或机器学习方法。

6.4.2　Tableau 操作简介

本小节重点介绍当前有效的数据分析及可视化软件 Tableau Desktop，通过基本数据源，快速分析出数据集的关键可视化视图，为组织及企业提供有效的预测和决策支持。

1. 数据源连接

数据源常见的文件有 Excel 表格、文本文件（包括 . txt、. csv 等文件）、统计文件（R 或 SAS 等文件），以及用来存储离线地图数据的空间文件（以 . shp 文件为代表），还有 PDF 文件。对于服务器文件，包括 Microsoft SQL Server、Oracle 等数据库文件；而已保存数据源这部分是指 Tableau 本身自带的一些数据源，以及自己根据需要保存的数据源。

2. 维度与度量

维度（Dimension）与度量（Measure）是字段的两种分类。例如，表示数量的使用数字类型，而地理信息使用地理角色类型。当按照字段的数据值来分类时，可分为文字型与数值型，也就是字符串与数字，即"分类字段"和"量化字段"，从实际问题可理解为"是什么"和"有多少"。在 Tableau 中，对应的分别是维度与度量。

- 维度：不能比较，不能运算，对应着分析问题的层次。
- 度量：能比较，能运算，对应分析问题的答案，默认聚合。

3. 创建视图

一个工作表（视图）经过布局设计可构成一个仪表板，实现多个数据层次互动；一个或多个仪表板经过连接形成故事，揭示数据逻辑。视图是 Tableau 可视化产品的最基本组成单元。

每个视图都包含可显示或隐藏的各种不同功能的卡片。拖动字段到"行"或"列"功能区中可创建可视化项结构，使用卡片可辅助美化可视化视图。智能显示随时在线，基于视图中已选用字段智能显示与数据最相符的可视化类型。

数据可视化在数据科学中是非常重要的落地环节，通过采集、清洗、挖掘数据到呈现，在视图中尽可能地做好设计、分析和交互，便于用户便捷地理解其商业内涵，为决策、预测做好支持。

微视频
学生作品展示

【案例 6-2】 2014 年部分地区电力销售分析

打开 Tableau 软件，Tableau 主界面如图 6-18 所示。

图 6-18　Tableau 主界面

打开 Excel，找到链接数据源 2014 年部分地区售电情况的 Excel 文件，链接数据源如图 6-19 所示。

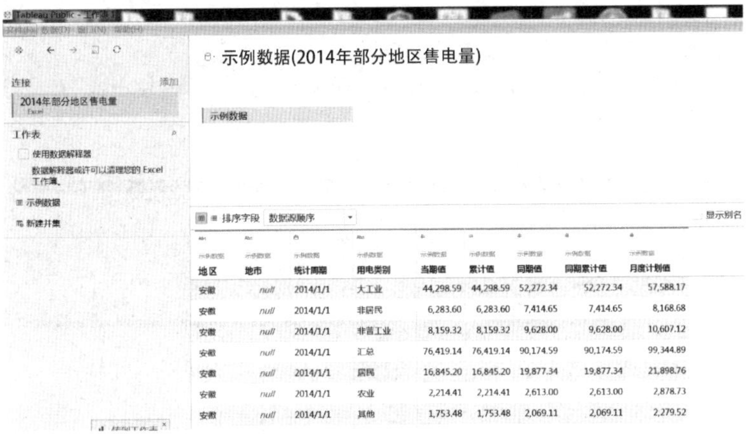

图 6-19　链接数据源

打开第一个工作簿，维度与度量界面如图 6-20 所示。

图 6-20　维度与度量界面

将"统计周期"放到"列"并设为周，将"地区"也拖放到列，出现上下双 x 轴，将"当期值"和"度量值"拖放到行，如图 6-21 所示。

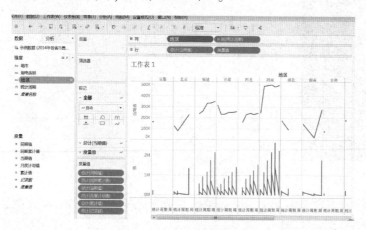

图 6-21　拖动字段到行或列

还可以把地区拖放到颜色里，给不同地区标记不同颜色。

工作簿 2 分析大工业、居民和商业的前 10 名售电情况，需要用筛选器，分析后的图形如图 6-22 所示。

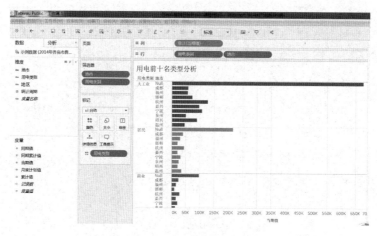

图 6-22　分析后的图形

同理还可以再做一个工作簿，从地理位置去分析，该内容留给读者操作，此处只作为引导。

6.5　习题与实践

1. 习题

1）各用一个具体例子说明什么是科学可视化、信息可视化和可视分析。

2）请描述在进行数据分析时，统计分析方法和探索性数据分析这两类方法各有什么侧重点及优势。

3）列举可视化评估方法，并分别指出该方法属于哪种分类。

4）对比 Power BI 和 Tableau 这两款最常用的可视化工具。

5）解释文中利用向日葵隐喻的社交网络用户。

2. 实践

1）利用可视化隐喻方法绘制 3 代以上家谱，多维数据集包括姓名、性别、职业、住址等。

2）利用鱼骨图对某大学生就业优劣势进行分析。

3）选择两种可视化方法显示二维流场数据，设计定量评估，并在小范围用户中完成实验，讨论评估结果。

4）安装 VTK 软件，试用 VTK 软件对一个三维流场数据进行可视化。

5）安装免费软件 Tableau Public，并利用一个数据集制作工作簿及仪表板。

参 考 文 献

［1］石教英，蔡文立 . 科学计算可视化算法与系统［M］. 北京：科学出版社，1996.

［2］SCHROEDER W，MARTIN K，LORENSEN B. 2004. The Visualization Toolkit［M］. 3rd ed. New York：KitwareInc，2004.

［3］唐泽圣，陈为 . 可视化条目 . 中国计算机大百科全书［M］. 修订版 . 北京：中国大百科全书出版社，2011.

［4］WARE C. Information Visualization：Perception For Design［M］. Burlington：Morgan Kaufmann Publishers，2000.

［5］CROCHIERE R E，RABINER L R. Multirate Digital Signal Processing［M］. Upper Saddle River：Prentice-Hall，1983.

［6］MACQUEEN J. Some Methods for Classification and Analysis of Multivariate Observations［C］.//Proceedings of the fifth Berkeley Symposium on Mathematical Statistics and Probability. Berkeley：University of California Press：281-297.

第 7 章
大数据与社交媒体的融合

随着社会网络服务的发展，用户在社交互动中加入了多种服务，社交媒体作为人们传播信息和表达观点的重要渠道，包含大量丰富的有用信息，这些信息伴随社交媒体服务的兴起，形成了各种各样的社交媒体数据，例如，微博类网站的文本信息流数据、媒体分享网站的多媒体数据、社交网站的用户交互数据、签到网站的地理位置数据、购物网站的消费数据等，这些社交媒体数据已成为大数据最具代表性的数据来源之一。同时，这些社交媒体的多源数据从不同角度记录着人们的网络生活，并映射着物理世界。因此，本章提出将社交媒体与大数据融合，研究、理解和发现新规律，更全面地利用社交媒体数据，是挖掘社交媒体大数据价值的重要步骤。如何整合分布式社交网络，进而对各种社交媒体数据源进行融合，为知识的挖掘提供更好的数据资源，已经成为亟待解决的问题。

【案例 7-1】抖音与科普

截止到 2021 年 1 月，抖音活跃用户达到 4.90 亿人，在近 2000 人的受访人员中，70.9%的受访人员表示使用过抖音。现如今，抖音已经成为很多人日常生活不可缺少的社交媒体软件，为用户提供大量的咨询和视频，是用户重要的信息来源。

"无穷小亮的科普日常"是《博物》杂志副主编、中国国家地理融媒体中心主任张辰亮在抖音上建立的个人账号，这个账号主要分享专业的生物知识并进行解答，除了自己的讲解之外，也会通过其宽广的人脉来提供更加权威的解释，加之其解说幽默轻松，文案也是根据视频内容进行设计的，使得整个视频在充满着专业知识的同时又不显得枯燥。其系列视频"网络热传生物鉴定"受到广泛关注和传播，视频为观众介绍网络上近期广受传播的新奇生物，并对出现的生物进行专业的解答，减少人们对这些生物的误解。

"网络热传生物鉴定"界面如图 7-1 所示。

用户在轻松愉快地看完视频的同时还能够学习到专业的知识，无穷小亮的科普视频更是重新引起人们对大自然的好奇，可以说这个账号很好地促进了生物知识的科普，为科普工作做出了很大的贡献。

案例讨论

- 你对生物知识感兴趣吗？会通过抖音来观看类似的科普视频吗？
- 如何看待张辰亮主任这种利用新型社交媒体进行科普的行为？
- 在看过无穷小亮的科普日常后，你在抖音上是否又收到了科普相关的视频推送？

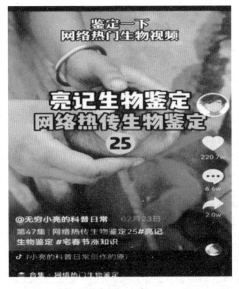

图 7-1 "网络热传生物鉴定"界面

7.1 社交媒体概述

社交媒体是一种给予用户极大参与空间的新型在线媒体，显著的特点是其定义的模糊性、快速的创新性和各种技术的"融合"。随着新媒体技术的发展，社交媒体的形式和特点也会随之变化，对于社交媒体的定义也会有新的理解。但是无论怎样，社交媒体最大的特点依然是赋予每个人创造并传播内容的能力。本节试图厘清社交媒体的概念边界，描述其发展进程及特点，探讨社交媒体研究的现状及其未来的发展趋势。

7.1.1 社交媒体的定义

🎥 微视频
什么是社交媒体

社交媒体，也称为社会化媒体、社会性媒体，指允许
人们撰写、分享、评价、讨论、相互沟通的网站和技术。社交媒体是人们彼此之间分享意见、见解、经验和观点的工具和平台。近年来，社交媒体在互联网的沃土上蓬勃发展，爆发出令人眩目的能量。其传播的信息已成为人们浏览互联网的重要内容，不仅制造了人们社交生活中争相讨论的一个又一个热门话题，而且也吸引着传统媒体争相跟进。与传统媒体不同，社交媒体利用互联网技术和工具，在人群间分享信息和讨论问题，通过不断地交互和提炼，能够有效地对某个主题达成共识，而且其影响速度、广度和深度是任何其他媒体所不能比拟的，成本几乎为零。社交媒体的特点表现为大批网民自发贡献、提取、创造新闻咨询，然后传播的过程。有两点需要强调，一个是人数众多，另一个是自发传播。如果缺乏这两点因素的任何一点都不会构成社交媒体的范畴。社交媒体的产生依赖的是 Web 2.0 的发展，如果网络不赋予网民更多的主动权，那么社交媒体就失去了群众基础和技术支持，从而失去了根基。如果没有技术支撑那么多的互动模式和互动产品，则网民的需求只能被压制而无法释放。如果没有意识到网民对于互动及表达自我的强烈愿望，也不会催生出那么多眼花缭乱的技术。所以说，社交媒体是基于群众基础和技术支持才得以发展的。

7.1.2 社交媒体的发展

从社交媒体的定义即可发现，社交媒体的概念虽然开始于20世纪90年代末期，近几年才盛行起来，但它却不是一个新事物。实际上，"社交媒体"的概念远远滞后于其实践技术的发展。

从时间脉络上来看，社交媒体的发展可以追溯到20世纪70年代产生的 Usenet、ARPANET 和 BBS 系统，甚至可以追溯到计算机时代来临之前的电话时代，如美国在20世纪50年代出现过电话入侵时代，但直到90年代，随着计算机和互联网的发展，社交媒体才得到广泛的发展。到90年代末，博客已经具有一定的影响力。特别是在2004年以后，Web 2.0兴起，社交服务网站开始蓬勃发展，社交媒体由此成为一类不可忽视的媒体力量。社交媒体发展历程如表7-1所示。

表7-1 社交媒体发展历程

时 间	发 展 历 程	社交媒体
1971年	ARPA（高级研究项目署）项目的科学家发出世界第一封电子邮件，使用"@"区分用户名与地址。1987年9月20日，我国第一封电子邮件由"德国互联网之父"维纳·措恩与王运丰在北京的计算机应用技术研究所成功发送到德国卡尔斯鲁厄大学	
1980年	新闻组诞生，简单地说就是一个基于网络的计算机组合，这些计算机被称为新闻服务器。不同的用户通过一些软件可连接到新闻服务器上，阅读其他人的消息并可以参与讨论。Usenet 是分布式互联网交流系统，数以千计的人在上面讨论科技、文学、音乐和体育赛事等	
1991年	伯纳斯·李经过多年实践和改进，提议采用一个新的信息发布协议，最终成就了以"超链接"为特征的万维网——World Wide Web	
1994年	世界上第一个个人博客：斯沃斯莫尔学院的学生 Justin Hall 建立自己的个人站点"Justin's Links from the Underground"，与外部网络开始互联。Justin Hall 坚持更新自己的博客11年，现在被公认为"个人博客元勋"	
1995年	Classmates.com 成立，旨在帮助曾经的幼儿园同学、小学同学、初中同学、高中同学、大学同学重新取得联系	
1996年	早期搜索引擎 Ask.com 上线，它允许人们用自然语言提问，而非关键词（例如，"今天上映什么电影"，而不是"10月23日电影上映"）	
1997年	美国在线实时交流工具（也称在线即时通信软件）——AIM（AOL Instant Messenger）上线	
1998年	在线日记社区 Open Diary 上线，它允许人们即使不懂 HTML 知识也可以发布公开或私密日记。更重要的是，它首次实现了人们可以在别人的日志里进行评论回复	

时　间	发 展 历 程	社交媒体
1999 年	博客工具 Blogger 出现；全球科技公司之间的专利站捧红的 FOSS Patent 就是用 Blogger 创建的网站	
2000 年	Jimmy Wales 和 Larry Sanger 共同成立 Wikipedia，这是全球首个开源、在线、协作而成的百科全书，由来自世界各地的志愿者合作编辑而成，总共收录了超过 2200 万篇条目，而其中英语维基百科以超过 404 万篇条目的数字排名第一	
2001 年	Meetup. com 网站成立，专注于线下交友。网站的创建者是 Scott Heiferman，2001 年 "9 · 11" 事件以后，他成立了 Meetup. com，这是一个兴趣交友网站，鼓励人们走出各自孤立的家门，去与志趣相投者交友、聊天	
2002 年	Friendster 上线，这是首家用户规模达到 100 万的社交网络，Friendster 开创了通过个人主页进行交友的先河	
2003 年	面向青少年和青年群体的 MySpace 上线，它再一次刷新了社交网络的成长速度：一个月的注册量突破 100 万。还有 WordPress，它由全球各地的几百名网友通过在线协作创建。截至 2011 年 12 月，发布一年的 WordPress 3.0 获得了 6500 万次下载	
2004 年	Facebook 成立，根据 Facebook 上市后的首份财报显示 Facebook 每月有 9.55 亿活跃用户（MAU），每月移动平台活跃用户数有 5.43 亿。根据 2021 年第二季度的数据，目前 Facebook 每月有 29 亿活跃用户（MAU），每日有 19.1 亿活跃用户（DAU）	
2005 年	YouTube 成立，它在成立后迅速被 Google 相中，2006 年从 Google 那里得到的收购价是 16.5 亿美元。当前，YouTube 在全球拥有 23 亿用户，每天人们在 YouTube 上观看的总时长达 10 亿小时	
2006 年	Twitter 成立，由于它的内容限制在 140 字以内，因此迅速成为方便的交流工具和强大的自媒体平台。截至 2020 年，Twitter 在全球拥有 1.86 亿用户。成立的还有 Spotify，现在是社交音乐分享型应用的典型，拥有 1500 万 MAU 和 400 万付费用户，以及 3.65 亿年度用户	
2007 年	Tumblr 成立于 2007 年是轻博客网站的始祖。它是一种介于传统博客和微博之间的全新媒体形态，既注重表达，又注重社交，而且注重个性化设置	

（续）

时　间	发 展 历 程	社交媒体
2008 年	Groupon 上线，最早成立于 2008 年 11 月，以网友团购为经营卖点。其独特之处在于：每天只推一款折扣产品，每人每天限拍一次，折扣品一定是服务类型的，服务有地域性，线下销售团队规模远超线上团队	
2009 年	Foursquare 上线，以"签到"（Check-in）组建基于地理位置的社交网络，Foursquare 成立于纽约市，每年 4 月 16 日都会在纽约组织一个独特的"4SQ 日"	
2010—2011 年	Google 最成功的产品 Gmail 推出微博客和沟通工具 Google Buzz，但这是一个失败的产品，2011 年 12 月 15 日彻底被 Google 终结。2011 年，Google Buzz 的继承者 Google+ 上线	
2011 年	Twitch 从 Justin. TV 分离出来的直播平台，主播不仅可以播游戏，还可以和观众进行聊天等	—
2012 年	Pinterest 呈现爆发式增长，在 2011 年底被 TechCrunch 评为"年度最佳创业公司"，它是目前网站史上最快达到 1000 万独立访客的网站	
2013 年	腾讯微信发展速度惊人：用户数从 0~1 亿，历经 14 个月；从 1 亿~2 亿，用了半年；从 2 亿~3 亿，只花了大约 4 个月；截至 2013 年 10 月，微信全球用户数已经超过 6 亿。到 2021 年，腾讯微信有 12.4 亿用户。截至 2019 年，微信每日发送 450 亿条信息	
2014 年	VKontakte 是俄罗斯及邻国的主要社交网络。2014 年，Pinterest 功能更强大了，增加了 Place Pins（结合 Foursquare 和 Mapbox 的地理位置服务）和 Rich Pins（提供更丰富的图片信息）等，以促进 Pinterest 服务变现	
	我国直播平台也在这一年涌现出来，包括由 ACFan 旗下"生放送"直播分享平台改名而成的斗鱼 TV、由 YY 直播改名而成的虎牙直播、六间房直播等	—
2015 年	八大社交媒体（微信、微博、陌陌、知乎、Facebook、Twitter、Snapchat 以及 Instagram）在用户增长和商业变现上进行了不断努力和尝试	—
2016 年	2016 年，抖音由字节跳动孵化推出，平台上用户使用的主要形式为短视频分享，这种新型的社交方式受到广大用户的喜爱。2017 年，字节跳动推出国际版抖音——Tik-Tok。到 2020 年，该应用在应用商店的下载量达到 8.5 亿次	

　　从社交媒体的发展趋势来看，社交媒体不断改变着人们的社交方式并不断渗透到人们的生活中。社交媒体的发展不只是提升线上的交流，还会促进更多的线下交流。通过社交媒体的形式组织线下开展，这种 O2O 模式的社交媒体能给人们的生活带来精彩和欢乐，这是社交媒体存在的重要意义。未来社交平台的内容将更加开放，形式更加多样，共享性更强。

7.2　社交媒体大数据的分析与挖掘

近十几年来，社交媒体平台越来越流行，如博客，以照片共享为主要功能的 Flickr、Facebook、Google+、Linked In，以及具有强媒体性质的微博等。它们快速增长并允许用户连接、互动、共享和合作，创建了一个新的强大的通信媒体和信息发现、共享平台。平均而言，Facebook 的用户每人每月会花 7.75 h 与朋友进行交流，每天发帖 32 亿，而 Twitter 每天发帖 3.4 亿，Flickr 每分钟上传 3000 多张照片，博客每年发帖量也超过 1.53 亿，Instgaram 已经被下载 38 亿次，每天有 5 亿的活跃用户。另外，视频和直播也是用户不容忽视的社交媒体渠道，其中，网络视频节目根据其时间的长短，可分为长视频、短视频和中视频。长视频，又称综合视频，主要指网络剧、网络综艺和网络电影等，时长一般在 30 min 以上，用户也会在长视频的评论区发表自己对剧中内容和任务的看法，以及对影片的整体观感，其他用户在观看影片之前可能会在评论区中查看影评，在观看影片时也会发表自己的观点和其他人进行交流。短视频的时长一般控制在 5 min 以内，如抖音、快手等，根据第 48 次《中国互联网络发展状况统计报告》，截至 2021 年 6 月，我国网络视频（含短视频）用户规模达 9.44 亿，较 2020 年 12 月增长 1707 万，占网民整体的 93.4%。其中，短视频用户规模达 8.88 亿，较 2020 年 12 月增长 1440 万，占网民整体的 87.8%。由此，在短视频平台中会产生大量用户行为数据。中视频的时长一般在 30 min 以内，5 min 以上。哔哩哔哩就是中视频的代表之一，用户可以在观看视频的同时发送弹幕，与 UP 主和其他观众一同进行交流。根据中国网络视听节目服务协会《2021 中国网络视听发展研究报告》，2021 年 3 月，短视频应用的人均单日使用时长为 125 min，较长视频高出 27 min，且差距呈增加趋势；53.5% 的短视频用户每天都会看短视频节目，这一比例较长视频（36.3%）高出 17.2 个百分点。直播同样是用户经常使用的社交媒体应用，例如，电商平台直播，用户在直播间发送的实时弹幕大部分是用户最关心的商品相关信息，获取这些数据并对其进行分析，如词频统计，可以帮助商家发现用户最关心的商品的点在哪里，以便在后续的销售过程中更加高效。根据第 48 次《中国互联网络发展状况统计报告》，截至 2021 年 6 月，我国网络直播用户规模达 6.38 亿，同比增长 7539 万，占网民整体的 63.1%。其中，电商直播用户规模为 3.84 亿，同比增长 7524 万，占网民整体的 38.0%；游戏直播的用户规模为 2.64 亿，同比减少 452 万，占网民整体的 26.2%；真人秀直播的用户规模为 1.77 亿，同比减少 875 万，占网民整体的 17.6%；演唱会直播的用户规模为 1.30 亿，同比增长 896 万，占网民整体的 12.8%；体育直播的用户规模为 2.46 亿，同比增长 5305 万，占网民整体的 24.4%。

社交网络的快速、深度发展使其自身变得越来越庞杂。当前社交网络用户过亿，社交图谱异常庞大。用户在不同的社交媒体中持续交互。各种信息在多种社交网络中快速

📖 **知识拓展**
社交网络应用技术

传播。这些特点给社交网络的研究带来巨大挑战。虽然社交网络形形色色，但它们都由用户、关系和内容组成。这里从用户、关系和内容 3 方面分析社交媒体大数据的主要特征，如图 7-2 所示。

从用户层面上看，活跃用户是社交网络的核心，主导整个社交网络的交互。社交媒体中的用户可分为博主、关注对象和粉丝，可以进行发布、关注、转发（RT）、提及（@）、回

复和评论操作，并且同一个用户可以参与多个社交网络的互动。因此，以用户为中心的研究主要集中在：

- 从多源异构网络中识别用户身份，判断用户角色，可以借助 URL、提及等分析。例如，利用 URL 判断与其他社会网络的连接情况，使用@提及属性的出入度以判定不同角色的用户等，对于用户信息的融合非常有用。
- 人以类聚，物以群分。当社交网络中用户在某段时间内互动形成具有稳定群体结构、一致行为特征和统一意识形态后就会形成社群。这对于研究人的群体特征、行为规律等非常有用。
- 各行各业都有具有影响力的人物，社交网络中也不例外，用户影响力计算、意见领袖发现在推荐系统、病毒式营销、广告投放、信息传播、专家发现等多个领域广泛应用。

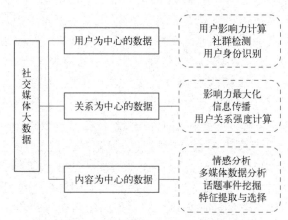

图 7-2　社交媒体大数据的主要特征分析

从交互关系的层面看，用户之间存在关注关系、传播关系和互惠关系。其中，关注关系由粉丝行为引起，可用于影响力分析，关注关系引发了用户的网络弱关系性和聚类性；传播关系由转播、提及和内嵌的 URL 引起，具有更强的话题关联性；互惠关系由评论、回复引起，是传播关系的特殊情况。这些研究的基本依据是信息学的传播，它们的价值更多地体现在商业价值和政治价值上，例如，研究用户及用户群体的传播能力和权威性，可以选取出有传播力、影响力的用户组成初始种子集合，使信息得到最大化的传播。与此同时，各方的利益也将不同程度地得到最大化，利益双方可以从社交网络关系的广度和深度采取不同措施制约对方发展或提升自身利益。

从用户交互内容来看，用户交互的内容不仅有文本信息，还会包含大量的地理位置、图像和视频等多媒体信息，并且在这些信息中还会包含情感信息。因此，社交媒体的价值体现在：

1）利用位置信息、社交媒体的动态性和时效性分析多媒体数据。

2）从交互内容中分析情感有助于提取不同领域公众的情绪和意见，可以确定民意调查的影响，有效解释和描述政治事件，预测股票趋势等。但是微博讨论的话题不拘泥于任何方式，可变性大，这种互动会引发公众情绪的不断变化，使挑战性变大。

3）碎片信息的关联与整合，由于海量的不同文化背景的各种思维在交互中相互交融，使原本碎片状的信息以话题事件的方式相关联，进而汇聚为思想流。这种思想流看问题的角度各异，也更能显现出事情的本来面目。但是微博的短文本、多语言背景，以及口语化、错误拼写和缩写、使用特殊符号等，会对内容的理解造成很大挑战。#标签、转播、提及、URL 等可以辅助分析内容。例如，利用#标签收集特定话题和事件的信息，提高检索性能和进行语义分析等。使用转播估计话题兴趣度或博文重要度，使用提及查找具有特定兴趣的个人或特定话题的视图，使用 URL 计数度量事件流行度等。

由此可见，社交媒体大数据中潜藏着大量有价值的信息，挖掘过程面临很多挑战。

7.2.1　基于用户的大数据分析

社会网络中基于用户的研究包括多源异构网络中的用户身份识别和社群发现。

1. 用户身份识别

在线社交网络可看作异构信息网络，其中的信息通常包括时间、地点、人物、事件等，而用户往往同时存在于多个不同的社交网络中。由于异构的特点，导致同一个人在不同的网络中会呈现一定的差异，如何在此种情况下识别这个人的身份成为近年来异构社交网络研究的一个热点。这里提出跨异构社交网络的用户身份识别方法，如图 7-3 所示。考虑到异构网络的特点，挖掘同一身份在不同网络中的共性，从而完成身份识别。

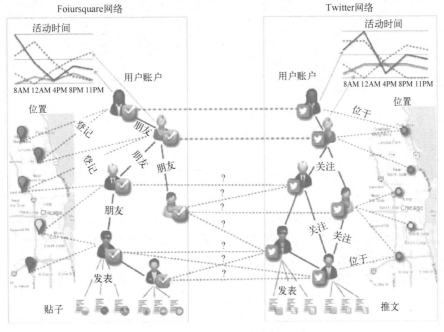

图 7-3　社交网络用户身份识别

2. 社群发现

社群是指用户在某段时间内互动形成的具有稳定群体结构、一致行为特征、统一意识形态的个体和社会关系的集合。社群内部的用户关系强度强，聚合强度大，而社群之间的用户关系强度弱，离散程度大。社群挖掘的目的在于从用户的行为、群体结构和关系模式中发现潜在的规律。社群结构按照用户社会关系和对文本内容的兴趣度划分为两种：

1）以用户个体为中心的社群结构。由微博主、粉丝、好友及具有相同#标签或兴趣度的用户组成，其主体（即微博主）一般影响力较大，充当意见领袖的角色，其他用户对微博主的某条博文进行评论、转发，这种结构会随着微博主的威望或博文热度的降低而减弱。

2）以话题为中心的社群结构。以话题内容为中心，聚合大部分兴趣爱好相同或具有相同#标签的用户，他们讨论的主题大多以时效性较强、关注度较高的热点话题为主，社群成员地位平等、分布均匀，这种结构会随着话题的结束而消失。早期社群划分以静态划分为主，采用基于图聚类的方法和基于相似度计算的方法。基于图聚类的方法采用图建模复杂的网络，通过计算节点相似度，按照"子网内部节点相似度高，不同子网中节点的连接数最少"的原则划分网络，每个子网都记为一个社群。大部分算法采用迭代二分的方式寻找二分网络各自的最优化分解以获得满足条件的子图。

7.2.2 基于关系的大数据分析

1. 用户关系强度计算

用户关系强度用于表征用户之间交互的概率，在微博网络中用边的权重表示。影响用户关系强度的因素较多，如用户类型和行为、网络结构、微博博文特征和语法特征等。目前典型的计算方法如表 7-2 所示。

> 📖 知识拓展
> 用户关系强度

表 7-2 典型的用户关系强度计算方法

度 量 方 法	度 量 指 标	网 络 结 构	影 响 方 式
相似度计算	两节点的邻居重叠度	依赖	直接
边介数	经过当前边的最短路径的总和	依赖	直接
影响力图	弧的重数	依赖	直接
隐含变量模型	描述内容的相似度与用户间的交互关系	依赖	直接
时间模型	指数衰减模型	依赖	直接
HF-NMF	历史交互信息	无关	间接
转移熵	交互信息的演化过程	无关	间接

单纯从网络链接分析的角度看，用户关系强度计算可以分为相似度计算、边介数、影响力图 3 种。其中，相似度计算通常采用 Jaccard 相似度、Cosine 相似度和 Overlap 相似度；边介数类似于中介中心度，只不过面向的对象是边；影响力图采用有向带权图表示社交网络，弧的方向表示影响力来源，弧的权重表示影响力强度，与弧的重数呈正相关。

从是否考虑时间因素的角度看，用户关系强度计算可以分为静态模型和时间模型。其中，静态模型包括隐含变量模型等。根据独立级联模型和真实传播数据将研究问题建模为一个似然函数最大化问题，然后利用期望最大化进行求解。隐含变量模型是根据用户描述内容的相似度与用户间的交互关系计算关系强度的。静态模型不适用于大规模数据集。时间型方法增加了理论时间与实际时间的关联关系，通常采用连续型或离散型指数衰减模型。连续型用户关系强度具有时间动态性，但只能非增量式地计算用户的联合影响力，不适用于大规模数据，为此出现了用离散时间函数近似表示的用户关系强度，它可以增量式地计算用户的联合影响力。

研究表明，即便网络结构上不相关联，只要交互内容上有影响关系，那么这些用户之间就存在间接影响关系。基于历史交互信息的 HF-NMF 方法，交互信息包括信息条目、用户与信息的关系。也可以利用转移熵量化交互信息的演化过程，从而计算用户之间的间接影响力。

2. 信息传播

信息传播模型研究社会网络中用户对信息的传播和采纳。例如，Twitter 中一个用户转发一条信息时，他首先要与信息本身交互，因此初始消息的广播创建了一个新的通知和帖子的级联，这些对象被称为信息级联。传播模型分为意见动态模型、博弈论模型，均属于理论型传播模型，它们单纯从理论上模拟信息传播，模型中的时刻都是理论上的时间间隔，并非真实的时间。为此，出现了用户关系强度的计算源于实际数据的传播模型，它们采用信息本身特性、用户关系、微博网络外部因素等多方面对信息传播进程建模，预测信息传播动态及用户个体的传播行为。从整体出发，预测信息的扩散速度、范围、广度和深度等；或是从个体出发，预测用户个体传播某条信息的概率，进而研究整个社会网络的信息传播情况。

3. 影响力最大化

影响力计算是针对单个用户节点而言的，而影响力最大化问题涉及网络中的多个用户，考量集体的联合影响力，它利用信息传播模型聚集用户，使用户集合可以最大程度地影响其他用户，从而使信息最大程度地扩散。它是在线社交网络的重要研究问题，主要研究可分为传统影响力最大化问题和新型影响力最大化问题。

> 📖 **知识拓展**
> 影响力最大化

- 传统影响力最大化问题。传统影响力最大化是针对单条信息而言的，主要研究方法包括基于信息传播模型的近似贪心算法、启发式算法和混合算法，以及这些算法在扩展性上的改进算法。
- 新型影响力最大化问题。新型影响力最大化问题包括竞争性影响力最大化问题和最低成本影响力最大化问题。竞争性影响力最大化是针对同时传播的多条相互影响的信息而言的，例如，不同品牌或厂家的新品信息、关于某一事件的谣言信息和可信信息等。对于其中的每条信息，如何从自身的角度选择初始节点集合使得该信息影响力得到最大化，这个问题称为竞争性信息影响力最大化问题。最低成本影响力最大化的目的是确定种子用户的最小数目，这些用户能够触发宽级联的信息传播。早期研究限定在单个网络中，但是只考虑单个网络的信息传播会影响计算的准确度，因为一个用户可以处于 Twitter、Facebook 等多种社交网络中，并传播相同的信息。最近，出现了跨多个社交网络的影响力最大化的研究，它采用无损祸合和有损祸合方案将多个网络映射到单个网络。无损祸合方案保留原有网络的所有属性，提供高质量的解决方案，而有损祸合方案考虑了运行时间和内存消耗因素。

7.2.3　基于内容的大数据分析

文本是社会媒体数据的核心，其研究包括文本特征提取与选择、话题事件挖掘、多媒体数据分析和情感分析。

1. 特征提取与选择

收集到的原始文本组织松散，直接用于文本分析会影响分析的准确性。预处理就是采用特征抽取和特征选择的方法将文档组织成固定数目的预定义类别，典型处理技术如图 7-4 所示。

（1）特征提取

特征提取方法大概分为 3 类：形态分析、句法分析、语义分析。

1）形态分析主要是将文档转换为词序列（去除标点符号），包括词语切分、去除停用词、词干还原。词语切分是指将文档中的标点符号去除并切分成词的序列；去除停用词是指去除如"the""a""or"这种词，主要是为了削减文档包含词的数量，从而提高文本处理的效率和效果；词干还原是指将词还原为词根的形式，如将"talking"还原为"talk"，典型的词根还原算法如 Brute-force、Suffix-stripping、Affix-removal 和 n-gram。

2）句法分析用于分析句子的逻辑语义，典型方法包括词性标注法和解析法。词性标注就是根据单词在句子中的上下文语法知识为单词添加词汇分类，以便进行语言分析。词性标注的典型技术可分为基于规则的形态分析和随机模型，如隐马尔科夫模型（Hidden Markov Model，HMM）。HMM 是一种随机标记技术，主要用来从输入词序列中发现最类似的词性标注。解析用于检测句子的语法结构，通常采用解析树分析句子的语序。

3）语义分析就是理解句子的含义，包括关键词识别技术和语义网技术。关键词识别技术用于从文本信息中提取有用内容，通常基于语义词典，例如，Word-Net-Affect 可用于情感分析，但是它依赖于文本中的显示词汇。比如多人在飞机失事中遇难时表达悲伤情绪，但文中没有出现"悲伤"，因此，它检测不出悲伤这种情绪。为了弥补这种缺陷，出现了语义网技术，用于表示概念、事件，以及它们之间的关系，这种技术利用的是词语的背景信息，而非明显的关键字。

（2）特征选择

特征选择是为了消除目标文本中无关和冗余的信息，主要根据词在文档中的重要性得分选择重要特征，主要分为基于频率的方法、潜在语义索引和随机映射。其中，最常见的度量方法是基于频率的技术，如 TF/IDF 技术等。

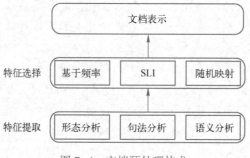

图 7-4　文档预处理技术

2. 话题事件挖掘

事件是指在特定的时间和地点下发生的有前因和后果的事情，而话题是指由所有直接相关事件构成的大事件。话题事件挖掘的主要任务是话题检测与跟踪，采用历史事件追溯检测方法和在线新事件自动识别方法，尤其针对完整新闻报道和博客的话题检测，已取得了一些成绩。然而，由于微博具有格式复杂、内容简短、用语不规范等特点，TDT 技术不能简单应用到微博。话题事件挖掘可分为话题模型、话题摘要、话题检测与跟踪 3 方面。

话题模型用于识别文本内容的潜在语义。话题摘要旨在从多条博文中自动为相同话题生成摘要，以辅助话题核心语义的理解。微博话题摘要的研究大概分为两类：一类是针对话题事件的摘要；另一类是针对信息检索的摘要。话题检测与跟踪包括在线新事件检测和历史事件追溯。在线新事件检测的任务是实时地从媒体反馈中识别事件；历史事件追溯的任务是从历史积累的文档中识别以前未知的事件。

3. 多媒体数据分析

多媒体数据源于特定领域的特定问题，主要包括对位置信息、社交媒体的动态性和时效性以及社交媒体大数据中存在的深层语义 3 方面进行分析。

> 📖 **知识拓展**
> **GeoSM**（地理标记社会媒体）

- 位置信息分析。理解和发现人的移动规律在交通管理、城市规划、安全管理等方面尤为重要，近年来出现的 GeoSM（地理标记社会媒体）为研究此类问题提供了方便。可以利用社交媒体中的地理标签信息学习人的位置信息。
- 社会媒体的动态性和时效性分析。最典型的例子就是新闻事件或者说新闻报道，里面不仅会有事件发生的时间和地点，甚至还会产生很多社会话题和社会影响，这些都会随着时间的推移而发生变化。
- 社交媒体大数据中存在的深层语义挖掘。对新闻、视频、图像等社会媒体进一步挖掘深层语义也越来越受到重视。

4. 情感分析

情感分析也称为意见挖掘，旨在依据意见目标从语料中识别和提取特定主题的属性、要素和隐含的主观信息。意见目标通常称作实体，可以是人物、事件或话题，与要素和子要素相关联，每个要素都有自己的一套情感属性。微博情感分析可以提取不同领域的公众情绪和意见，可以确定民意调查的影响，有效解释和描述政治事件，预测股票趋势等。各种情感分析技术、高密度的情感承载词和非正式的词有助于微博感情的分类。情感分析面临的挑战和已有研究工作在报告和专著中有详细的分析和总结，但是缺乏多维度的情感度量方法，并且微博的多关系特征和话题的演化特性引发了情感的动态演化现象，随着微博数据流的迅速增长，这个问题也需要考虑。

【案例 7-2】验证新浪微博中各领域用户分类标签之间的互动关系

以社会网络分析方法为研究的理论依据，以新浪微博用户"关注"和"被关注"关系为基础，提取其中的相互关注关系，互惠关系就是指两用户之间存在的这种相互的双向关系。根据新浪微博分类标签各领域名人之间的互惠关系数据，通过密度分析研究微博空间中各个用户领域分类标签的用户子网结构紧密程度，打破微博用户原来按领域对用户分类的格局，通过凝聚子群分析将用户按照新分组来分析各领域分类标签的互动情况。

> 📖 对网络结构的紧密程度的测量时，当图中点的个数为 n 时，实际存在的线的条数为 m，密度可以表示为 $m/[n(n-1)/2]$。对网络关系图进行密度分析时，可发掘网络中节点的联系紧密情况。密度越大，网络中的节点联系越紧密；密度越小，联系越松散。

关于微博互动，网络联通是微博空间中节点、群体或消息互动的必要条件，离散的孤立点将不具备微博互动的基础条件。据此，社会网络分析方法中的成分分析可发现网络的成分构成，提取网络中的主成分，为群体互动分析提供数据。

> 📖 **知识拓展**
> 凝聚子群分析

对于分类标签的互动情况，可从凝聚子群分析中获知。根据凝聚子群相关理论，凝聚子群分析可发掘整体网络中由网络节点组成的高密度子群，各子群内部节点间的联系较外部节点间的联系更为紧密，其互动程度会更高。而凝聚子群分析过程中得到的群体间的密度关系，可发现群体内部以及群体间联系的紧密程度，群体密度高，则群体内部节点互动程度高，群体中不同用户领域分类标签的多个节点的高度互动，各分类标签间的相互影响大。

微博各个榜单对微博加 V 用户的标签分类依据的是微博用户在现实生活中从事职业所处的领域，各领域的高人气加 V 用户被视为该领域的权威专家，在其所处领域具有较大的影响力，新浪微博风云人气榜标签下的高人气用户是该领域具有较高权威与声誉的用户，往往具有舆论导向、专业权威和领域代表等特性。提取 2013 年 9 月 7 日新浪微博风云人气榜的名人人气榜中的体育、娱乐、财经、传媒、文学、时尚、科技、房产、艺术、教育、动漫、汽车、健康、科普、公益、育儿、军事、商业共 18 个标签下排名前 10 的微博用户（共 180 个）作为用户样本，为标识样本个体，使用数字依次编号。表 7-3 所示为数据样本各领域人气排名第 10 的用户的粉丝数、关注数、发微博数的基本情况，表中"体育 10"中的"体育"表示该用户属于体育标签，"10"表示用户的编号。

表 7-3 部分研究样本基本情况

标签	用户	粉丝数	关注数	微博数	标签	用户	粉丝数	关注	微博
体育	10	7193843	629	846	教育	100	3796966	455	3551
娱乐	20	3944917	49	1236	动漫	110	840179	238	88
财经	30	8367099	195	4021	汽车	120	1047486	956	4085
传媒	40	1675046	264	19819	健康	130	1056231	219	3277
文学	50	7379521	53	1443	科普	140	250526	345	773
时尚	60	6459385	446	2079	公益	150	366949	80	1281
科技	70	4564550	975	1363	育儿	160	377575	828	5611
房产	80	1789581	265	3528	军事	170	270763	1602	8510
艺术	90	3107722	626	311	商业	180	3284947	588	38791

根据数据样本之间的关注关系分别构建整体网络和领域网络用户关注矩阵。在数据提取过程中，如果 i 用户关注 j 用户，则在矩阵中 i 用户所在行与 j 用户所在列的交点标注 1，反之标注 0。根据用户关注矩阵关系，如果矩阵中 $a_{ij} = 1$，则在点 i 和点 j 之间形成一条从点 i 指向点 j 的带方向的直线，得到用户的关注网络图。整体网络用户关注网络图如图 7-5a 所示。在用户的关注关系网络中，如果两个节点之间的关系是双向的，则表明其关系是互惠的关系。延伸至微博空间中，如果任意两个微博用户彼此互为粉丝，即双方互粉，则这两个用户不仅仅是简单的信息传播，而是为两个用户沟通和信息交流提供了关系基础。据此，收集到的用户关注关系按用户所属用户领域分类标签进行用户分类，从整体网络中分别提取各分类标签子网，再提取整体网络和各分类标签子网用户关注关系中具有互惠关系的用户关系，得到整体网络和各分类标签网络的用户互惠关系网络图。整体网络互惠关系网络图如图 7-5b 所示。

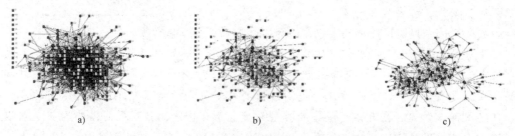

a)　　　　　　　　　　　　　b)　　　　　　　　　　　　　c)

图 7-5 关注网络图、互惠关系网络图及主成分互惠关系网络图
a）关注网络图　b）互惠关系网络图　c）主成分互惠关系网络图

在微博空间中，联通的用户关系网络是信息传播与用户互动的必备条件。社会网络分析方法中的成分分析可发现网络关系中的关联子图，即成分，成分内部的各点之间必然有一条

途径相连，而成分之外的点与成分内部的点没有联系。对整体网络用户互惠关系网络图进行成分分析，可发现网络中成分分布情况，成分分析结果如表 7-4 所示。

表 7-4　成分分析结果

成分	节点	成分	节点	成分	节点	成分	节点
1	112	18	1	35	1	52	1
2	2	19	1	36	1	53	1
3	1	20	1	37	1	54	1
4	1	21	1	38	1	55	1
5	1	22	1	39	1	56	1
6	1	23	1	40	1	57	1
7	1	24	1	41	1	58	1
8	1	25	1	42	1	59	1
9	1	26	1	43	1	60	1
10	1	27	1	44	1	61	1
11	1	28	1	45	1	62	1
12	1	29	1	46	1	63	1
13	1	30	1	47	1	64	2
14	1	31	1	48	1	65	1
15	1	32	1	49	1	66	1
16	1	33	1	50	1		
17	1	34	1	51	2		

从分析结果可发现，研究的数据样本网络包含了 66 个成分，即 66 个互不联通的子网，其中一个网络子网包含的 112 个节点，可作为研究的样本网络，3 个网络子网中包含两个节点，其余 62 个子网仅包含一个节点，即互惠关系网络中的孤立点。抽取整体网络中的主成分，即成分分析结果中的成分 1，作为数据分析的数据，主成分的互惠关系网络图如图 7-5c 所示。

7.3　社交媒体大数据的未来挑战

社交媒体已经引起广泛关注，已有一些研究成果，但随着社会的发展、需求的变化，本节提出社交媒体大数据挖掘面临的新的挑战。

1. 信息传播效应刻画

社交媒体网络中信息传播效应的刻画是一个复杂的问题，它受到信息自身因素、社会因素和网络外部因素的综合影响，并且用户本身的属性与信息本身的属性也相互影

📖 **知识拓展**
信息传播模型

响，准确全面地反映信息传播效应已成为关键。这一问题的解决还依赖于影响力、用户关系强度和传播规律。

- 用转发数来衡量影响力以及从单个独立的角度研究影响力的方法不能很好地刻画信息传播情况和完全展现用户的影响力，需要将网络的拓扑结构与信息传播树结合使用，不仅要考虑信息传播树的规模，还要着重关注其深度和广度等特征。

- 信息传播是一个动态过程，需要捕捉用户关系强度与传播关系的动态规律。目前一般采用理论型传播模型，但是这种模型计算得到的用户关系强度脱离实际，并且存在着理论时间与真实时刻关联的问题。可以考虑从信息传播历史数据挖掘并分析用户关系强度，将理论模型和实际数据联通起来以体现实际应用价值，并且利用社交媒体数据的群体特征，借助动态社区捕捉信息传播规律。

2. 影响力计算

基于关系分析的一个具有重要商业价值的研究方向是影响力计算和信息传播的最大化问题。其中，信息传播最大化问题的全局最优化被证明是一个困难问题，对于大规模的社会网络，目前只能采用一些优化算法获取近似的较优解，并且对于影响力最大化问题目前的最佳解决算法也只是处理了百万级规模的社会网络。而目前微博网络节点过亿，如何在微博网络中快速计算出固定数量的最有影响力的节点集合还有待进一步探究。

- 因为竞争性信息在选择初始节点时有先后顺序，所以不同次序的信息会有不同的选择策略，这也需要考虑。
- 在线社交网络除了文本数据外，还包含大量的图像声音等多媒体信息，它对影响力分析也提出了新挑战。
- 研究表明，隐式交互图比可见交互图传播信息的速度更快，揭示的关系更重要。因此，两种图的影响力是什么关系，如何量化它们之间的联系有待研究。
- 话题传播模型多种多样，但用户影响力相对稳定，它们之间如何影响，程度如何，还有待探索。
- 对于影响力最大化问题，除了竞争性影响力最大化问题外，最低成本影响力最大化、自适应影响力最大化和多重影响力最大化也是目前待研究的问题。

3. 特征提取与选择

针对传统数据的特征提取与选择的方法已有很多，但是不利于处理低频词和发现新特征，而这种情况在微博数据中大量存在。与词频模型相比，序列模式挖掘保持了词的顺序并可以捕捉潜在的语义，更能解释话题。但是采用模式挖掘的两大挑战是大量冗余模式的产生和长模式的低支持度问题。冗余模式是任何模式挖掘中不可避免的问题，但是博文中的噪声加剧了这种问题。对于新特征发现，尤其针对博文，区分信息新颖性和发现新特征很重要。在信息新颖性区分方面，词性标注、词重叠度和博文语句相似度等方法都发挥着很大作用。此外，目前社交网络中的特征提取与选择是针对文本数据而言的，但是社交网络中还包含大量的图像声音等多媒体信息，这些信息又将如何处理也是目前需要考虑的问题，有待进一步研究。

4. 微博新闻挖掘

目前社交网络中的新闻检测研究成果很多，但是微博新闻检测仅限于特定的域或事件，仍然缺少针对微博的跨领域新闻话题检测技术和适合微博属性的单独计算模式。另外，新闻的第一要义是新，那么如何在线实时处理这种社会化的短文本流？微博新闻信息弥散分布在海量博文中，每个博文仅是大话题的一个小碎片，如何识别新闻话题？如何实时检测新闻事件？新闻话题存在动态演化性，那么如何判断事件的连续性？如何挖掘这种动态的关联演化性？新闻挖掘的核心是话题挖掘，那么如何迅速从海量博文中提取有意义且更容易被理解的微博话题？目前，微博用户中，移动用户占多数，那么挖掘到的新闻以什么形式呈现？如何设计针对微博的动态新闻集成系统？这些都有待深入研究和探索。另外，传统新闻检测大多针对文本信息, 很少考虑多媒体信息对新闻检测的影响, 这也有待进一步解决。

5. 社会媒体大数据融合

随着社会网络服务的发展, 用户在社交互动中加入了多种服务, 并收集了大量的信息。因此, 如何整合分布式社会网络, 进而对各种社会媒体数据源进行融合, 为知识的挖掘提供更好的数据资源, 已经成为亟待解决的问题。在这个过程中, 由于社会媒体的自发性, 导致了发布的信息不能保证其真实可靠, 这一挑战加大了融合的难度。社会媒体数据的利用价值之一是事件话题挖掘, 目前也倾向于采用构建话题知识库的方法将其用作参照物。例如, 构建缩写的知识库用于缩写词的识别和链接; 类似的还有构建社会媒体常用语知识库, 更复杂的有构建一个话题事件知识库。这也是目前的一个重点研究方面。

6. 跨语言情感分析

挖掘情感是为了体现商业价值, 目前大数据向跨语言融合迈进, 相应的情感分析也向跨语言情感分析发展。但是, 语言的不同体现在语言特征、要素分布的不同, 语言间关联的障碍使得跨语言情感分析成为更大的挑战, 这是目前亟待解决的问题。

7. 社交媒体数据的合理化使用和预防信息茧房

社交媒体商家会获取大量用户的基本信息。商家获取的这些信息, 很可能会涉及用户的个人隐私问题, 那么该如何合理利用这些数据, 即在保证用户基本信息不会被滥用的同时依然保持对用户的有效推荐, 并且要保证社交平台的正常盈利。

信息茧房是指人们关注的信息领域会习惯性地被自己的兴趣所引导, 从而将自己的生活桎梏于像蚕茧一样的 "茧房" 中的现象。在各个社交媒体的推荐算法的作用之下, 用户关注和接收的信息逐渐趋近于自己所偏好的, 看到的信息大多是自己所认同的, 信息茧房问题逐渐出现, 人们的认知会日渐狭隘, 解决用户面临的信息茧房问题也显得十分迫切。

【案例 7-3】社交媒体的正确使用

2020 年, 在 Netflix 上上映的一部影片《社交困境》引起了众多观众的关注和热议, 该影片清晰地解剖了社交媒体应用供应商是如何利用用户在使用社交媒体应用的过程中产生的数据来推测用户的兴趣以及行为习惯, 再通过用户的社交网络来操纵用户的。

该影片以一种纪录片的形式进行叙述, 开篇便是对几位曾经任职于几家科技巨头公司的社交网络相关专业人士进行的采访, 在采访中提到他们还在公司任职时根据社交媒体应用的需要而创造了为用户推荐的相应算法, 但他们也无法解释这些算法到底现在是什么样子, 给人的生活到底带来了什么不同。而影片的主线则是主人公在使用社交媒体软件的过程中, 如何因应用供应商的种种诱导方法以及其针对性算法而渐渐陷入社交网络之中, 并成为了供应商广告主的投放对象。

从中可以看出社交媒体的两个未来挑战: 一是从供应商的角度来说, 如何更合理化地使用用户的信息; 二是从用户的角度来说, 在社交媒体的推荐算法之下, 用户往往会因接收的信息越来越趋近于自己所认同的观点或视角而逐渐陷入信息茧房。

1) 供应商所采用的这种劝服性的方式是在利用人对于反馈的渴望, 不断吸引用户, 使其长时间停留在自己的应用页面之中。用户所发送的动态会在相应页面刷新后不断地推送给其在同一社交网络上的其他用户, 而其他用户的点赞评论也会不断地反馈给动态的发送者, 人们渴望与他人建立联系, 这种反馈便会不断地刺激用户使用社交媒体, 从而使其深陷社交网络之中, 而社交网络会在潜移默化之中影响用户的行为和思想, 让用户在这种渴望被认同和关注之中不断地循环。

2) 针对用户的推荐算法会推荐更多用户感兴趣的视频，从而增加用户在平台上停留的时间，但在一定程度上会造成信息茧房现象。视频平台会不断地收集用户所观看视频的特点，来收集用户的兴趣点。除此之外，社交媒体平台供应商掌握着用户在社交网络的一切行为数据，包括观看视频的时间，甚至是根据视频的认同感来推测用户的性格特点，之后再给用户推荐符合他的兴趣点和行为习惯等的视频来增加用户停留在平台上的时间。当用户停留在平台上的时间增加时，尽管用户在看视频时不用花费额外的金钱，但供应商便可以给用户看更多的广告，来为供应商赚取更多的利润，这时用户可能还没有发现自己俨然已经成为了社交媒体平台供应商眼中的产品。另外，对于用户自己来说，长时间只接触自己所感兴趣的领域内容会造成信息茧房，用户与外部世界的交流大大减少，容易造成其盲目自信、思维方式狭隘，拒绝其他合理性的观点侵入，这也是社交网络所带来的挑战。

> 📖 **知识拓展**
> 信息茧房

因此，如何合理化地利用社交网络数据，采取怎样的推荐方式才能够更好地维系用户，减弱社交网络所带来的影响，成为值得人们思考的问题和努力的方向。

案例讨论
- 如何看待社交网络对于人们的影响？
- 什么是信息茧房？
- 社交媒体供应商应当如何合理利用用户数据？

社会媒体大数据有其特性，不仅包含社会关系属性，还包括文本数据、多媒体数据等挖掘价值。

7.4　社交媒体下大数据信息安全问题

社交媒体已经成为人们沟通和交流的重要工具。大数据环境下，人们利用互联网创造价值的同时也不断地与之交换个人信息，保护用户信息安全方面的信息风险治理面临严峻考验和挑战，个人信息安全的风险治理逐渐成为关乎每个网络用户切身利益的重要问题，是当下我国发展互联网应用进程中必须认真、严肃面对的一个重大问题。

社交媒体的兴起打破了虚拟的互联网与现实生活之间的界限，使得网络犯罪人员经常伺机侵犯用户的个人隐私。用户使用社交媒体产生海量大数据，随着大数据时代的到来，如果信息风险的治理处理不好，用户对社交媒体越来越不满意，那么将严重打击社交媒体的发展，继而影响我国互联网产业的健康发展。

信息风险治理的关键是发展和完善，以及提高个人对信息风险的防范意识，加强对互联网监管的法律、法规、机制的建设，本节提出社交媒体下大数据信息安全问题，旨在从技术和管理两方面下功夫，治理好信息风险，保护措施落实到位，以确保用户的个人信息安全能得到保护。

7.4.1　社交媒体导致的信息风险类型和形成原因

1. 社交媒体中用户的位置信息泄露造成的信息风险

不同于传统的网站平台，社会媒体把应用平台和用户使用社会媒体的位置信息结合在一起。通过社交媒体应用程序，用户不仅可以知道自己的位置，还能通过推送功能找到位置附近的好友。用户写完文字加上照片或视频分享后，发布的内容可以选择精确的位置信息。位置信息是一种重要的隐私，基于位置的应用是移动社交媒体中的典型代表，由于用户位置信息被公开，加上对数据的分析挖掘能够得到用户的工作单位、家庭地址、健康状况分析和其他敏感信息，从而造成个人隐私泄露的信息风险威胁，这是非常可怕的。

位置信息的网络共享使得安装在智能设备版本的社交媒体应用允许用户使用移动设备随时定位并更新自己的位置信息。使用微博、微信、陌陌等应用添加新的好友时可以通过位置信息来搜索附近的人，给人们提供机会接近陌生人。这些应用更能促进同一地区中人与人之间的沟通，但是由此而来的信息风险非常可怕。

2. 社交媒体平台运营商引发的信息风险

从社交媒体的用户账号关联设置等方面来看，许多社交媒体运营商的隐私功能设置并不合理，大多数的社交媒体平台在用户注册时允许不同平台的用户进行关联设置也是造成信息风险的重要方面，例如，用户可以用自己的微博账户、QQ 账户等来登录大众点评网，账号绑定后，在大众点评网发表的分享内容将自动同步到用户的微博和 QQ 空间。这是因为运营商使用了关联账号，虽然这可以省去用户注册的操作，但是当一个平台的用户账户信息被盗取后，其他关联的社交媒体也全都面临着用户信息泄露的风险。而且由于账号关联机制，不同的社交媒体平台中的好友信息也会被其他社交媒体运营商搜集并利用。即使用户选择设置了最高级的隐私保护，运营商也可以根据用户及好友的信息轻松地推断出用户的个人信息。

有的社交媒体运营商收集了用户过多的个人信息，而且大多数社交媒体平台使用隐私协议来对收集和分享用户信息的行为进行免责声明。对于隐私协议，用户往往会直接单击"已读"或"同意"的按钮，但是用户信息一旦被非法提供给其他组织，便有可能对用户的个人隐私造成巨大的伤害，而用户将因为已经签订过这些隐私协议而无法维权。

针对这些问题，国家出台了新的政策——《关键信息基础设施安全保护条例》，增强了运营商对用户信息使用的限制。

个人信息泄露问题在短视频行业表现得比较明显，其表现在 3 个方面：

1）短视频会泄露他人的信息。一些短视频的视频主为了获得他人的关注，在拍摄短视频时可能会侵犯他人的肖像权甚至姓名等隐私信息，从而对他人造成困扰。如某视频主未经当事人同意，拍摄了小女孩被父母教育的视频，视频发出后，视频中的父母被众多网友围攻指责，对当事人造成了极大的困扰，扰乱了他人的正常生活，最终于 2020 年由北京互联网法院对该视频判决其构成侵权，该判决具有现实指导意义。

2）短视频很可能会泄露个人信息。在诸多用户用短视频分享着自己生活中的美好，分享有趣的事物，可以激发人们对美好生活的向往，传递正能量，也可以让朋友了解自己最近的状态，还可以收获评论、点赞等，但伴随着这些美好，社交媒体上的分享也会带来不少麻烦。很多人忽略了私人空间和公共空间的边界，无形之中将自己的位置信息、生活轨迹等信息暴露给他人，这些行为本身存在着巨大的安全隐患。

3）社交平台对用户个人信息的滥用。随着大数据技术的不断进步，用户的行为被全面数据化并存储于平台后，与个人信息利用相伴而生的是个人信息滥用以及隐私信息侵害的风险。这一隐患在短视频领域较为明显，如某社交平台就被爆出未经用户同意收集用户通讯录信息的行为，用户在注册时使用的手机号也很可能会被暴露，使用户被骚扰电话所侵扰。随着短视频行业寡头格局的逐步形成，少数短视频平台掌握大量个人信息将成为现实。

此外，部分网络服务提供商对用户信息的存储并未尽到保障信息安全的责任。2013 年 6 月，中国软件评测中心发布了《网站安全性测评报告》，该报告显示：100 个网站中，仅有 8 家企业对用户口令采取了充分的安全措施；近六成的网站运营商未采取任何安全措施，甚至用户密码都是明文存储，使得用户口令直接暴露在传输网络以及服务器端，这很容易被黑客窃取到个人信息。这暴露出许多社交媒体平台运营商对于用户隐私信息保护的意识并不强。

3. 社交媒体侵犯个人隐私造成的信息风险

社会问题、热点事件容易引起公众注意，很多用户甚至会通过社交媒体发泄情绪。每一个热门话题都会引起大规模的用户信息的搜索和筛查。在大数据环境下，个人信息和行为被大量存储，数据挖掘变得非常容易，一夜之间，被"人肉"对象的所有生活信息都将公之于众。这是对个人隐私的侵犯，而社交媒体的大数据正是这种违法行为的幕后推手。

大多数用户太过关注社交媒体的更新状态，在社交媒体晒出自己的活动和生活已经成为日常活动。"刷微博""晒朋友圈"等社交媒体特有的即时性、移动性使用户的私人信息毫无保留地展现给他人，这将主动泄露过多用户的隐私。而微信已经开始对用户朋友圈的内容以及"点赞"行为进行分析，然后投放不同类型的广告；当在社交媒体平台上"关注"某个有关健康状况或者治疗的页面后，这些信息都可能被平台记录后利用并发送相关的推销信息。

7.4.2　社交媒体的信息风险治理方案

根据中国互联网络信息中心《2016年中国社交类应用用户行为研究报告》的显示，即时通信应用已经成为第一大移动应用，使用率高达90.7%，QQ、微信、陌陌的常用率位列前三，社交网络已经成为信息传播的第三大渠道。据中新网发布的《2014年度中国互联网安全报告》，在2016年，国内46.3%的社交网站存在安全漏洞。社交网络已经成为继网络游戏、电商网站之后，黑客攻击的下一个目标群体。

2016年，利用社交网络传播的钓鱼网站比例达到46.3%，是仅次于搜索引擎、即时通信之后的第三大钓鱼欺诈信息传播渠道。大数据环境下，相应的政策法规必须出台，辅助那些使用社交媒体产生的数据的组织去承担其防范信息风险的责任，以规避媒体信息大数据化带来的信息风险。

1. 加强立法和行业规章

当前，我国在《刑法修正案(七)》中出台了有关社交媒体中个人信息安全的法律法规，但只是一种单一条文，还需要引进给予协助定罪量刑的司法解释，判案案例也表明，在实践中的可操作性不强，无法统一进行同类案件的执行，这与社交网络应用迅猛发展的形势不相适应。其他发达国家的经验很值得我们学习，出台法律法规来保护社交媒体平台用户信息，尽快建立一套科学的、完善的保护个人信息安全的规则，明确规定社交媒体中信息风险权利和义务的主体及边界。

从行业层面上，行业协会的监督是解决政策相对滞后的一种方式。行业监管机制是社交媒体用户的信息风险防范体系中不可缺少的环节，社交媒体运营商应接受行业协会的监督并积极承担保护用户隐私的责任。随着移动互联网的普及，用户信息的风险治理将变得更有价值。运营商应加强在用户信息存储、隐私设置和用户信息安全警戒等方面的投入。

针对人民群众反映强烈的App非法获取、超范围收集、过度索权等侵害个人信息的现象，国家互联网信息办公室依据《中华人民共和国网络安全法》《App违法违规收集使用个人信息行为认定方法》《常见类型移动互联网应用程序必要个人信息范围规定》等法律和有关规定，组织对短视频、浏览器、求职招聘等常见类型的公众大量使用的部分App的个人信息收集使用情况进行了检测，收集与其提供的服务无关的个人信息等问题。

2. 提高社交媒体运营商的信息安全管理水平

社交媒体运营商是用户信息安全保护的第一责任人，在侵害用户信息的案例中，运营商运营不当的比重正在不断增大。社交媒体运营商通常会在"使用条款""服务条件"或"条款和条件"协议中列出偏向于运营商的免责条款，而事实上这种条款是不能够完全免责的，这种做法侵害了用户的知情权和选择权。大多数社交媒体运营商一方面通过积分奖励、优先使用新功能等方式来吸引用户填写用户信息，如姓名、家庭地址、电子邮箱地址、电话号码和 QQ 号等，而另一方面并没有注重用户信息的安全风险治理，不投入足够的资金去建立专业的信息安全管理队伍，无视用户的信息安全风险。

社交媒体运营商应该深刻意识到用户信息的风险治理的重要性，充分履行自己的职责，防止信息安全风险的出现，将用户信息的风险治理作为企业信息安全管理的重要组成部分，提高管理工作的力度。

3. 提升社交媒体用户的信息风险意识

用户信息的风险意识是指大数据环境下，在移动媒体应用中应具有信息安全知识、职业道德和信息安全保障能力等综合起来的信息安全风险识别及防范机能。需要注意的是，大多数社交媒体应用要求用户进行实名注册，因此用户信息的真实性高，用户好友之间基本上是熟识的，所以用户的信息风险意识将会减少，对于平台上好友分享的资讯和信息，经常会不加判断并盲目追随。

那些经常发布大量日常生活照片和视频的用户，会比较容易导致信息泄露。利用社交媒体的搜索功能，可以很容易地得到一些用户的个人信息，如果结合搜索引擎对互联网的大数据进行"人肉搜索"，那么个人敏感信息就非常容易泄露了。用户不能认为与平台签订了隐私保护条款，就会为用户的隐私信息安全提供良好的保护。用户在平台上发布和分享信息要经过深思熟虑，敏感信息最好不要发布，以防平台收集的数据被不怀好意的人利用，进行诈骗或者商业推广。

【案例 7-4】大众点评评论挖掘

截至 2021 年 6 月，我国网上外卖用户规模达 4.69 亿，较 2020 年 12 月增长 4976 万，占网民整体的 46.4%，外卖行业蓬勃发展，在外卖业务收入、数字化水平、行业覆盖内容等方面呈现显著特点。一是餐饮外卖业务营收和会员数量增长显著。数据显示，2021 年第一季度美团餐饮外卖业务收入 205.75 亿元，同比增长 116.8%。二是外卖行业数字化水平不断提升，对供需两侧都产生了重要影响。在供给侧，外卖平台、餐饮平台与品牌自建订单协同等线上点单方式，进一步拓宽了餐饮企业数字化发展空间，加速推动其向线上转移；在需求侧，外卖预制菜、自热食品等新消费需求的井喷式增长，推动了餐饮服务向家庭化的延伸。三是"外卖"概念的外延不断拓宽，行业覆盖内容更加多元。

在众多的外卖商家可供选择的情况下，消费者在美团、饿了么这些平台上进行商品的选择时，除了亲朋好友的推荐外，据调查显示，目前 67% 的在线消费者会在购买之前对产品的评论进行浏览，参考其他用户的意见和评论。在这些调查者中，有 81% 的消费者认为其他用户的评论会影响或者干扰他们的购买决策，85% 的消费者在看到差评评论时会选择不购买该商品。

本案例是对大众点评上用户的评论进行数据爬取、数据清洗、分析过程的实际应用。

1. 使用工具及编程语言

编程语言：Python。

数据存储工具：MySQL。

编译器：Pycharm、Jupyter Notebook。

2. 数据爬取及数据存储

本案例选取大众点评官网上天津市某茶楼截至 2021 年 10 月 4 日前 99 页的评论数据进行分析和处理。

首先登录大众点评官网，进入用户评论界面，使用 Chrome 开发者工具查看页面，并进行刷新，获取 network 下 review_all 的 cookie 值，该 cookie 值便作为请求的伪装。利用 Python 的 Request 库发起请求，并把 HTML 页面爬取下来，通过 BeatifulSoup 和 RE 库提取信息。

之后将爬取到的数据放到通过 Pymysql 库连接的本地 MySQL 数据库之中，该数据库已经提前建立好相应的表，爬取的部分数据在 MySQL 数据库中的显示如图 7-6 所示。

	cus_id	comment_time	comment_star		cus_comment	kouwei	huanjing	fuwu	shopID
0	菠萝冰棒021	2021-08-20 13:13	sml-str40		时隔年来打卡，这次留原有爆外加几样简单\n客流密比，因为所以每一总下雨一茶\n甄仔那一如...				H2VCXhMePhSj8seg
1	杜小叶	2021-08-31 12:41	sml-str50		原本奔着皮来! 结果店问店才道这太少，已经单捞! 撒说快，跟样这伙要跑。\n既米，美食试? \n...				H2VCXhMePhSj8seg
2	韩国媳妇天津的老阿姨	2021-07-07 20:35	sml-str50		公特港茶客，特意这，中午1这等还等20分钟左右，虾之类都2起，道不境干净，卫，整洁，务麦情，				H2VCXhMePhSj8seg
3	阿转饭了	2021-08-21 23:34	sml-str30		，託大师。\n这家好久，\n\n「福」三，同蔬汁成同颜色，道无别，晶莹韧，就软，夹直接从掉，				H2VCXhMePhSj8seg
4	凤驰	2021-08-13 21:46	sml-str50		口点：津和平\n隔壁世都会逛圆走，选择福楼。\n\n[境：径直走座"没有观察境。\n\...				H2VCXhMePhSj8seg

图 7-6 爬取的部分数据在 MySQL 数据库中的显示

3. 数据清洗

使用 Python 的 Pymysql 包，利用 pandas 中的 read_sql 读取刚才存储到数据库中的数据，由于此时的数据还没有经过处理，其中包含了大量表情符号以及没有意义的文字，诸如"的""和"等以及标点符号，将它们加入 stopwords 之中，用 replace() 函数去除这些没有意义的数据之后，再利用 jieba 对处理后的数据进行分词处理。

4. 数据分析

利用 Seaborn 库并使用处理之后数据中的用户评分数据，使用 countplot() 函数生成分布图，如图 7-7 所示，大众点评的评分为 0.5~5.0 星，可以看出，在爬取到的数据中该家店铺的评分大部分在 3.0 以上，其中评分为 5.0 的最多，这反映大部分去过该商家的客户对该家菜品还是比较满意的，进而反映出该商家确实值得。

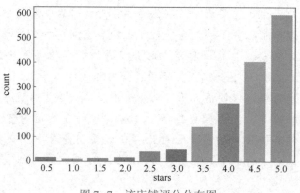

图 7-7 该店铺评分分布图

利用 Seaborn 库并使用 boxplot() 函数可以看出评分为 5.0 以及 1.0 的评论长度相对来说最短，如图 7-8 所示。这在一定程度上反映出短的评论对于其他的用户价值更高。

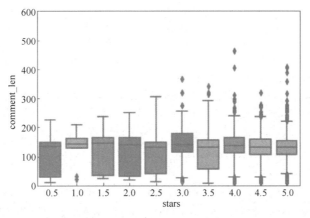

图 7-8 店铺评分长度分布

最后，利用 Wordcloud 库对该店铺评论中出现频率较高的词语进行处理，生成词云，可以使用户对于该家店铺的评论更加一目了然，其中推荐、不错等词出现的频率较高，在词云中比较明显，显示出大部分食客对于该家店铺的满意度，如图 7-9 所示。

图 7-9 该家店铺评论词云展示

使用 MySQL 可存储获取的数据；Python 的第三方库，如 Request、BeautifulSoup 等，可以获取页面上的数据；Numpy、Pandas、Matplotlib、Seaborn 等可以对数据进行分析处理及数据的可视化。数据挖掘可以将原有数据（如文本、图片中不能直接观察到的数据）清晰地呈现出来，而可视化后的数据更为直观，从而帮助人们理解这些数据，以便后续的决策。

7.5　习题与实践

1. 习题

1）请简要概述什么是社交媒体。

2）请列举几种你平时经常登录的社交媒体平台，并比较它们的优缺点。

3）请举出社交媒体大数据信息安全的几点问题。

4）结合社交媒体大数据信息安全问题，请提出一种合理的风险控制方案。

2. 实践

1）学习数据采集与数据预处理方法，尝试使用一种编程语言编写一套程序对维基百科或新浪微博的用户数据进行采集与挖掘。

2）观看纪录片《社交困境》。

参 考 文 献

［1］KHAN N, YAQOOB I, HASHEM I A T, et al. Big data：survey, technologies, opportunities, and challenges ［J］. The Scientific World Journal, 2014：1-18.

［2］BREWIN M W. Media, society, world：social theory and digital media practice ［J］. New Media & Society, 2013, 15（7）：1197-1197.

［3］216 social media and Internet statistics ［EB/OL］. ［2017-12-16］. http://thesocialskinny. com/216-social-media-and-internet-statistics-september-2012/.

［4］SAINI S, JIN H, JESPERSEN D, et al. An early performanceevaluation of many integrated core architecture basedSGIrackable computing system ［C］//Proceedings of the 2013 International Conference on High Performance Computing, Networking, Storage and Analysis, Denver, USA, Nov 17-21, 2013. New York：ACM, 2013：94.

［5］CHANG H C. A new perspective on twitter hashtag use：diffusion of innovation theory ［J］. Proceedings of the American Society for Information Science and Technology, 2010, 47（1）：1-4.

［6］BRUNS A, BURGESS J E, CRAWFORD K, et al. #qldfloods and@ QPSMedia：crisis communication on Twitter in the 2011 south east Queensland floods ［R］. Brisbane：ARC Centre of Excellence for Creative Industries and Innovation, 2012：19-23.

［7］YANG Z, GUO J Y, CAI K K, et al. Understanding retweeting behaviors in social networks ［C］//Proceedings of the 19th ACM International Conference on Information and Knowledge Management, Toronto, Canada, Oct 26-30, 2010. New York：ACM, 2010：1633-1636.

［8］WANG M, WANG C, YU J X, et al. Community detection in social networks：an in-depth benchmarking studywith a procedure-oriented framework ［J］. Proceedings of the VLDB Endowment, 2015, 8（10）：998-1009.

［9］LI D, XU Z M, LI S, et al. A survey on information diffusion in online social networks ［J］. Chinese Journal of Computers, 2014, 37（1）：189-206.

［10］MERTON R K. Social theory and social structure ［M］. NewYork：Simon and Schuster, 1968.

［11］WU X D, LI Y, LI L. Influence analysis of online social networks ［J］. Chinese Journal of Computers, 2014, 37（4）：737-752.

［12］SANKARANARAYANAN J, SAMET H, TEITLER B E, et al. Twitter-Stand：news in Tweets ［C］//Proceedings of the 17th ACMSIGSPATIAL International Conference on Advances in Geographic Information Systems, Seattle, USA, Nov 4-6, 2009. New York：ACM, 2009：42-51.

［13］WENG J SH, LIM E P, JIANG J, et al. Twitter Rank：finding topic-sensitive influential Twitterers ［C］//Proceedings of the 3rd ACM International Conference on WebSearch and Data Mining, New York, Feb 4-6, 2010. NewYork：ACM, 2010：261-270.

［14］WELCH M J, SCHONFELD U, HE D, et al. Topical semantics oftwitter link ［C］//Proceedings of the 4th International Conference on Web Search and Web Data Mining, Hong Kong, China, Feb 9-12, 2011. New York：ACM, 2011：327-336.

［15］35+Facebook 统计与事实 2022 ［EB/OL］. ［2022-06-07］. https：//www. websiterating. com/zh-CN/research/facebook-statistics/#chapter-3.

［16］LING Y, DAN L, SHIKANG W, etc. Research of Deceptive Review Detection Based on Target Product Identification and Metapath Feature Weight Calculation ［J］. Complexity, 2018：1-12.

［17］中国社会科学网 ［EB/OL］. ［2022-06-07］. https：//author. baidu. com/home? from=bjh_article&app_id=1620793236762656.

第 8 章

健康大数据在公共卫生领域的应用

随着我国卫生数字化建设进程的提速，医疗卫生与大数据正发生激烈"碰撞"，交叉形成了"健康大数据"这一新兴概念。国家卫生信息化建设离不开大数据的作用，健康大数据也将会对人们的生活产生深远的影响。健康大数据包含临床诊疗中的重要信息，这些数据可为医生和病人提供便利，医学研究者通过对这些海量存储的数据进行处理和分析，得出与医疗质量提高与安全保证相关的结论，最终提高医疗的效率，促进医疗安全的提高、医疗方法的进步以及医疗药物的研发。本章重点介绍健康大数据的研究现状，重点阐述大数据在疾病预测与预防、医疗救治与医药研发、健康监测管理与个性化医疗服务、电子病历、大数据行程卡的使用、远程会诊和智能医疗等方面的应用，指出了大数据在公共卫生领域的挑战以及对其的展望。

【案例 8-1】基因大数据研究助力癌症精准治疗

至本医疗科技有限公司创建于 2016 年，是一家专注于几百个癌症基因全面检测和基因数据库的创新公司，拥有中国人群神经营养因子受体络氨酸激酶（Neuro Trophin Receptor Kinase，NTRK）融合分布的高通量测序技术（Next Generation Sequencing，NGS）数据，同时拥有 NGS 的融合检测专利技术。

至本医疗科技员工针对 2221 例的临床肿瘤患者进行 300 多个基因的超深度测序，发现肿瘤特异性变异在肿瘤患者中所占的比例为 5% 甚至更低，呈现"长尾效应"，并且同一个基因存在多种变异形式。该结果已成为高通量测序推动精准医疗的重要实际依据之一。图 8-1 所示为癌症基因数据分析。

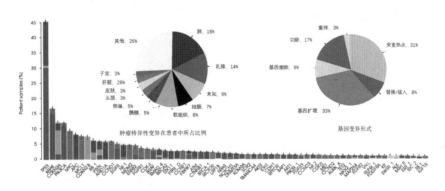

图 8-1　癌症基因数据分析

几乎所有抗癌新药的研制都基于基因检测大数据。而现在的趋势是，癌症疗法的演变正从"基于癌症在体内的起源部位"转向"基于癌症的分子特征"。肿瘤治疗不再局限于肿瘤类型，而是根据 NTRK 基因靶向来指导用药。至本医疗科技有望为这一进程提供基础性数据和治疗信息。

根据至本医疗科技首次发布的中国实体瘤患者 NTRK 融合图谱显示，在 5000 多例临床病例中，通过检测，共有 22 例（0.4%）患者携带 NTRK 融合。其中，在我国患者群体中，NTRK 融合在纤维肉瘤和结直肠癌中的发生率相对较高（分别为 11.1% 和 1%）。而在西方人群中，11502 例实体瘤中 0.27% 报告有 NTRK 基因融合。

2017 年 9 月，至本医疗科技推出首个为融合检测而定制的产品——"元溯 S"（包含 RNA 和 DNA 的共同检测）。该系列从 DNA 和 RNA 层面检测及分析与肿瘤相关的点突变、插入/缺失、基因拷贝数变异、基因重排/融合，包含大片段插入/缺失（大于 100bp）等多种变异形式。

"随着基因检测技术越来越精准，癌症精准治疗将越来越细分，不同的突变可以使用不同的精准药物，真正实现个体化治疗。"至本医疗科技首席运营官秦莹说。

而未来，也将有越来越多的药物依赖于基因检测的准确性。药物上市取决于变异检测和临床数据的整合与统计，从而极大地加快了药物上市审批速度。同时，大数据技术的应用将继续进一步推动肿瘤基因临床检测在我国的发展，促进我国肿瘤基因检测的研发，为临床诊断做出贡献。

8.1 健康大数据概述

2018 年，国家卫健委公布了《国家健康医疗大数据标准、安全和服务管理办法（试行）》，旨在对健康医疗大数据服务管理、"互联网+医疗健康"的发展等方面进行引导。

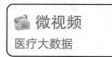

微视频
医疗大数据

随着信息技术的普及、医疗健康行业的迅速发展，大数据技术和医疗领域交叉产生了健康大数据。本节将介绍健康大数据的定义、特点及其分类方法。

8.1.1 健康大数据的定义

健康大数据（Healthy Big Data）又称为医疗健康大数据，是医疗卫生领域中的宝贵资源，数据范围广泛，包括环境、个人健康、医疗服务、生物医学、疾病检测、医药研发等多方面的数据。健康大数据的范围如图 8-2 所示。

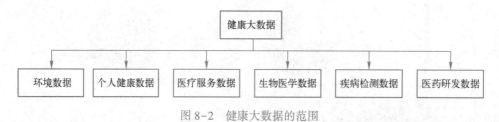

图 8-2 健康大数据的范围

其中，环境数据主要包括医疗环境和个人生活环境，如医院设施、个人居住情况等；个人健康数据包括个人身体的各项生物指标，如身高、体重、血压、心率等；医疗服务数据包括在治疗期间所产生的各种客观治疗数据和主观判断数据，如手术操作、服药记录、医生诊断记录等；生物医学数据包括个性化遗传信息、人类基因组、药物基因组、疾病基因组等；疾病检测数据指在治疗过程中产生的各种检测数据，如 X 光影像、抽血化验结果等；医药研发数据包括制药过程的药物基本信息和研究方法等。总之，健康大数据的范围相当广泛，数据量极大。

但健康大数据的意义不在于这些庞大的信息，而在于对这些健康数据进行专业化处理和再利用。健康大数据的整合再利用对于身体状况监测、疾病预防和健康趋势分析都具有积极的意义。

8.1.2　健康大数据的特点

健康大数据除了具有海量（Volume）、多样（Variety）、快速（Velocity）、可变（Variability）、真实（Veracity）等特点外，还包括时效性、多态性、隐私性等医疗领域的独有特征。

1. 时效性

时效性是指数据的新旧程度、最新动态和发展情况。健康大数据必须具有一定的时效性，这样才能保证数据的有效性。一旦数据过时，医护工作者就会对病人的诊断产生偏差，进而影响医疗效果甚至产生医疗事故。因此，保持健康大数据的时效性是必不可少的。

2. 多态性

多态性是指数据的表现方式多种多样。在医疗卫生体系中，医护工作者对病情的诊断分析掺杂主观性，对病情的描述缺乏规范性，甚至可能造成数据缺失。健康大数据的规范化问题，是健康大数据使用过程中的重中之重。

3. 隐私性

隐私性是指健康大数据具有高度的隐私性，一旦泄露就会造成严重后果。健康大数据不仅包括病人的一些基础信息，还包括病人的各种身体指标、健康程度、生活习惯等。

8.1.3　健康大数据的分类

健康大数据的分类对数据采集、数据整合和挖掘等方面具有重要意义，因此可以将健康大数据分为客观检验数据、客观治疗数据和主观判断数据三大类。健康大数据的分类如表 8-1 所示。

表 8-1　健康大数据的分类

类　别	描　述	数据来源	数据特点
客观检验数据	不受主观认知影响，客观发生并客观观测到的数据	生化检验、医疗影像、监护测量等	数据格式、范围、单位相对统一
客观治疗数据	不受主观认知影响，客观发生的患者接受的各种治疗产生的数据	服药记录、治疗方案记录、手术操作记录等	数据分散程度高，数据格式不规范
主观判断数据	受主观认知影响，是医护人员对患者病情的主观诊断和分析	电子病历、诊断记录等	数据非结构化、非标准化

客观检验数据和客观治疗数据的采集、整合及应用可以利用智能化、系统化的手段实现，数据准确性高、格式统一规范，为后期健康大数据的应用打好基础。而主观判断数据的整合和格式的规范、统一相对困难，但主观判断数据的作用不可或缺，因此，规范化主观判断数据还需要开发新技术。

8.2 健康大数据研究现状

发达国家已经具有较为成熟的健康医疗大数据平台，在技术上比较成熟，并且在整合、管理数据方面具有丰富的经验。美国比较注重个人的身体健康和国家医疗状况，

因此美国具有完整的健康医疗数据库，建造了覆盖全国的多个电子病历数据中心、医疗知识中心和医学影像与生物信息中心。相比之下，我国的健康大数据发展虽没有发达国家先进，但随着信息化的普及，我国的健康医疗大数据已上升为国家战略，国家积极落实相关政策，并且已初步建立健康医疗数据库。本节将介绍健康大数据在公共卫生领域的探索及国内外的发展现状。

2008 年 11 月，谷歌公司启动的"谷歌流感趋势"（Google Flu Trends，GFT）项目，目标是预测美国某一地区的流感发病率。通过统计某地区与"流感"相关词汇的搜索量、点击率数据，预测该地区患流感的人群数量。这一预测的成功，促使了很多媒体网络公司如推特、维基百科在公共卫生领域对大数据的探索，相继在网络平台上发布了对各种病情的预测。

《科学》杂志于 2014 年底和 2015 年初分别刊登了 *Big data meets public health* 和 *Converting big data into public health* 两篇文章，预示着公共卫生大数据研究的前景广阔。而我国人口数量多，产生的数据量大，在这一方面拥有别国无法超越的基础数据优势，海量公共卫生大数据亟待挖掘、整合和利用。

2015 年，我国国务院印发《促进大数据发展行动纲要》，提出要构建包括电子健康档案、电子病历的健康医疗服务大数据体系，建设覆盖公共卫生、医疗服务、医疗保障、药品供应、计划生育和综合管理业务的健康医疗管理和服务大数据应用体系，开展健康医疗大数据创新应用研究。2016 年 4 月，国家卫生和计划生育委员会规划 4 个工程：惠民服务工程、业务协同工程、业务监管工程、平台基础建设工程。4 个工程中包括 70 余项可应用功能，绝大多数功能与健康医疗大数据的应用有较强的联系性，健康医疗大数据的推广和应用逐步成为健康信息化工作的重点对象。2016 年 6 月，国家发布《关于促进和规范健康医疗大数据应用发展的指导意见》，从夯实应用基础、深化应用、规范和推动"互联网+健康医疗"服务、加强保障体系建设等 4 个方面部署了 14 项健康医疗大数据重点任务和重大工程。2016 年 10 月，国家发布《"健康中国 2030"规划纲要》，明确提出"推进健康大数据应用"。

目前，公共卫生各领域已逐渐引入大数据技术，但仍然存在很多问题：首先，很多偏远地区没有构建完善的医疗卫生网络系统，即使已经联网，数据也无法与其他地区医院共享，更无法进行快速精准传输，导致大数据的应用成为困难；其次，健康大数据涉及隐私问题，这为数据维护和数据处理工作带来了极大的困难。

获得健康大数据其中有价值的信息对于公共卫生领域的发展具有重要作用，是未来科学发展的重要方向。国内的健康大数据系统目前正处在建设和发展当中，其中首要的任务是健康大数据的采集与获取。

8.3 健康大数据在公共卫生领域的应用

公共卫生事业的推进和发展离不开大数据的影响，健康大数据的挖掘与应用能够为人们的生活提供便捷。本节将从疾病预测与预防、医疗救治与

医药研发、健康监测管理与个性化医疗服务、电子病历发展、疫情防控下大数据行程卡的使用、远程会诊和智能医疗几个方面进行简要说明。

8.3.1　疾病预测与预防

在医学研究领域，疾病评估与预测是医学与公共卫生领域数据分析的重要目标。

在生活中，影响人类身体健康的因素多种多样，错综复杂，而已经被人类了解和掌握的因素仅占总数的 10% 左右。其余既包括人类的行为，也包括人体的遗传，还包括自然、经济以及社会方面的因素。所以如果能够把人类已知的与疾病有关的数据、从人们身体上发现的不同影响因素等整合到数据库中并加以分析，并且把一些人类尚未知晓的健康因素考虑进去，那么就能够更有利于专业的卫生保健工作者来评估人体产生疾病的原因，分析疾病的发展趋势及观察发病的过程等，从而降低疾病发生的概率，减少治疗疾病的成本，促进人类健康事业的发展。

使用传统方法预测疾病的发生及发展较为困难，但利用药品的销售量、医疗服务咨询电话的数量和内容、关键词点击量或搜索次数、社交网络浏览偏好等大数据，可使人群疾病预测更加准确可靠。最典型的例子就是 2008 年的"谷歌流感预测（GFT）"，它的运行原理是：如果一个人患了流感，那么他很可能上网搜索流感相关信息，通过整合及统计某地区与流感相关词汇的搜索次数与点击量，就有可能估计出该地区流感状况。虽然并不是每个检索流感的人都会患流感，但是将所有的流感相关检索词整合后，会发现一些词汇在流感流行的高峰期被检索的次数明显升高，通过计算这些词汇被检索的频率，就有可能获得该地区流感流行的趋势。因此，健康大数据分析模型的应用，能够为疾病的预测与预防提供便捷。

根据对健康大数据的分析，可以总结概括出病情发展趋势，以此呼吁人们关注健康问题。2018 年，我国的健康大数据统计结果显示，1990—2018 年我国居民死亡率最高的疾病是心血管疾病，因此，各大医院开通脑卒中等绿色通道，加强对该病治疗的研究，减少病人死亡率。1990—2018 年我国城市居民主要疾病死亡率如图 8-3 所示。

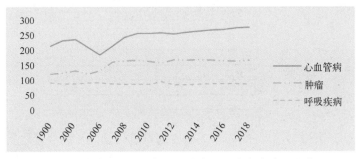

图 8-3　1990—2018 年我国城市居民主要疾病死亡率

8.3.2　医疗救治与医药研发

基于大数据的深度学习，可以提高医生的诊断效率。在 2019 年暴发的新冠肺炎事件中，达摩院联合阿里云等机构，基于 5000 多个病例的 CT 影像样本数据，研发了 AI 诊断技术，这项技术可以在 20 s 内对疑似案例 CT 影像做出判断，这大大减轻了医疗工作者的工作压力，并且提高了工作效率，为我国疫情防控做出了贡献。

在医药研发方面，通过对医疗大数据的整合与分析，可以得出患者身体状况、潜在病症、生活环境等因素与病情的关系，从而为患者提供更加适合的药物，使得药物的有效率大大提高，从而优化相关医药服务的提供。同时，利用大数据针对互联网提供的社会对药物的供求信息进行判断，并结合患者临床药物需求以及疗效，以及药物生产的成本等，使得研发人力、物力、财力等得到更加有效的投入。最后，根据患者用药剂量、药效等数据分析，优化药物的成分和比例，从而增加医药研发的效益并缩短制药的时间周期。

药物副作用分析是大数据的另外一种重要应用。在临床用药过程中，药物错用、滥用可能导致药效不够，或是产生不良反应，还可能会导致治疗作用减弱或是失败，甚至死亡，同时也会给患者带来没有必要的经济负担。目前的临床药物副作用主要来源于临床试验，药物副作用信息量少。利用临床医学产生的大数据，可以从数以万计的临床患者数据中挖掘某种药物的不良反应信息，通过整合分析，更加科学地获得药物不良反应信息。

8.3.3 健康监测管理与个性化医疗服务

利用大数据技术，可以对个人的健康进行全方位的监测与管理，健康分析人员可以有效地对个人健康数据进行分析，当身体状态不好时能够及时干预。现阶段可以利用

> 📖 **知识拓展**
> 健康监测传感器

体温传感器、体重计量传感器、热通量传感器、生物电传感器等收集监测数据，数据累积到一定程度时，可以建立个人健康初级模型，利用大数据技术对其分析，通过汇总得到健康风险指数。同时，如果数据产生异常，那么传感器会加大检测密度，并产生疾病风险预警。健康监测流程如图8-4所示。

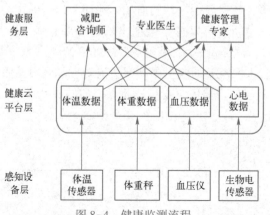

图 8-4 健康监测流程

个性化医疗又称精准医疗，是指以个人基因组信息为基础，结合蛋白质组、代谢组等相关内环境信息，为病人量身设计出最佳治疗方案，以期达到治疗效果最大化和副作用最小化的一门定制医疗模式。个性医疗之所以"个性"，就是因为从对"症"下药改变为对"人"下药，其"个性"在疾病预防、分析、诊断、治疗的不同阶段都有所展现。

大数据在个性医疗服务中，能够关联多种诊断信息来源并且制定个性化方案，可以帮助揭晓癌症的复杂性，从而为每个患者找到个性化的靶向药，能够做出非主观的理性医疗决定，可以对组织切片和基因组信息进行系统分析。

8.3.4 电子病历的发展

电子病历是随着医院计算机管理网络化、信息存储介质（光盘和IC卡等）等的应用及

Internet 发展而产生的。电子病历是信息技术与网络技术在医疗领域的必然产物，是医院病历现代化管理的必然趋势，其在临床的初步应用，极大地提高了医院的工作效率和医疗质量。

和传统纸质病历相比，电子病历有绝对的优势，它的推广和应用有助于医院医疗工作的全面信息化以及整个医疗卫生行业的全面信息化。其优势主要体现在以下几点：

1）病历存储容量大，内容全面充分。电子病历依靠计算机存储技术，特别是光盘技术，可存储的数据容量是巨大的，通过患者随身携带的健康卡可以将患者的全部健康数据进行存储和便携式查看。

2）共享性好，应用更加广泛。传统的纸质病历有一定的局限性，通过采用电子病历，患者的检查信息会通过各个医院的信息管理系统在各大医院实现信息共享，医生也可以通过患者随身携带的健康卡查看患者的医疗信息。病历的信息共享为医患双方都带来了便利，促进了医疗资源的高效利用。

3）传送速度快，有利于远程会诊。借助计算机网络，医生可以通过 Internet 快速获取患者的病历，还可以远程进行会诊，从而为地域受限的患者提供更有效的医疗诊断建议，也可以多个专家进行讨论，更有利于对患者病情的治疗。

4）病历书写更标准、规范和高效。尽管纸质病历有统一的格式和书写规范，但手写的规范性和统一性还是很难保证的，而电子病历的格式化输入模式、统一的规则，对病历中的各种基本情况设立统一编码，如地址编码、职业编码、家庭编码、医疗设施编码等，形成各地区、各国家的统一标准，使病历书写达到标准化、规范化。

5）便于查阅、统计、分析和医学科研。电子病历较纸质病历更方便存储、查阅和数据统计，也能够帮助医疗科研更快、更准确地获取、分析和处理数据。应用实施电子病历，可以帮助医务工作者减轻人工整理和输入数据的工作量，从而将更多的时间和精力放在临床科学研究。

美国国立医学研究所将电子病历定义为"电子病历是基于一个特定系统的电子化病人记录，该系统为用户提供访问完整准确的数据、警示、提示和临床决策支持系统的能力"。通过电子病历实现关键医疗信息的共享，已经成为医疗卫生业的发展趋势和医院信息化的核心。

电子病历（Electronic Medical Record，EMR）是医院信息系统向医疗业务工作的延伸，是整个医院信息系统的组成部分。而电子健康记录则是在医疗机构内部电子病历的

> 📖 知识拓展
> 电子病历的深度使用

基础上实现互联互通，形成以人为中心、覆盖整个生命周期的健康和医疗信息共享系统。当前在基层医疗机构建立的居民健康档案是居民个人的基本健康资料，它与医疗机构的电子病历信息实现共享后，才能构成完整的电子健康记录。

📖 随着认识的不断提高，电子病历逐渐上升到电子健康记录的层次上，电子健康记录涵盖的内容更全，更贴近实际，成为国际上对"电子病历"比较一致的称谓。

结合电子病历档案系统的实际需求以及云计算环境下的技术特点，在现实的应用中，基于云计算的电子病历档案系统一共包括 4 个层面，如图 8-5 所示。

1）云计算服务接入层，包含各个医疗单位，这是云服务系统最主要的基础数据来源。

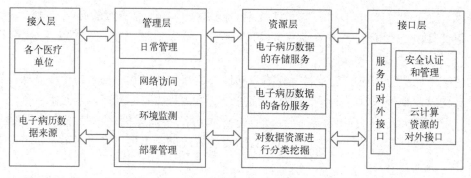

图 8-5　基于云计算的电子病历档案系统

2）云计算管理层，负责对信息资源进行日常的管理与维护，包括对硬件设备的维护管理、对数据资源的安全访问，也包括对运行环境的监测等。

3）云计算资源层，管理平台所有的数据资源，负责存储所有病案信息，并对这些档案信息进行备份，还包括对数据资源进行分类挖掘。

4）云计算接口层，主要向用户提供云计算服务的对外接口，一方面，要保障用户层次的安全认证和管理，另一方面，提供使用云计算相关资源的对外接口。

通过以上 4 个层面，可以实现广大用户电子病历的上传、查看以及相关数据汇总等全方位的服务，最终成为一个面向患者、高度共享、永久存储的电子病历平台。

> 📖 **知识拓展**
> 云计算下的病历存储

电子病历已成为我国医院优先级最高的应用系统。根据 2021 年 3 月中国医院协会信息管理专业委员会发布的《中国医院信息化状况调查（2019—2020 年度）》报告，有高达 86.14% 的医院将电子病历系统作为最重要的应用信息系统，远远高于其他任何系统，充分说明了医院已经对电子病历高度重视，并将其作为未来的重要工作。图 8-6 所示为电子病历数据在整个医疗系统中的优先权占比。

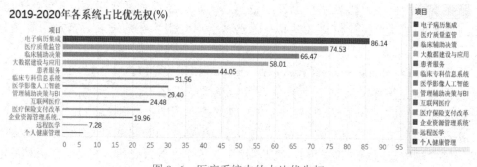

图 8-6　医疗系统中的占比优先权

8.3.5　疫情防控下大数据行程卡的使用

通信大数据行程卡是中国信通院联合中国电信、中国联通、中国移动 3 家基础电信企业，为全国的手机用户提供行程查询服务。它的工作原理是利用手机所处的基站位置获取用户所在位置信息，获取、采集、传输和处理"手机信令数据"，全程自动化并且保护个人的安全隐私信息，查询结果实时更新，方便快捷。使用者只需要输入手机号并进行授权，输入验证码，就可以查询自己的行程记录。用户一旦在某地驻留超过 4 小时，手机信号就会被当地基站捕捉，进而存储到行程数据库中。

国家根据地区疫情严重程度，划分为低、中、高风险地区，大数据行程卡也相应地具有不同颜色，查询结果会使用绿色、黄色、橙色、红色4种颜色进行标记，规则会按照实际情况进行实时调整。

大数据行程卡的研发和推广是大数据在公共卫生领域的重要应用，可以帮助每个人便捷地证明自己的行程，提高企业、社区、交通部门等机构的行程查验工作效率，加速复工复产进程，通过对海量数据的记录与更新，提高我国疫情防控工作的效率。

8.3.6 远程会诊和智能医疗

远程会诊，就是利用电话、视频通话、电子邮件、屏幕共享等现代化通信工具，为患者完成病历分析、病情诊断，进一步确定治疗方案的治疗方式。使用计算机或智能移动终端，实现乡（街道）、村（社区）两级医疗机构与上级医疗机构实时远程会诊。跨地域远程会诊解决了偏远地区就医难、治病难的问题，同时解决了由医疗水平不均衡导致的治疗效率低下的问题。

进行远程会诊时，首先核验患者身份，建立远程连接，上级医生可在线实时查阅患者的档案、电子病历和检查记录等；建立连接后，医生远程商讨并制订诊疗方案，与患者沟通，及时为患者提供远程医疗服务，为区域分级诊疗提供支撑保障，最终实现基层首诊、双向转诊、上下联动、急慢分诊的良好就医秩序。远程医疗的实施不仅能够为基层患者、行动能力弱的患者提供便捷，同时可以提高医生的科研能力及医院的医疗水平。行动能力差、生活不能自理的人通过远程专家会诊，可以改善生活状况。同时在偏远地区很多疑难杂症不被医疗机构知晓，通过专家会诊，各层医疗工作者集中讨论，研究病历，进行科研调查，不仅提高科研能力，还能提高医疗水平。

在新冠肺炎疫情防控的特殊时期，远程医疗发挥了重要的作用，远程医疗有效地打破了地域、空间的限制。为避免人群聚集，很多有疑似症状但非确诊患者不能到医院门诊就医，为应对这种情况，各大医院开展远程会诊、指导活动，有效地解决了这些困难。

智能医疗，就是利用物联网技术和公共医疗信息平台，实现患者与医务工作者或医疗设备的双向互动，使医疗过程信息化、智能化。智慧医疗由3部分组成，分别为智慧医院系统、区域卫生系统和家庭健康系统。

> 📖 **知识拓展**
> 外科机器人的研发

大医院人满为患，社区医院无人问津，病人就诊手续烦琐等问题都是由于医疗信息不共享、医疗资源极端化、医疗监督机制不全等原因导致的，这些问题已经成为影响社会和谐发展的重要因素。智慧医疗的应用不但可以提高医疗质量，更可以有效减少诊治过程中产生的各种费用。首先，在诊疗过程中，医生可以通过智能医疗在网络中搜索大量文献，用以支持自己的诊断和发展后续研究；其次，智能医疗能够帮助医务工作者快速、准确地实施治疗，这可以减少患者因不能确诊、反复就医导致医疗费用的增加，同时还能使医疗研究人员、药物供应商、保险公司等整个医疗生态圈的每一个群体受益。

医疗信息整合平台，可以整合医院之间的业务流程，共享医疗信息和资源，还可以在各种规模的医院进行在线预约和双向转诊，从而大幅提升了医疗资源的合理化分配，真正做到以病人为中心。当前的电子病历、移动医疗设备和远程医疗服务等都将有力推动智能医疗的发展，从而为群众提供安全、有效、方便、价廉的医疗卫生服务。

【案例 8-2】远程医疗国际会诊让脑瘤患儿获得国际专家建议

中国每年新增脑瘤患儿约 5 万名，数目非常庞大。我国在儿童脑瘤的综合治疗，包括手术、放疗和化疗方面与国际同行仍有明显差距。上海交通大学医学院附属新华医院小儿外科神经疾病诊治中心陈若平主任表示，以儿童常见的髓母细胞瘤为例，国内患儿的 5 年生存率大约为 40%，这个生存率还有待提高。

如何让国内儿童癌症患者和家长不用长途奔波就能得到国际专家的诊治建议和最佳技术？从 2018 年 11 月开始，医院组建了华东六省一市（华东区域）儿童脑瘤协作网，开展国际远程医疗儿童脑瘤、中枢神经系统肿瘤国际远程多学科会诊和学术交流。在已完成 30 多例儿童脑瘤案例交流后，深感获益匪浅。

患儿家属提出会诊申请并签署知情同意书，主诊医生对比较适合国际知名专家来会诊的具体病例的家属提出建议。例如，在手术方案选择、精准化疗、质子放疗等方面，我方医院和美国内莫尔森儿童医院、波士顿儿童医院、梅奥诊所、沃夫森儿童医院、佛罗里达大学儿童肿瘤质子放疗中心等权威机构开展合作。在会诊过程中，由第三方机构协助国际会诊，负责整理和翻译病案、传输图像资料，以及记录会诊报告等。

远程会诊通常为 30~45 min，交流患者具体病例和目前治疗情况，然后针对具体问题，中美双方主诊医生进行讨论式交流，详细了解治疗建议或方法选择，以及参考文献和数据，包括开展的临床试验等，最后达成共识。

在国际远程会诊过程中还有一个重要环节，即家长提问。作为家长总有特别关注的问题，例如，治疗方案对患儿的治疗效果或副作用，包括生长发育、智力影响，甚至生存概率等。家属希望通过这些具体问题的答案，决定如何配合主诊医生进一步治疗，做好儿童癌症生存健康管理。

国际公认质子放疗最大限度保护儿童癌症患者，避免损伤正常脑组织。遗憾的是，目前国内还没有开展儿童脑瘤质子治疗，更缺乏质子放疗专科医生、物理师，很多本应获益的小患儿得不到最先进的治疗。

开展国际远程医疗，针对儿童脑瘤的多学科会诊，国际专家、国内医生和患者家属三方都从中获益。国外小儿脑瘤病例比国内少，一些罕见病例更少见，与国内医院和医生合作能增加更多案例交流和合作研究。对国内医生而言，把国际上先进的临床技能引入国内，通过实际案例学习国际专家的精准治疗经验，最终让患者获益。

陈主任说，通过国际远程医疗会诊，我们不再感觉距离遥远和空间隔离。在 5G 时代，任何地方，哪怕交通不便的山区，也能及时获取先进的治疗技术。只要有互联网，就能与国际同行专家同步交流最佳诊疗方案，让患者获益。

8.4　健康大数据在公共卫生领域的挑战

在公共卫生领域中引进大数据很有必要，大数据能够带来巨大的经济效益和社会效益，还能使社会秩序得到维护，国家安全得到保障。目前大数据在公共卫生领域的应用还处于初级阶段，有很多问题还没有得到解决。本节将阐述健康大数据在公共卫生领域的挑战，希望给相关工作者带来帮助。

8.4.1　健康大数据安全隐私问题

在健康大数据的背景下，随着数据的挖掘与应用，健康大数据将在数据流动中发挥价值，而对健康大数据的安全意识应贯穿数据的整个生命周期，包括数据产生、采集、存储、处理、分析、应用和销毁的各个环节。

健康大数据与普通生活中产生的数据不同，健康大数据包含更多的个人隐私，如基因数据的泄露。基因数据安全关系到的不仅是个人，而且关系到整个家族体系。同时，基因数据具有特殊性：即使将基因上的某个点位去掉，还是可以通过其他基因来确认。一旦患者进行基因检测后，不正规的基因检测机构会将数据卖给制药厂，用于商业制药或其他用途。这样，患者甚至患者整个家族的基因数据将被泄露。因此，健康大数据保护极为重要，它涉及的不仅仅是每个公民的隐私安全，更有可能威胁国家的安全。现将目前存在的安全隐私问题的现实障碍归结为以下方面。

> 📖 知识拓展
> 基因大数据定义

1. 政府层面

早在 1996 年，美国通过《健康保险携带与责任法》（Health Insurance Portability and Accountability Act，HIPAA），该法案出台的主要目的是修订公共健康服务法案的部分规则，提高健康保险的可携带性和连续性。2000 年，美国健康和人力服务部（Department of Health and Human Services，HHS）发布了 HIPAA 的隐私规则，针对个人健康医疗数据缺乏隐私保护的情况，设定了健康数据的隐私保护标准。2009 年，健康信息技术促进经济和临床健康法案（Health Information Technology for Economic and Clinical Health Act，HITECH）顺应了电子时代个人健康医疗数据逐步电子化的趋势，扩展了 HIPAA 的适用范围。2020 年 12 月 10 日，在新冠肺炎疫情爆发之际，HHS 发布了修订 HIPAA 隐私规则的提案。本次提案着重指出要注重病人访问自己个人健康信息权利的重要性；增强医疗合作和个人病例管理中的信息共享；提升家庭成员和医疗服务提供者对于紧急情况和患者健康危机的参与度；在以新冠疫情为代表的公共医疗卫生事件等具有紧迫性、威胁性的情况下，使数据展示、共享更加高效。在保护个人健康医疗数据隐私的前提下，减轻 HIPAA 适用人群各方面的压力。

在国内，国家和各省市也颁布了相关法律准则。如2017 年 6 月实施的《中华人民共和国网络安全法》中明确规定网络运营者不得泄露获得的个人信息，但该法律并没有提供详细规定和可实施的方案。2016 年 6 月，国务院颁布了《国务院办公厅关于促进和规范健康医疗大数据应用发展的指导意见》。2018 年 4 月，国务院颁布印发了《国务院办公厅关于促进"互联网+医疗健康"发展的意见》等政策性文件。2020 年 10 月，国家实施的《信息安全技术个人信息安全规范》明确提出生物识别信息等方面的要求。国家陆续颁布政策性文件，可见国家对医疗健康大数据行业的重视程度，这些文件也为稳步实现健康医疗大数据应用、医疗健康信息数据共享等提出了更有针对性、更具实施性的指导方案。

> 📖 知识拓展
> 国内其他相关法

2. 患者个人信息层面

（1）诊疗过程

首先，患者在看病前，需要进行个人信息填写，进而打印出挂号单，而挂号单保管不利将会导致个人信息泄露；其次，在等待看病过程中，诊室叫号显示屏中会显示患者的个人信息，导致信息泄露；甚至在诊断过程中，其他患者的围观也会导致个人信息的泄露。

> 📖 知识拓展
> 纸质病历的弊端

在治疗过程中，医院的床位前会挂有患者的个人信息表格，虽然这可以提高医生的看病效率，但是这无形之中也泄露了患者的个人信息。同时，医生在患者结束治疗后，将患者病情作为案例，与其他患者或医生讨论，若没有经过患者本人的同意，这也侵犯了患者的隐私权。

（2）病历保管

传统纸质版病历在生活中容易丢失，且在医患传阅过程中容易损坏。

对于电子病历而言，根据《电子病历应用管理规范（试行）》等法律法规，医务人员在电子病历制作、修改、验查、共享中有不同的权限，如上级医生有修改下级医生电子病历的权限、护士有重整医嘱的权限，鼓励在医疗安全且以诊治为目的的信息共享。这些规定在查验、共享环节泄露最为严重，住院部计算机工作人员、管理人员以及收费人员、无关医务人员往往通过系统维护、核查账目、结账清算、信息共享等理由轻易获得患者诊疗记录、手术情况、检查结果，造成患者个人隐私被无关人员获取，而这些信息一旦被泄露就会直接侵害患者隐私权。

3. 医院信息管理系统层面

医院的患者数据管理系统非常强大，存储的数据量也非常大。在该系统中，医生可以任意查看患者的检验报告和诊疗记录。但是，在现实生活中难免有不法分子会通过医护人员获取患者的个人信息，如院外非正规医疗机构。甚至，会有网络攻击者袭击医院系统，造成医院系统的崩溃，进而泄露大量患者信息。

面对以上严重问题，现提出几条对于医疗数据保护的合理化建议。

（1）数据的脱敏处理

数据脱敏是数据库安全技术之一，指对某些敏感信息通过脱敏规则进行数据的变形，实现敏感隐私数据的可靠保护。例如，将患者的身份证号、手机号、病历、服药记录等个人信息，在不违反系统规则的条件下进行变形改造。常见的数据变形处理如表8-2所示。

表8-2　数据变形处理

名　称	描　述	示　例
Hiding	将数据替换成一个常量，常用作不需要该敏感字段时	男—M
Hashing	将数据映射为一个 Hash 值，常用作将不定长数据映射成定长的 Hash 值	Tom—5601
Permutation	将数据映射为唯一值，允许根据映射值找回原始值，支持正确的聚合或连接操作	Mary—abd
Shift	为数量值增加一个固定的偏移量，隐藏数值部分特征	163—1637
Enumeration	将数据映射为新值，同时保持数据顺序	500—25000
Truncation	将数据尾部截断，只保留前半部分	001-23456—001
Mask	数据长度不变，但只保留部分数据信息	123456—12＊＊＊6
Floor	数据或是日期取整	94—90

例如，在诊断过程中，医疗影像设备产生 DCM 格式的图片，图片中包含患者姓名、年龄、设备型号、病情、诊断结果等一系列信息，此时就可以对该 DCM 格式的图片做脱敏处理，将患者姓名用字符串进行替换，将病情及诊断结果进行加密等，避免患者个人信息泄露。

（2）增加访问控制层和可信第三方来加强访问控制及隐私保护

医疗信息化已成为现代医疗发展的趋势，电子病历（EMR）作为医疗信息化的核心应用，将在现代化医疗中发挥越来越重要的作用。在医疗机构中使用的 EMR 系统存在的亟待解决的问题之一就是对电子病历访问控制和隐私保护方面有欠缺。而云计算恰好具有高可扩展性、数据共享方便安全、成本不高的特点，因而在 EMR 系统底层采用存储云技术对电子病历进行分布式存储和管理。针对云计算本身和电子病历访问安全问题，可通过增加访问控制层和可信第三方来加强访问控制和隐私保护。另外，此规模可以扩展到全国范围，最上层可以为患者和医院提供统一的 EMR 注册和使用服务，从而解决了 EMR 共享问题。利用云存储技术对所述电子病历的存储模式进行规划，可实现对信息长时间、稳定的保存。基于存储云的电子病历服务体系结构如图 8-7 所示。

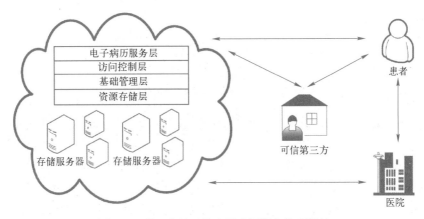

图 8-7　基于存储云的电子病历服务体系结构

8.4.2　标准化困境

在公共卫生大数据应用中，需要从海量的数据中快速获得有效信息，将大数据转换为高质量的服务。在数据采集方面，医疗卫生系统中数据的存储往往掺杂着大量的不一致数据，因此要将这些不一致的数据标准化，而标准化的前提是了解健康大数据的结构。

结构化数据和非结构化数据在数据的组织上有本质的区别，非结构化数据是把自然语言文本字符串进行电子化输入和呈现的数据，而结构化数据也称定量数据，是能够用数据或统一的结构加以表示的信息，这些数据最终以关系型（面向对象）结构的方式保存到数据库中。结构化数据不仅包含自然语言文本字符串，而且还包含文档格式、痕迹、权限控制、医学公式等信息，这些都可用于精细化的大数据分析，所以，健康大数据标准化信息模型的建立对医学发展意义重大。

健康大数据中包含的各种疾病的相关描述、病人的体格检查、医生的查询记录和电子医嘱等，都可以看成对语义信息的半结构化组织。要想做到标准化，就需要准确地从中挖掘和提取结构化语义信息（包括概念及属性、概念之间的关系等），进而组织成词典或者本体库等强结构化形式。基于语义技术的数据标准化模型如图 8-8 所示。

1）最底层是数据存储层，包括"医学本体知识库""医学语义知识库""临床知识规则库"。

2）倒数第二层是数据处理层，包括"语义数据管理"。

3）倒数第三层是语义处理层，它包含了 5 种核心语义处理工具，可对底层的数据进行全盘语义技术处理。

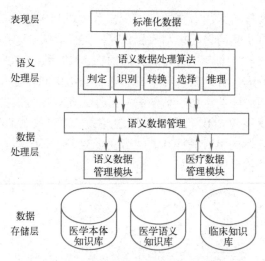

图 8-8 基于语义技术的数据标准化模型

4）最上层是表现层，可将得到的语义数据处理工作流产生的结果形成标准化数据，并存储在服务器中。

以上工作流程是双向的，即使用自然语言书写的或半结构化的文本型数据均可以通过自上而下的流程被语义技术识别、理解、处理、应用，然后存储到数据库中。

数据标准化有利于实现数据共享问题，更能提高数据的使用率，如标准化电子病历的建设为实现电子病历的信息共享和医疗机构的协同合作奠定基础，同时还有助于实现医疗过程全监督，强化责任意识，提高医疗服务的质量和紧急救治的能力。因此，实现数据标准化是健康大数据在应用过程中的重大环节。

8.4.3 信息孤岛问题

信息孤岛，是指在一个单位中由于种种原因造成部门与部门之间完全孤立，各种信息无法顺畅地在部门与部门之间流动。信息孤岛是各行各业信息化建设由初级向中级及高级逐步发展过程中难以避免的派生物，其实质就是信息不能共享的问题。信息孤岛可以分为数据孤岛、系统孤岛、业务孤岛和管控孤岛，如表 8-3 所示。

表 8-3 信息孤岛的分类

类　　别	描　　述
数据孤岛	数据孤岛是最普遍的形式，存在于所有需要进行数据共享和交换的系统之间
系统孤岛	系统孤岛指在一定范围内，需要集成的系统之间相互孤立的现象
业务孤岛	业务孤岛表现为企业业务不能通过网络系统完整、顺利地执行和处理
管控孤岛	管控孤岛指智能控制设备和控制系统与管理系统之间脱离的现象，影响控制系统作用的发挥

而当今，公共卫生领域应用大数据最重要的挑战就是数据的碎片化，尤其在医疗卫生领域，由于不同科室间使用的信息技术、系统不同而导致信息记录不统一、共享困难。例如，医学影像科室和化验科室，两者的数据记录有很大的区别，数据很难在两个科室通畅地流动，这极大程度地阻碍了健康大数据的挖掘与应用。

要克服信息孤岛问题，可以通过以下几个途径。

（1）共享、合并来源不同的数据

将数据格式规范化、统一化，是实现数据共享的最基本要求，主要涉及大量数据格式转换、异常值及缺失值的处理、数据冗余的处理、保持数据完整性的操作。

（2）扩大系统权限，实现跨系统调用信息

系统间产生信息孤岛的原因是数据不能跨系统进行传输共享，如果将系统权限扩大或实现应用系统的集成，使之能够相互调用需要的信息，那么工作效率会大大提高。

（3）整合、优化业务流程

企业或行业内的业务流程极其复杂，并且很多业务流程分别处于不同的系统中，将原有业务流程整合优化到一起，并通过流程将所有应用、数据管理起来，使之贯穿所有的子系统中，增加用户的可操作性，这是极其理想的。

大数据的应用不能局限于某个地区，而要扩展至全国甚至更广，医院信息孤岛不利于健康大数据的应用，因此要注重对信息孤岛问题的解决，开发具有高技术的系统，充分发挥健康大数据的作用。

8.4.4　缺少复合型人才和专业化队伍

目前，我国医疗卫生信息化水平与国外发达国家存在较大的差距，其中最主要的原因是缺少复合型人才和高素质水平的专业化队伍。在健康大数据发展的背景下，我国健康医疗大数据的应用还处于初始阶段，需要既懂得医疗知识又掌握信息技术的复合型人才，当务之急是突破生物医学和信息学科兼通的复合型人才困境。

据调查，目前很少高校设置了生物医学和信息科学交叉学科和院系，横跨这两个领域的复合型人才多为自学或选修，因此各高校可以开设交叉学科，培养高水平的复合型人才，这有利于大数据在公共卫生领域的应用。

8.5　习题与实践

1. 习题

1）健康大数据的特点是什么？

2）健康大数据在公共卫生领域有哪些应用？

3）公共卫生领域的大数据具有哪些特征？

4）产生信息孤岛的原因是什么？有哪些解决方案？

5）电子病历与普通病历相比有什么优点？

2. 实践

1）查找相关资料，列举出健康大数据在公共卫生领域的其他应用及成果。

2）研究并设计病人视图下的"终身电子病历"能查询到的菜单。

3）查找现实生活中存在信息孤岛的案例，并研究其解决方法。

4）查找远程会诊案例，并分析大数据在远程会诊中的作用，撰写分析报告。

参 考 文 献

［1］夏开建，王建强，吴玥，等. 医院电子病历系统的研究和应用［J］. 中国医疗设备，2017，32（2）：114-116.

［2］熊莺，卢建军. 新形势下医院病案管理面临的问题与挑战［J］. 现代医院，2016，16（11）：1691-

1693.

[3] 朱文，孔庆迎，申晓. 探讨医院电子病历模式下病案管理质量的缺陷 [J]. 中国卫生标准管理，2015，6 (3)：19-20.

[4] 马锡坤，杨国斌，于京杰. 国内电子病历发展与应用现状分析 [J]. 计算机应用与软件，2015，32 (1)：10-12；38.

[5] 张明英，潘蓉.《数据治理白皮书》国际标准研究报告要点解读 [J]. 信息技术与标准，2015 (6)：54-57.

[6] 郭晓明，周明江. 大数据分析在医疗行业的应用初探 [J]. 中国数字医学，2015，10 (8)：84-85.

[7] 李国垒，陈先来，夏冬. 面向临床决策的电子病历系统概述 [J]. 中国数字医学，2014，9 (12)：30-32；36.

[8] 李廷珊，陈纯真，丁惠. 电子病历在病案管理中的应用与存在问题 [J]. 现代医院，2013，13 (2)：139-141.

[9] 杨森淇，柴华，喻革武. 数字化医院的发展趋势和建设要素 [J]. 医学信息，2010，23 (3)：555-556.

[10] 袁雪莉. 电子病历的现状与难点分析 [J]. 计算机与现代化，2010 (10)：198-200；204.

[11] 蔡文涛. 浅谈医院信息系统的网络安全 [J]. 中国现代医生，2009，47 (32)：116-118.

[12] 时峰. 电子健康档案管理探讨 [J]. 生物医学工程学进展，2009，20 (4)：242-244.

[13] 李韶斌，黄谷子. 数字化医院电子病历系统的设计 [J]. 中国卫生信息管理，2009，6 (1)：62-68.

[14] 雷健波. 电子病历的核心价值与临床决策支持 [J]. 中国数字医学，2008，3 (13)：26-29.

[15] 郑西川，胡燕峰，吴充真. 电子病历开放式结构化数据采集与临床医学知识表达策略研究 [J]. 中国数字医院，2008，3 (3)：16-17.

[16] 彭柳芬，周怡，夏毓荣，等. 数据挖掘技术在临床决策中的应用研究 [J]. 数理医药学杂志，2008 (3)：350-353.

[17] 赵自雄，史倩楠，马家奇. 公共卫生大数据应用实例与发展建议 [J]. 中国卫生信息管理杂志. 2017 (5)：655-659.

[18] 宋运娜，贾翠英，谢维. 大数据在医疗卫生领域的应用 [J]. 理论观察. 2017 (5)：67-69.

[19] 孙政春，刘小平，田宗梅. 健康医疗大数据信息安全保护刍议 [J]. 中国卫生事业管理. 2021 (7)：518-520；525.

[20] 汪冬，秦利，魏洪河，等. 健康医疗大数据发展现状与应用 [J]. 电子技术与软件工程. 2018 (11)：209-210.

[21] 孟群. 促进健康医疗大数据应用 保障"健康中国2030"建设 [J]. 中国卫生信息管理杂志. 2016 (6)：539.

[22] 相静，王玖，胡西厚. 健康医疗大数据驱动下的疾病风险评估与预测方法探析 [J]. 中国卫生信息管理. 2018 (3)：329-333.

[23] 李国庆. 从新冠疫情防控看大数据技术的应用价值 [J]. 厦门科技. 2020 (3)：8-10.

[24] 海川. 大数据助推个性化医疗 [J]. 新经济导刊. 2014 (9)：42-46.

[25] 卢友敏. 医疗大数据及其面临的机遇与挑战 [J]. 信息与电脑（理论版）. 2018 (21)：5-6.

[26] 申艳莉. 医疗大数据该如何分类 [C]. 北京：发现杂志社，2019.

[27] 陈兆祯."智医助理"在基层医疗服务的应用与探索：以安徽省试点地区寿县的实践为例 [J]. 哈尔滨医药. 2021 (4)：108-110.

[28] 佚名. 案例分享：远程医疗国际会诊让脑瘤患儿获得国际专家建议 [EB/OL]. (2019-08-10)[2022-06-07]. www.sohu.com/a/332772112_387205.

第9章
大数据在碳减排中的应用

随着环境的恶化，碳排放成为当前热议的话题，为实现双碳的目标，如何监测碳排放量及如何控制碳排放量是人们亟待解决的问题。我国目前正处在双碳行动的第一阶段，即到2030年实现碳达峰，而数据是反映碳排放量大小的最直观表现，通过对不同地区、不同企业等的碳排放量数据进行分析，可以针对性地制定减排方案，极大地提高了碳减排的效率。本章将分析大数据在碳排放问题各方面的应用，体会大数据带来的便利。

2020年，我国二氧化碳的排放量大约为103亿吨，其中，煤炭、石油、天然气排放达到95亿吨，约占二氧化碳排放的92%。我国的总煤耗量约36亿吨，折算成标准煤大约为28亿吨，煤炭一年大约排放73.5亿吨二氧化碳；石油消耗7亿多吨，折算成标准煤约为9亿吨，排放二氧化碳15.4亿吨；天然气消耗量折算成标准煤是4亿吨，排放二氧化碳6亿吨。另外一部分是沼气、生物质等的排放，约占总排放量的8%。这些都是反映我国碳排放情况的直接数据。要了解我国的碳排放情况离不开这些数据，因此将大数据技术引入碳减排的进程中是十分必要的。

【案例9-1】AI精准赋能，助力双碳战略

2021年9月26—28日，国家网信办和浙江省政府共同举办了2021年世界互联网大会乌镇峰会，百分点科技董事长兼CEO苏萌分享了百分点科技在AI赋能及助力"双碳"方面的做法。他介绍，百分点科技在AI方面主要聚焦动态知识图谱和自然语言处理等认知智能的核心技术，基于多模态的数据融合治理，将海量繁杂的数据转化为知识，面向社会治理和企业数字化转型场景，打造数字化、智能化的行业AI应用，赋能数字政府建设和产业数字化。主要可以分为两方面：一方面是为传统企业提供多源异构数据整合和大数据分析、AI技术等数字化转型手段，助力不同发展阶段的企业提升数字化水平，将信息技术更多地利用到企业的生产和经营中去，提高生产和运营的效率及精确率，在质量检测、运输物流、供应链管理等方面实现智能化；另一方面，进行生态环境治理，为实现双碳目标，百分点科技已与中国环境监测总站合作，助力其开展数据治理、智慧监测创新应用等工作，目前共同参与开发的"全国生态环境质量会商平台系统"已上线运行。这些都是百分点科技为"双碳"目标的实现做出的贡献，其精准地认识到了大数据以及其他信息技术在碳减排的过程中起着催化剂的作用，可以提高行动效率，早日实现碳达峰、碳中和的目标。

案例讨论：

- 查阅资料，举例探究其他可以利用于碳减排的信息技术。
- 查阅资料，了解AI技术的应用。

9.1　碳排放的问题与现状

自党中央提出"2030年前实现碳达峰、2060年前实现碳中和"这一重大战略决策之后，全国上至国家机关，下至广大群众，都加入了实现双碳目标的行列，为这一事关中华民族永续发展、事关人类命运共同体构建的伟大战略目标奋斗。而正因为这是全国人民共同的事情，因此在执行上具有一定的难度，需要面面俱到地分析部署。本节就如何分析应用个人、企业数据以及环境数据进行探讨，为将大数据应用到双碳问题上做铺垫。

9.1.1　双碳概念

所谓"双碳"，即碳达峰与碳中和的简称，是为了应对全球气候变化，促进人类持续健康发展而提出的重大战略目标。图9-1所示为碳达峰和碳中和在一片叶子中的表现，

从该图中可以看出碳达峰和碳中和的差别，碳达峰的颜色要比碳中和的颜色更加明亮，这说明碳中和是碳达峰的更进一步，是实现相对零排放量（也是环境最优）的情况。

图9-2所示为实现碳达峰和碳中和过程中碳排放量的变化情况，碳达峰即我国承诺在2030年之前实现煤、石油等燃料燃烧产生的以及人类、动物、植物呼吸产生的二氧化碳的总排放量不再增长，达到峰值后逐渐回落，是我国碳排放量由增转降的转折点。也就是说，在2030年前我国的碳排放量会继续增长，这并不是与我国节能减排的举措相违背的，而是为了顾及我

图9-1　碳达峰和碳中和在一片叶子中的表现

国的经济发展，如果只是单纯地把目前的碳排放量就当作峰值来执行减排的方案，就有可能导致2030年时我国的经济水平下滑，人民的生活水平也会受到影响。按照我国提出的先实现碳达峰的目标政策，在2030年前大力发展我国的经济，为第二阶段实现碳中和的目标打下坚实的经济基础。

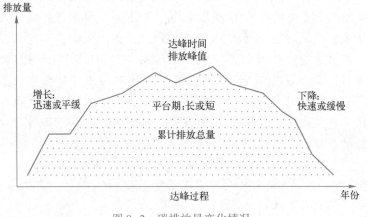

图9-2　碳排放量变化情况

碳中和即我国的个人、团体、企业在一个时间段内排放的二氧化碳量，通过植树造林、节能减排等行为能够将排放的二氧化碳量抵消掉，达到碳排放相对为零的目标，其侧重点就在于"收支相抵"。实现碳中和是我国乃至世界减排道路上的终极目标，要做到完全的零排放是不可能的，而为了减少大气中的碳含量，碳中和便是最佳选择，通过碳中和能实现碳排放量的相对为零，这样在彻底消除二氧化碳排放时，就进入了零碳排社会，环境就能得到保障。

我国提出双碳目标，体现了大国担当的责任感，以实际行动贯彻落实了全球绿色低碳发展的潮流，在中国共产党的领导和中国人民的共同努力下，一定可以达成双碳目标，为构建人类自然生命共同体作出巨大贡献。

9.1.2　个人数据分析问题

在这个纷繁复杂的社会，每个人每天都做着不同的事，由此产生的信息量是巨大的。在以前的机械化时代，没有人会想要收集这些信息，而随着信息化时代的到来，让每一个人都逐渐透明化，人们的大部分行为都会被互联网记录下来并生成数据，包括主动提供的数据和被动采集的数据两种，经过有关部门或企业整理形成个人数据。

1. 个人数据的概念

个人数据能够反映本人全部的信息，并且每个人的个人数据都是独一无二的，因为世界上的每个人都是独立存在的个体，不会与任何人重复，因此个人数据最显著的特点就是

> 📖 **知识拓展**
> 个人数据的保护

可识别性。每一组个人数据所对应的个人有且只有一个，正是由于全面的个人数据足以塑造一个生动的个人，因此个人数据与人格也紧密相关，个人对自己的数据拥有完全的掌控权，有权决定个人数据是否可以被他人获得、利用等。图 9-3 所示为个人数据的分类情况。

个人数据的保护也被重视了起来，法律规定不经过他人允许不可随意地利用他人的个人数据，这是对人格的保护。

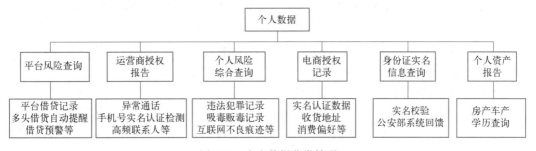

图 9-3　个人数据分类情况

2. 个人数据的特征

个人数据的特征包括具有人格性和可识别性。具有人格性是指个人数据涉及个人隐私，因此个人对自己的数据具有完全掌握权，其对于个人就像人格对个人一样，具有不可侵犯权。可识别性是指个人数据对每个人来说都是独一无二的，可以通过个人数据来准确地识别出个人。

3. 个人数据的利用

利用个人数据可以分析的问题包括两种：第一种就是根据数据对个人进行评估，了解其

一些基本特征，例如该人的性格、年龄；第二种就是利用个人数据对未来行为进行预测。和所有的大数据一样，个人数据也具有有迹可循的规律，通过整合过去的数据来对该人未来的行为进行预测。

2015年上线的花呗，受到了广大年轻人的喜爱，它的授信额度是根据消费者的网购情况、支付习惯、信用风险等综合考虑的，这就是通过对个人数据的分析得出的。并且这个授信额度是随着用户在平台上的使用情况（如消费额度、还款行为等）来进行改变的。根据使用期间的数据分析发现，利用花呗购买的物品中，女装、化妆品等潮流女性用品超过20%，这就可以引导更多的潮流女性用品卖家引入花呗，也可以向更多的潮流女性推荐使用花呗。2021年9月23日，花呗宣布纳入征信，这就会使得用户的信贷行为被记入银行等金融机构，银行会根据用户的借贷行为、财务状况等综合评估贷款申请，这是银行对个人数据的利用，主要体现在个人的借贷信用评判上。

9.1.3　企业数据应用问题

企业是社会的另一重要组成部分，企业也产生了海量的数据，该数据与个人数据相比能产生更多的利润。

1. 企业数据的概念

企业数据，顾名思义就是企业的经营活动所产生的数据，包括公司概况、产品信息、经营数据、研究成果等，其涵盖了该企业正常经营的全部奥秘。企业数据的产生需要企业花费一定的金额。企业有了一定的规模且能正常进行经济活动时产生的数据才能称为企业数据，这也就使得企业数据不能够随意利用。

企业数据的获取渠道分为集中式和分布式。集中式数据一般由统一的政府部门发布，如工商局、统计局，具有一定的权威性和全面性。分布式数据是由商业公司透过下属部门通过各种手段分散获取并统一整理的，其精确度和准确度比集中式获取的数据高。

企业数据往往是用来判断经济行为的，是企业用来衡量自身以及其他企业的竞争力，以在市场上精准高效决策，获得更多利润的工具。企业数据最重要的就是其经济价值，并且有一定的不可共享性，企业有权利管理并使用自己的企业数据，如果有其他企业或个人在未经允许的情况下使用该企业数据，该企业可以按照法律程序对使用企业数据的企业或个人提起法律诉讼并要求赔偿，这是由企业数据经济价值的特性决定的。

2. 企业数据应用问题

企业数据可以分为财务数据、生产数据、销售数据、市场数据、人力资源数据等，这些数据可以反映企业的生产经营状况，并且可以反映企业所处的市场环境等综合竞争力水平，因此对于企业经营者进行决策有着至关重要的作用。例如，企业要根据市场价格的变化以及财务数据等信息来调节生产产品的成本及定价，以追求最大化的利润。

3. 企业数据的应用纠纷

由于企业数据具有盈利性的特殊特征，因此各企业会想方设法地获得对自己有利的企业数据，但企业的强竞争性就会产生很多的企业纠纷。例如，2019年的阿里巴巴诉南京码注公司公开数据抓取案，码注公司将1688网站上的企业信息用于自己经营的网站上，这在一定程度上替代了1688网站的部分功能，1688网站认为南京码注公司随意利用自己的数据，损害了本网站的利益，最后以南京码注公司没有经过1688网站允许，擅自使用其数据而给予1688网站一定的赔偿结束了这一起诉讼。

9.1.4　环境数据的发展方向

环境问题是目前世界的一大共同问题，由于经济的快速持续发展，使得环境渐渐承担不了这么多的资源消耗和污染，出现了全球气候变暖、大气污染等现象，也使得地震、台风、洪水等自然灾害频繁发生。2015 年 8 月，国务院办公厅印发的《生态环境监测网络建设方案》明确指出利用大数据实现生态环境监测与监管有效联动，从政策层面对大数据应用于环境管理领域提出要求。

1. 环境数据概念

环境数据又称自然生态数据，是描述环境各项数据特征的信息，包括环境质量数据和环境污染数据。其中，环境质量数据指的是衡量环境质量（空气、水质、土壤条件、声环境状况）的数据，环境污染数据描述的是造成环境污染的二氧化碳、铅等有害化学物质的数据。环境数据既包括传统的结构化数据，也包括各种半结构化数据和非结构化数据，如由照片得知的树木生长状况、由纪录片看到的空气质量状况等。各种能够反映环境情况的数据、视频、图片、声音等都属于环境数据。

2. 环境数据的作用

利用环境数据进行分析时，要将过去的数据和新数据联合，并且需要实时连续观测。这种分析方法可以更加全面、具体地了解环境状况，给政府及各部门制定环境政策提供科学依据，也可以帮助企业了解各生产环节的排放量进而采取减排措施，还可以帮助居民了解身边的环境状况。

3. 环境数据的展望

环境数据的收集和处理流程如图 9-4 所示。

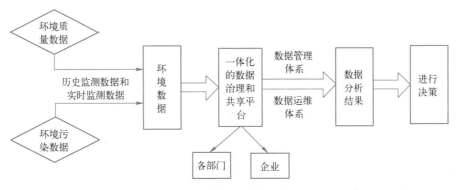

图 9-4　环境数据的收集和处理流程

另外对于环境数据的发展方向，有如下几点：

1）从信息技术走向管理，要充分利用大数据、云计算、互联网等技术，将这些新时代的技术引入环境数据的收集和研究过程中，以形成完整、准确的环境数据系统，再利用相关技术进行具体的分析。

2）充分发挥公众作用，环境是人民群众共同赖以生存的，公众也成为环境管理的重要组成部分，公众所产生的数据也是环境数据的重要来源之一，我国人口众多，如果每一个人都自发自觉地加入低碳生活、保护环境的行列，那么将汇聚成巨大的力量。同样，公众也是双碳目标的主体，充分发挥公众作用，对环境保护有着至关重要的作用。

3）建设全国环境保护监测体系，能够实时、准确、全面地掌握环境数据信息，是我国相关部门一直追求的目标。全国环境保护监测体系将在专网基础上进一步延伸到企业端，对每一个环境管理行为进行监控，对企业生产和排污的全生命周期进行监控，形成环境管理的闭环，并为监察、监测和执法提供依据。

4）数据共享解决区域环境问题，由于环境监测体制不一致产生了相邻行政区间存在着治污不同步、力度不一致、宽严不统一等弊端，而数据共享可以在一定程度上解决这些弊端。跨区域数据共享，就可以让每个行政区相关部门掌握实时的环境数据，进而以此为依据研究对策，紧跟双碳的步伐。

9.2 大数据与双碳

实现双碳是目前我国保护环境的首要任务，在短短几十年内就实现"零排放"是非常有挑战性的，而与碳排放相关的事项纷繁复杂，通过简单的观察很难系统地认识环境状况，依靠简单的观察制定环境政策也缺少科学根据，因此需要借助大数据、云计算、智能监管、物联网等现代信息技术来收集、整理、分析环境数据，并进一步得出节能减排的环境政策。

9.2.1 碳达峰+大数据

碳达峰就是在保证经济持续健康发展的同时，尽可能地降低碳排放，使得总碳排放量达到一个峰值，再平稳地下降，它的重点在于要使能源的增速持续下降到显著低于 GDP 增速的水平。碳达峰不是无限制地增加碳排放量，而是边发展边控制，以较低峰值水平实现碳达峰，碳达峰的时间和峰度也决定了实现碳中和的时间和难易程度。

要实现碳达峰要做的是减少碳排放量，衡量碳排放量就要用到各项数据，利用大数据技术可以提供很多的便利。利用传统的能源燃烧量和效率来计算碳排放量，既缺乏准确性也很难操作；利用大数据与物联网、传感器技术与定位数据的结合，可以有效地衡量碳排放量和空间分布，为制定碳达峰政策提供科学依据。实现碳减排的措施如下。

1. 提高企业能源利用效率，推进企业转型升级

企业生产能源消耗所产生的碳排放量占了总排放量的绝大部分，因此要实现碳达峰的一大重点就是对高能耗企业进行整改，一方面可以降低单位产品的能耗，另一方面可以提高单位能源的产量。

2. 大力发展清洁能源和可再生能源

能源消耗特别是煤炭燃烧是产生二氧化碳等温室气体的主要来源，因此开发清洁能源来代替煤炭是降低碳排放量的有效措施。要实现碳达峰，首先应实现煤炭达峰。煤炭燃烧是我国能源消耗的主力军，使煤炭达到峰值，可用风能、太阳能等清洁能源代替煤炭燃烧。

在清洁能源正式投入生产之前，可利用数据来挑选产量最高、能耗最低的能源，保证我国经济的持续发展。

3. 碳达峰政策要注意因地制宜

由于我国各地区的发展情况都不尽相同，因此不能要求各地碳达峰的进程相同，可以考虑优先发展东部等经济发达、有可再生资源的地区，再让这些优先发展的地区带动相对落后地区的发展，给经济落后地区留足够的空间来完成碳达峰的目标。

对于不同地区的不同情况，就要求政策制定者根据各地区的历史数据及现实数据进行分析，制定符合实地情况的碳达峰政策。

9.2.2　碳中和+大数据

碳中和是双碳目标的第二阶段，是在实现碳达峰基础上的进一步发展。碳中和与碳达峰相比，相同的是都要实行碳减排的措施，而碳中和增加了碳排放量的收支相抵，这也是碳中和的重点，图 9-5 所示为碳中和示意图，表现了在碳中和的情况下碳排放量和碳吸收量相互平衡，实现相对"零排放"。

要实现碳中和，主要从两方面着手：一方面是碳减排，提高能源效率，降低碳排放量；另一方面是碳吸收，通过植树造林等来吸收产生的二氧化碳。

1. 大数据在碳减排方面的应用

利用卫星对地球大气遥感监测反演，可以监测二氧化碳等温室气体的排放量、空间分布，再利用这些具体数据进行处理、可视化和智能分析，从而监测和掌握碳排放量；

图 9-5　碳中和示意图

通过收集清洁能源和可再生能源的数据来开发效率更高的优质能源，以提高生产的能源使用效率，降低生产过程中的能耗和能源成本；通过碳交易市场来控制总碳排放量，需要获取处理分析碳交易数据，从而为相关人员管理碳交易市场提供便利，构建良好的碳交易市场。

2. 大数据在碳吸收方面的应用

实现碳吸收的最好方式就是植树造林，因此要保护好森林生态。利用资源遥感技术对森林资源变化实施遥感动态监测，生成遥感影像数据，实时监测森林蓄积量，掌握森林资源的情况；利用森林气象站实时监测森林的风向、干燥度、降水等环境变化，以预防森林火灾发生。

3. 企业和个人实现碳中和的措施

（1）企业

对企业来说要实现碳中和，可以从两方面着手，一方面是提高能源的使用效率，另一方面是开发并使用清洁能源。提高能源的使用效率不仅可以降低能源成本，也可以降低碳排放量。提高能源使用效率的关键是发现技术，不断创新，升级能源利用的技术。开发并使用清洁能源是实现双碳目标的捷径，清洁能源的使用可以大大减少二氧化碳等有害气体的产生，进而有效地减少我国的碳排放量。

（2）个人

个人在日常活动中的衣食住行各方面都会产生二氧化碳，服装厂在生产、运输衣服时会产生二氧化碳，烘干机的高耗电量也会排放大量的二氧化碳；食物在收获、加工、运输、储存的过程中会有一定的浪费，全球几乎三分之一的粮食被浪费，所排的温室气体占温室气体总排放量的三分之一；人们生活中使用的空调等高能耗电器会排放大量的温室气体；在出行方面，私家车、飞机都是高排放量的出行方式。因此，居民个人要实现碳排放量的收支相抵，就要从以下几方面入手：

> 📖 **知识拓展**
> 个人碳排放量的计算

1）低碳出行。出行最好以步行、骑自行车和乘坐公共交通工具（如地铁等）这种低碳的出行方式为主，尽量少开私家车和乘坐飞机。

2）倡导节约行动。在生活中要主动地节约水、电、粮食，非必要不乘坐私家车，尽可能地多乘坐公共交通工具，还要注意减少乱买衣服的行为，低碳生活，从我做起。

3）植树造林。碳中和就是要实现碳排放量的收支相抵，多植树造林是实现二氧化碳吸收的最有效的方式。

9.2.3 智能监管+大数据

要实现双碳目标，离不开对碳排放量的监管。在实现双碳的过程中，监管可以分为两方面，第一个方面是对碳排放量的监测，第二方面是对自然资源的监测。

1. 对碳排放量的监测

"大气一号"是我国首个专门用于大气环境监测的卫星，可以监测大气中的小颗粒和二氧化碳的浓度，是我国"大气"系列的首个卫星，利用高光谱遥感技术，根据不同的温室气体或不同的气体浓度会产生不同的光谱特征的原理，在电磁谱中获取大量的光谱连续的影像数据，使人们了解大气中二氧化碳等温室气体的浓度和分布。我国在 2021 年 9 月 7 日成功发射了高光谱观测卫星，开启了遥感卫星新视角，助力双碳目标。

2. 对自然资源的监测

对于碳中和来说，首要监测的自然资源便是森林资源，利用遥感技术获取目标物反射、辐射或散射的电磁波信息，再进行提取、加工、分析和应用，来实时监测森林的整体状况。图 9-6 所示为森林火灾图，森林火灾的危害性极大，会破坏大量的树木，也会破坏许多森林动物的生存环境。对于森林火灾的预防有以下技术。

（1）图像识别火灾自动报警系统

利用遍布在森林各处的摄像头，结合数字图像处理技术，实时监测并反馈森林中的情况，从而达到快速察觉火灾的目的。图 9-7 所示为图像识别系统检测到森林火灾时的图像。

图 9-6　森林火灾　　　　　　　　图 9-7　图像识别系统检测到森林火灾时的图像

（2）PSDK 测距仪

在发生火灾时，有时很难用肉眼或简单的摄像机来观察着火点的状况，可能会耽误救火的最佳时间和机会，因此可以借助 PSDK 测距仪确定着火点、火场面积，提高救火效率。

（3）热成像相机

火灾较大时，消防人员无法了解火场内部的情况，不利于救援措施的开展，采用热成像相机，不受光线和浓烟

> 📖 **知识拓展**
> 热成像相机的其他用途

的干扰，对不同的温度段呈现不同的颜色，可以帮助消防人员迅速了解火场内情况，采取相对应的措施展开救援。

当然，对自然资源的监测还包括对水资源、土地资源、海洋资源的监管，这些都是双碳过程中需要重点监管的，都可以利用遥感技术来实现。

9.3 案例与数据挖掘

【案例 9-2】华为数字能源

在目前全国碳减排的流行趋势下，华为在碳减排方面也采取了一系列措施。在 2021 年 6 月 7 日，华为技术有限公司注册资本 30 亿元成立了华为数字能源技术有限公司。

所谓数字能源，是物联网 IoT 技术与能源产业的深度融合，通过能源设施的物联接入，并依托大数据及人工智能，打通物理世界与数字世界、信息流与能量流互动，实现能源品类的跨越和边界的突破，增大设施效用，品类协同优化，是支撑现代能源体系建设的有效方式。华为数字能源技术公司包括在线能源计量技术研发、新兴能源技术研发、能量回收系统研发、机电耦合系统研发、新能源汽车换电设施销售等，主要致力于能源优化上，而能源消耗是我国碳排放的主要来源，也是生产成本的主要来源之一，因此优化能源对于实现双碳目标有推动作用，也能促进经济的发展。

华为数字能源坚持绿色发电、高效用电，持续为绿色可持续发展作贡献，截至 2021 年 6 月 30 日，累计绿色发电 4034 亿度，节约用电 124 亿度，相当于种植 2.7 亿棵树，为我国实现双碳贡献了巨大的力量。

华为数字能源技术有限公司的能源产品与解决方案包括智能光伏、站点能源、数据中心能源、智能电动、模块电源。

（1）智能光伏

华为将 30 多年积累的数字信息技术与光伏跨界融合，推出领先的智能光伏解决方案。

（2）站点能源

2021 年初，来自站点能源领域的多位权威专家学者共同探讨能源绿色化、绿色化转型，并联合发布《站点能源十大趋势白皮书》，洞察未来趋势，明晰未来方向，为站点能源转型升级提供战略参考。

（3）数据中心能源

华为还建立了数据中心能源，通过"重构架构、重构供电、重构温控、重构营维"打造"极简、绿色、智能、安全"的下一代数据中心。

（4）智能电动

智能电动可引领动力域数字化，加速汽车产业电动化教程。汽车在行驶过程中通过燃烧汽油产生动力，会释放大量的二氧化碳，对环境危害极大，将汽车改为电动，就可以大大减少二氧化碳的排放，促进双碳目标的实现。

（5）模块电源

提供高密、高效、高可靠的数字化模块电源，助力产业升级，打造消费极致体验。

案例讨论：

● 查阅资料，举例探究我国其他企业在碳减排上实施的举措。

● 查阅资料，探究数据挖掘在碳减排中的应用。

9.4 挑战与机遇

如今新兴起的大数据技术和新流行的双碳话题交织在一起，大数据信息技术的不完善以及双碳目标的不成熟，给大数据在碳减排中的应用带来了挑战。但存在挑战的同时也有机遇，大数据信息技术的不断更新给碳减排行动带来了机遇，也加速了实现双碳目标的进程。

9.4.1 物联网的模式

微视频
物联网的模式

物联网是指通过信息传感设备，按约定的协议，将任何物体与网络相连接。物体通过信息传播媒介进行信息交换和通信，以实现智能化识别、定位、跟踪、监管等功能，即利用各种信息技术将物体与物体实现互联互通，包括现实物体和虚拟物体。其特点是整体感知、可靠传输和智能处理。整体感知就是利用传感器、二维码等来获取物体的各类信息；可靠传输就是对获取的信息通过互联网、无线网络来进行传播；智能处理就是利用云计算等各种智能计算技术对海量数据进行分析决策。

物联网与互联网相比，在本质上，物联网的本质是感知与服务，互联网的本质是线上信息及内容推送和共享；物联网的数据可交易，对于大数据和云计算的价值巨大，互联网信息会消失也会重造，对大数据和云计算的价值有限；在传输上，物联网通过现有的互联网、广电网络、通信网络等实现数据的传输与计算，互联网把所有可上网的计算机和机器连接到同一网络上。互联网是物联网的基础和核心。

物联网与云计算、传感器、区块链、BIM 等技术相结合，为海量数据的收集、整理、分析工作提供了便利。

1. 物联网与传感器相结合

传感器是一种检测装置，能感受到被测量的信息，并能将感受到的信息按照一定规律变换为电信号或其他所需形式的信息输出，以满足信息的传输、处理、存储、显示、

知识拓展
物联网在生活中的应用

记录和控制等要求，简单来说就是获取并收集外界信息后传输到需要的设备。其特点包括微型化、数字化、智能化、多功能化、系统化、网络化，大大提高了人们对于外界一切有用信息利用的效率。

图 9-8 所示为二氧化碳传感器。二氧化碳传感器是通过实时监测大气中二氧化碳的浓度，将这些浓度数据传输到相应的计算机上，从而系统地了解二氧化碳的浓度变动情况，为相关部门的决策提供科学依据。

2. 物联网与云计算相结合

云计算是分布式计算的一种，指的是通过网络"云"将巨大的数据计算处理程序分解成无数个小程序，然后通过多部服务器组成的系统进行处理和分析，得到结果并返回给用户，可以将大量复杂的计算程序分解成多个相对较简单的小计算程序，这样既可以提高运算效率，也可以降低运算的软件成本。其包括超大规模、虚拟化、高可靠性、通用性、高可扩展性、按需服务、极其廉价和具有潜在危险性的特点。

图 9-8　二氧化碳传感器

9.4.2　数据科学的技术

1974 年，著名计算机科学家、图灵奖获得者 Peter Naur 在其著作《计算机方法的简明调研》*Concise Survey of Computer Methods* 的前言中首次明确提出了"数据科学"（Data Science）的概念，指出"数据科学是一门基于数据处理的科学"。目前认为数据科学是利用科学方法、流程、算法和系统从数据中提取价值的跨学科领域，是以数学、统计学、信息技术等为基础，以大数据为研究对象，主要研究数据加工、数据管理、数据计算、数据产品开发等活动的交叉性学科。

数据科学有两方面的内容：一方面是用数据研究科学，就是说利用分析具体数据的方法得出科学性的论断，目的是研究科学，如生物信息学、天体信息学、数字地球等领域；另一方面是用科学研究数据，指的是研究数据的具体方法的科学性，目的是处理数据，包括机器学习、数据挖掘、统计学等领域。

数据科学与大数据、数据分析的区别在于，数据科学是一个跨学科的领域，大数据是海量的信息资源，而数据分析则是涉及机械算法和应用程序，并得出有用业务解法的过程。

将数据科学引入双碳，首先收集大量的环境数据，具体反映我国环境质量状况，掌握不同地区碳排放量的差异，再分析这些数据，得出结论，为有关部门因地制宜地制定政策提供科学的依据。

9.4.3　新能源科学与工程+大数据

新能源科学与工程主要研究新能源的种类、特点、应用和未来发展趋势以及相关的工程技术等，包含风能、太阳能、生物质能、核电能等。

我国是目前世界上最大的能源生产和消费国，表 9-1 所示为我国 2015—2019 年的能源消费情况。

表 9-1　2015—2019 年我国能源消费情况表

年　　份	能源消费总量/万吨标准煤	煤炭占能源总量的比重（%）	石油占能源总量的比重（%）
2015 年	434113	63.8	18.9
2016 年	441492	62.2	18.9
2017 年	455827	60.6	18.9
2018 年	471925	59	18.7
2019 年	487000	57.7	18.4

我国的能源消耗总量在不断上涨，但煤炭和石油占能源总量的比重不断降低，这表明了我国在碳减排的道路上慢慢进步，但煤炭和石油的消费量仍然很大，不可避免地会产生大量的二氧化碳，因此要实现双碳目标，开发使用新能源是极其重要的。低碳经济的本质就是通过高效地利用能源，实现技术创新和产业调整，依托科技创新发展清洁无污染能源、追求绿色 GDP，从根本上减少二氧化碳的排放。

就目前的新能源发展状况来看，风能、光伏、储能已成为未来工业的"新煤炭"，动力电池和氢燃料成为"新石油"。截至 2020 年 11 月底，我国风能、太阳能累计装机合计 4.7 亿 kW，但距离 2030 年 12 亿 kW 的保底目标仍有 7.3 亿 kW 的装机差额，因此还需要

📖 **知识拓展**
新能源的开发

继续加强风能、太阳能的基础设施建设，同时还要注意技术发展，提高能源的利用效率。技术进步是发展之本，应不断提高风能效率、光伏转换率以及电池能量密度，促进我国新能源产业的快速发展。

【案例 9-3】气候智慧型农业，中国农业绿色发展新路径

"旱九水三春，烂断大麦根"等许多农业谚语都显示着遵循气候变化规律的重要性，然而随着温室气体排放过量，全球变暖，"看天"似乎已经没那么准了，气候规律遭遇严峻挑战。人类活动向大气中排放过量的二氧化碳、甲烷和氧化亚氮等温室气体是导致气候变化的重要原因之一，更进一步，气候变化引发的高温干旱、洪涝灾害、荒漠化和表层土壤侵蚀等，正在导致可耕作土地面持续缩减，以及农作物产量的失稳与下降。我国作为一个农业大国，缓解气候变化、保证农作物粮食产量对我国来说十分重要。

作为负责任的发展中大国，我国积极应对气候变化、推动绿色低碳发展，作为经济社会发展的重大战略、加快经济发展方式转变和经济结构调整的重大机遇，加快推进低碳转型，引导构建公平合理、合作共赢的全球气候治理体系，成为全球应对气候变化的重要参与者、贡献者、引领者。2014 年，在全球环境基金（GEF）支持下，农业农村部与世界银行共同启动了中国第一个气候智慧型农业项目——气候智慧型主要粮食作物生产项目。

农业农村部科技教育司副司长李波介绍说，"气候智慧型农业是联合国粮农组织 2010 年提出的，就是在应对全球气候变化背景下，一种既能保持农业生产能力，又能实现固碳减排和缓解气候变化的发展新模式。"从总结的经验来看，这种农业发展模式可概括为八个字"固碳、减排、稳粮、增收"。

据联合国政府间气候变化专门委员会估计，温室气体排放总量中至少五分之一来自农业部门，主要来源是施用肥料的土壤、反刍动物的肠胃发酵、秸秆焚烧、水稻生产、有机肥和化肥生产过程中释放的甲烷和氧化亚氮等。作为项目的两个示范点，河南省叶县和安徽省怀远县以前都存在着温室气体排放多，作物秸秆还田及保护性耕作应用范围小、生产系统受气候影响稳定性差、化肥农药投入量大、耗能高、浪费严重，土壤固碳能力低且地力亏欠的特点。针对这些短板，在实践中，采用了化肥减量施用节能减排技术、农药减量施用技术、平整农田与优化灌溉技术、保护性耕作配套栽培技术、农田固碳减排新材料筛选技术、农田固碳减排新模式筛选技术、生态拦截技术，项目实施几年来，粮食产量基本上都在稳步地提升。和非项目区比较，项目区的小麦产量能提高 5%~10%，水稻产量大概提高 5%以上，玉米产量能够提高 10%以上。

图 9-9 为开展气候智慧型农业前后的农田对比图。

图 9-9　开展气候智慧型农业前后的农田对比图

气候智慧型农业的好处可以概括为三点，一是防灾减灾实现稳产，通过改善作物品种，优化种植结构来提高农业生产系统整体效率、应变能力、适应能力，增强作物生产应对气候变化的弹性，以确保作物稳产甚至增产；二是固碳减排绿色发展，通过生产系统优化与技术改进，实施秸秆还田与保护性耕作等，提高化肥、农药、灌溉水等投入品的利用效率和农机作业效率，减少作物系统碳排放，增加土壤碳储量，推进节水、节肥、节药、节地、节能，促进农业节本增效；三是节本增效农民增收，通过推广化肥农药投入品减量化技术，节水节肥节药等清洁生产技术，种养结合生态循环技术，推进农业标准化生产，改善农产品产地生态环境，从而增加优质安全农产品供给，提高农产品销量和价格，促进农民增收。

资料来源：武汉市农业农村局网站 http://nyncj. wuhan. gov. cn/xwzx_25/xxlb/202009/t20200918_1451549. html.

9.5　习题与实践

1. 习题

1）什么是碳达峰？什么是碳中和？碳达峰和碳中和的区别是什么？

2）什么是个人数据？什么是企业数据？个人数据和企业数据相比，各自有什么特点？

3）什么是环境数据？环境数据的分类是什么？

4）什么是物联网？物联网和互联网的区别是什么？

5）什么是数据科学？数据科学和大数据有什么区别？

6）谈谈我国实现双碳目标的意义。

2. 实践

1）说说自己可以为碳减排做些什么？

2）查阅资料，概括我国近几年碳排放量情况，并按行业排序。

3）查阅资料，了解我国新能源开发与使用现状。

4）利用手机软件，查看自己一天的碳排放量以及碳吸收量。

5）依据案例 9-3，列出农业中碳减排的维度以及相应的数据属性。

参 考 文 献

［1］李扬，李晓宇. 大数据时代企业数据边界的界定与澄清：兼谈不同类型数据之间的分野与勾连［J］. 福建论坛（人文社会科学版），2019（11）：35-45.

［2］常杪，冯雁，郭培坤，等. 环境大数据概念、特征及在环境管理中的应用［J］. 中国环境管理，2015，7（6）：26-30.

［3］工业固废综合利用产业联盟. 大数据战略：环境信息化建设的未来发展方向.［EB/OL］.（2015-11-13）［2022-06-07］. http://www. weishehui. cn/lmzxck. php？id=18.

［4］李菁华. "碳中和"呼唤时空大数据［N］. 中国自然资源报，2021-09-17（007）.

［5］朝乐门. 信息资源管理理论的继承与创新：大数据与数据科学视角［J］. 中国图书馆学报，2019，45（2）：26-42.

［6］沈军. 发展低碳经济 用新能源引领产业绿色可持续发展［J］. 水泥工程，2021（1）：1-6.

［7］吴文灵，黄源，何嘉，等. 基于云计算平台的物联网数据挖掘探究［J］. 信息记录材料，2021，22（4）：223-224.

［8］袁小杰. 基于云计算的物联网开放平台设计与实现［D］. 杭州：浙江工业大学，2015.

［9］张云翼，林佳瑞，张建平. BIM 与云、大数据、物联网等技术的集成应用现状与未来［J］. 图学学报，

2018, 39 (5)：806-816.

[10] 毛燕琴, 沈苏彬. 物联网信息模型与能力分析 [J]. 软件学报, 2014, 25 (8)：1685-1695.

[11] 能源圈. "双碳" 带来行业大变革, 华为数字能源借 "势" 高歌猛进 [EB/OL]. [2022-06-07]. https://xw.qq.com/cmsid/20211014A0B41900? f=newdc/.

[12] 赵俊华, 董朝阳, 文福拴, 等. 面向能源系统的数据科学：理论、技术与展望 [J]. 电力系统自动化, 2017, 41 (4)：1-11；19.

[13] 诸云强, 孙九林, 王卷乐, 等. 论地球数据科学与共享 [J]. 国土资源信息化, 2015 (1)：3-9.

[14] 朝乐门, 邢春晓, 张勇. 数据科学研究的现状与趋势 [J]. 计算机科学, 2018, 45 (1)：1-13.

[15] 国家统计局. 2019 中国统计年鉴 [M]. 北京：中国统计出版社, 2019.

第 10 章
大数据对金融业的挑战与机遇

大数据时代的到来让金融业措手不及，再加上金融企业的数据资产来源比较单一，信息量少，无法让中小企业的业务得到满足。因此，绝大部分金融业新兴业务的进一步发展都要依赖更好的数据资产和创新的商业模式。金融业在大数据价值潜力指数中排名第一。银行、证券、保险、信托、直投、小贷、担保、征信等金融，以及 P2P、众筹等互联网金融领域，正在利用大数据进行一场新的革命。

例如，银行使用大数据来安全地保存大量的财务信息，这些大数据被用来分析从储蓄到信用卡购买的消费模式，以发现欺诈行为并在发生之前加以预防。假设某用户刷卡购买高价值的商品，那么银行就可能会与客户联系，询问最近的购买交易信息，以确定客户的卡是否被盗并需要冻结。

本章首先介绍了什么是金融大数据、大数据时代下对金融业带来的影响，以及金融大数据应用实施战略，接着阐述金融大数据在银行、保险、证券三大行业中的应用，然后介绍了金融创新的四个维度及其模型与算法，最后介绍了金融大数据案例。

【案例 10-1】中国交通银行信用卡中心电子渠道实时反欺诈监控交易系统

交通银行需要实时接收电子渠道交易数据，整合系统其他业务数据，通过规则实现快速建模、实时告警与在线智能监控报表等功能。总体要求为能实时接收官网业务数据，整合客户信息、设备画像、位置信息、官网交易日志、浏览记录等。

明略数据通过为交通银行信用卡中心构建反作弊模型、实时计算、实时决策系统，帮助拥有数十 TB 历史数据、日均增约两千万条日志流水的信用卡中心建立电子渠道实时反欺诈交易监控系统。利用分布式实时数据采集技术和实时决策引擎，帮助信用卡中心高效整合多系统业务数据，处理海量高并发线上行为数据，识别恶意用户和欺诈行为，并实时预警和处置，通过引入机器学习框架，对海量数据进行分析、挖掘，构建并周期性地更新反欺诈规则和反欺诈模型。

明略数据反欺诈系统上线后，运转稳定、高效，迅速监控电子渠道产生的虚假账号、伪装账号、异常登录、频繁登录等新型风险和欺诈行为。系统 7×24 h 稳定运行，日均处理逾两千万条日志流水、实时识别出近万笔风险行为并进行预警下发。数据接入、计算报警、案件调查的整体处理时间从数小时降低至秒级，监测时效提升近 3000 倍，上线 3 个月已帮助卡中心挽回数百万元的风险损失。

明略数据实时反欺诈流程如图 10-1 所示。

案例讨论：

- 利用机器学习描述明略数据是如何为交通银行信用卡中心建立反欺诈模型的？

- 近几年，信用卡交易量增长迅猛，欺诈风险也随之上升。除了案例中提到的，你还知道哪些信用卡风险欺诈行为？
- 明略数据是如何实时进行反欺诈的？

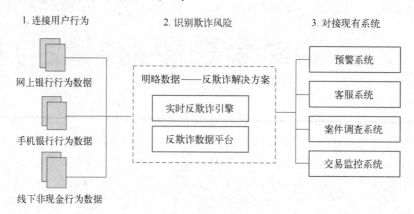

图 10-1　明略数据实时反欺诈流程

10.1　金融大数据概述

微视频
金融大数据概念

金融没有类似实物的物理生产、仓储、物流等过程，但其本身是数据的生产、仓储、挖掘、传输、分析和集成。所以相比其他行业，大数据对金融业而言有其特殊性。在信息爆炸时代下，根据金融数据的处理需求引入大数据，通过大数据进行数据的搜集、整理与分析，发挥金融数据的价值，为金融服务的创新和金融业的长期发展奠定坚实的基础。本节首先介绍了什么是金融大数据，其次分析金融大数据对金融业的影响以及应用的战略。

10.1.1　什么是金融大数据

金融大数据是指大数据技术在传统金融领域的应用实践，如精准营销、风险控制等。大数据行业在金融领域的运用，其意义就在于从海量数据中及时准确地识别、获取有价值的信息，从而应用于金融的决策与创新。

知识拓展
金融大数据与大数据金融

如图 10-2 所示，金融数据分为第一数据平面和第二数据平面。第一数据平面主要基于原有的金融 IT 平台，以交易为中心，支撑传统的金融业务；第二数据平面则是以大数据平台为核心的数据平面，利用大数据分析技术来处理金融业务。

金融大数据由金融机构、厂商、个人和政府关于投资、储蓄、利率、股票、期货、债券、资金拆借、货币发行量、期票贴现和再贴现等行为所产生的数据构成。

通常把金融领域已经发生事件的行为数据定义为金融机构、厂商、个人和政府当局的"行为数据流"，把金融领域尚未发生但即将会发生事件的行为数据定义为金融机构、厂商、个人和政府当局的"想法数据流"。再结合金融大数据是数字化数据与非数字化数据之和，以及过去、现在及未来事件数据之和的规定，可得到以下等式：

金融大数据=行为数据流+想法数据流=数字化数据+非数字化数据=历史数据+现在数据+未来数据

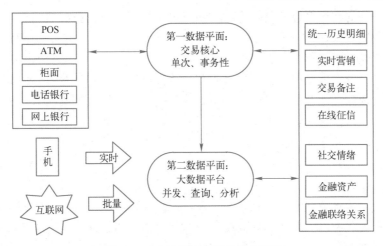

图 10-2　金融数据的两种数据平面

金融大数据的管理目标是在数据海洋中分析并挖掘出有价值的规律。金融大数据是在线的和实时的，不追求精确，而是在混杂的现实条件下追求真实时效，并且一旦发现某些有用的规律，马上加以利用，从而使业务更加灵活，对市场机会更加敏感。金融大数据的特点如表 10-1 所示。

表 10-1　金融大数据的特点

特　　点	表　　现
极大量	2010 年，我国数据在全球占比就已经突破 10%，之后每年占比都在稳步提升。国家信息中心相关人员曾说道，到 2025 年，中国数据总量预计将跃居世界第一，全球占比有望达到 27% 以上
在线	金融大数据必须在线并且能随时调用
完备性	收集和分析与研究问题相关的更多数据
多维度	在传统金融数据时代，由于大多是抽样、截取式地捕获数据，并且分析数据的手段和能力也相对有限，因此通常是可量化的、清洁的、比较精确的数据

金融大数据的决策，需要能处理具有以上特点数据的新科技手段。云平台是搜集和分类具有极大量和完备性特点的大数据的基础，集约化云计算是加工和处理具有极大量和完备性特点的大数据的主要技术手段，机器学习、物联网、区块链等其他人工智能技术则是对多维度大数据进行甄别、判断和预测的主要分析工具。

10.1.2　金融大数据对金融业的影响

大数据的特点，第一是容量大，第二是速度快，第三是类型多样，第四是强调海量数据之间的关联性而非因果关系。金融业是信息密集型服务产业，在数据特征和数据处理要求方面基本符合“大数据”的概念与特征。大数据是重塑金融竞争格局的一个重要支撑，给金融业带来了机遇的同时也带来了前所未有的挑战。

1. 金融大数据对金融业的积极影响

（1）根治金融行业旧疾，降低管理和运行成本

金融行业存在一些传统顽疾，如不良信贷、保险问题以及各种金融风险等。大数据时代将会以物联网为辅助，获取更多的金融和信用数据，准确地定位内部管理缺陷，从而制定有针对性的改进措施，执行符合自身特点的管理模式，进而降低管理运营成本。此外，金融大

数据可以提供全新的沟通渠道和营销手段，更好地了解客户的消费习惯和行为特征，及时准确地把握市场营销效果。

（2）金融机构提升自身能力的挑战

中国互联网金融发展迅速，在诸多方面与传统商业银行既相互竞争，也蕴藏着巨大的合作空间。金融大数据技术有助于降低信息不对称程度，增强风险控制能力，放弃原有过度依赖从财务报表中获取信息的业务方式，转而对其资产价格、账务流水、相关业务活动等流动性金融数据进行动态和全程的监控分析，有效提升客户信息透明度。

（3）外部机构组织的挑战

技术环境的革新使得传统金融模式面临着巨大变革。特别是随着互联网技术和大数据的快速发展，银行的传统经营模式面临革新。互联网正在以前所未有的信息交流方式，迅速改变着传统的商业模式和组织形式。行业内各类金融机构之间，甚至是行业之间的边界开始变得模糊，银行面临着全新的挑战，消费者的消费习惯和支付方式也发生了根本性的转变。互联网公司能够为银行提供更为全面的信用、行为和消费习惯等数据，而金融公司可以为用户和互联网公司推出更多定制化服务，这种合作会使将来的金融行为更具有针对性。

（4）金融大数据推动金融机构的战略转型

金融机构转型的关键在于创新，但现阶段因国内金融机构看管漏洞，容易出现监管套利的问题，没有能够充分挖掘客户内在需求，以及提供更有价值的服务。而金融大数据的重要技术正是金融机构深入挖掘既有数据，找准市场定位，明确资源配置方向，推动业务创新的重要工具。

随着第三方融资与信用等级评审、在线支付和理财投资等模式的兴起，不仅使得信息技术更好地服务于各种金融主体，还加强了金融市场多模式、多层次的体系建设，促进金融服务产业的发展。与此同时，大数据技术还从产品结构和资源配置两个方面促进金融产品的创新和金融产品模式的改变。

📖 监管套利：指利用在监管制度上的不一致性和不完备性，恶意逃避合理监管的行为。

（5）对金融大数据分析人才的挑战

现代社会，人才在金融业核心竞争力中的基础性、战略性、决定性作用日益凸显。面对大数据时代和信息化金融的发展，金融机构要"居安思危"。能够及时、准确地判断大数据时代的特点和金融发展的趋势，并具备现代科学文化素质的人才才是最稀缺的资源。要未雨绸缪，早做准备，重视现代金融人才培养，特别是挖掘和培养既懂业务又懂技术的复合型人才。

2. 金融大数据对金融业的负面影响

（1）大数据支付体系对金融业同类业务造成冲击

随着大数据分析技术的支付系统不断完善，以及金融商业模式的逐渐兴盛和对支付业务快捷性的要求，第三方支付业务得到了迅猛的发展。并且，互联网支付正在逐渐

📖 **知识拓展**
第三方支付的概念

脱离对传统金融商业的依赖，形成自己的支付体系。目前，互联网支付所提供的虚拟账户存储、转账业务和结算业务已经基本与商业银行所提供的服务相匹敌，对传统金融机构的地位造成了巨大冲击。

（2）金融大数据对信息安全的挑战

伴随着数据大集中的实现，风险也相对集中．一旦数据中心发生灾难，就将导致金融业

的所有分支机构、营业网点和全部的业务处理停顿，或造成客户重要数据的丢失，其后果不堪设想。近年来，国内外金融机构因为信息技术系统故障导致大面积、较长时间业务中断的事件时有发生。

"增强数据安全意识，共同维护国家安全"，这是公民应有的意识与使命。在如今大数据迅速发展的时代下，维护数据安全更是人们重要的责任。

10.1.3　金融大数据应用实施战略

在大数据金融下，我国金融业如何因时而变，是要顺势而为，还是从战略和实施两个层面推进金融大数据的应用，使之迅速转化为产业竞争力？这是摆在金融机构面前的一个重大而难以裁决的课题。

1. 金融大数据应用的总体战略

在制定发展战略时，董事会和管理层不仅要考虑规模、资本、网点、人员、客户等传统要素，而且还要更加重视对大数据的占有和使用能力，以及互联网、移动通信、电子渠道等方面的研发拓展能力。要在发展战略中引入和践行大数据的理念和方法，推动决策从"经验依赖"型向"数据依靠"型转化。要保证对大数据的资源投入，把渠道整合、信息网络化、数据挖掘等作为向客户提供金融服务和创新产品的重要基础。金融大数据应用的战略目标、方向及步骤如表 10-2 所示。

表 10-2　金融大数据应用的战略目标、方向及步骤

金融大数据应用的战略目标	① 经营模式将从"以产品为中心"向"以客户为中心"转型 ② 管理模式将从"粗放型"向"精细化"转型 可以概括为构建以客户分析为基础，以客户需求为导向，以客户管理为核心的大数据收集、存储、分析和应用体系
金融大数据应用的战略方向	① 推动业务发展模式的转型 ② 促进内部管理模式的升级 ③ 推动风险管理模式的创新
大数据应用的战略步骤	① 倡导"数据治行"的经营管理理念 ② 注重大数据应用体系的顶层设计 ③ 以持续改进的方式推进大数据应用 ④ 构建适合自身特点的金融大数据分析体系

2. 金融大数据应用的实施策略

金融业怎样具体运用大数据？首先，企业要制定相应的实施战略，不同的金融领域可能会有所差别，但是大体的方针和策略趋同。如图 10-3 所示，这里对金融大数据应用的实施策略进行介绍，实施策略具体有以下几方面。

（1）加大金融创新力度，构建数据平台

传统金融机构在大数据的冲击下，面对的难题并不是如何收集用户数据，而是如何有效地采用大数据分析的手段来对这些数据进行分析和管理，以及如何对这些经常变动的金融大数据进行挖掘、加工和处理。同时，传统金融机构也应转变思维模式，大数据技术基础下的交易平台所关注的数据业务不应只是之前的结构化数据，图像、语音等非结构化的数据及用户的买卖习惯和爱好等跨平台的数据也需要得到足够的重视。

（2）处理好与数据服务商的竞争、合作关系

商业银行在产品运营过程中要不断创新发展，充分发挥自身所积累的用户信息资源优

势，与其他类型的企业进行跨平台的合作，整合各种资源，开展跨平台的管理服务功能，如代扣天然气费用、代还信用卡等。此外，移动端的普及促进了移动支付业务的发展，移动支付正逐渐取代网络支付成为主流的第三方支付手段。随着移动端支付市场的不断发展和扩大，商业银行面临着如何与第三方支付企业、网络运营商进行合作和竞争的挑战。此时，商业银行可利用特有资源优势，为客户提供定制化的服务。

（3）关注小微企业，加快资源整合

由于受到金融企业的挑战，商业银行目前已经开始关注小微商贷市场。银行开始意识到小微企业在资金上的旺盛需求，未来会更加注重小微信贷市场。同时，还应该注意到传统的商业银行在进行小微企业贷款时存在一定的技术和操作瓶颈，往往操作成本较高，降低了与其他小微信贷平台的竞争力。而P2P网贷等则能够提供更加灵活的信贷模式，涉足的领域更多的是低端市场。因此，传统金融机构在小微信贷市场中应加快资源整合，提供更加灵活的信贷模式，从而在该领域内的竞争中获得胜利。

（4）增强数据处理能力，创新客户服务手段

传统金融机构要想在这场激烈的竞争中取胜，必须要提高自身的核心竞争力，提升其在客户服务和数据分析上的处理能力。随着互联网及社交平台的流行和普及，传统金融服务行业应该提供更多私人化定制的产品，在数据分析方面加大创新力度，创造出能够以客户需求为导向的金融服务产品。

（5）加强风险管控，确保金融大数据安全

在建立大数据互联网金融系统时，要考虑数据的安全防护能力能否抵挡住外部篡改的发生，有效地对数据内容进行保护，并且对于具有较高安全性要求的互联网金融系统，更要确保网络系统的安全。因此，在大数据时代，建立互联网金融系统前必须充分考量数据的安全，确保系统的正常运行。

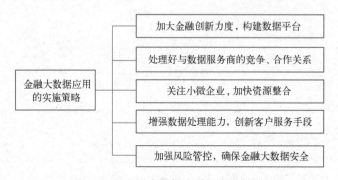

图 10-3　金融大数据应用的实施策略

10.2　金融大数据的应用

金融行业是典型的数据驱动行业，每天都会产生大量的数据，包括交易、报价、业绩报告、消费者研究报告、各类统计数据、各种指数等。所以，金融行业拥有丰富的数据，数据维度比较广泛，数据质量也很高，利用自身的数据就可以开发出很多应用场景。大数据在金融行业中有着广泛应用，本节主要介绍金融大数据在银行、保险、证券三大行业的应用。

微视频
金融大数据在银行中的应用

1. 金融大数据在银行中的应用

大数据在银行中的应用主要以其自身的交易数据和客户数据为主，以外部数据为辅；以描述性数据分析为主，以预测性数据建模为辅；以经营客户为主，以经营产品为辅。到目前为止，已有不少银行开始通过大数据来驱动业

> **📖 知识拓展**
> 大数据在银行业六个业务板块的应用

务运营。例如，中信银行信用卡中心使用大数据技术实现了实时营销，光大银行建立了社交网络信息数据库，招商银行则利用大数据发展小微贷款等。如图 10-4 所示，银行大数据应用主要分为 4 个方面：客户画像、精准营销、风险管控、运营优化。

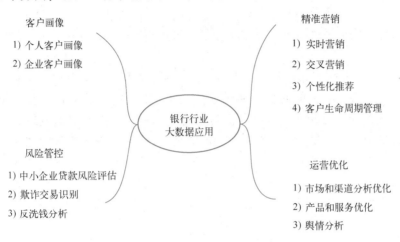

图 10-4　金融大数据在银行的应用

（1）客户画像

客户画像主要分为个人客户画像和企业客户画像。个人客户画像包括人口统计学特征、消费能力、兴趣、风险偏好等数据；企业客户画像包括企业的生产、流通、运营、财务、销售和客户数据，以及相关产业链的上下游等数据。

（2）精准营销

1）实时营销。实时营销是根据客户的实时状态来进行营销的。例如，根据客户当时所在地、客户最近一次消费等信息进行有针对性的营销。当某客户采用信用卡采购孕妇用品时，可以通过建模推测怀孕的概率，并推荐孕妇喜欢的业务，也可以将客户改变生活状态的事件（换工作、改变婚姻状况、置居等）视为营销机会。

2）交叉营销。交叉营销就是进行不同业务或产品的交叉推荐。例如，招商银行可以根据客户交易记录有效地识别、分析小微企业客户，用远程银行来实施交叉销售。

3）个性化推荐。银行可以根据客户的喜好进行服务或推广个性化的银行产品。例如，根据客户的年龄、资产规模、理财偏好等，对客户群进行精准定位，分析出其潜在的金融服务需求，进而有针对性地营销推广。

4）客户生命周期管理。客户生命周期管理包括新客户获取、客户防流失和客户赢回等。例如，招商银行通过构建客户流失预警模型，对流失率等级前 20% 的客户发售高收益理财产品予以挽留，使得金卡及金葵花卡客户流失率分别降低了 15 个百分点和 7 个百分点。

现代化的商业银行正在从经营产品转向经营客户，因此目标客户的寻找已经成为银行数据商业应用的主要方向。通过数据挖掘和分析，发现高端财富管理和理财客户成为吸收存款

和理财产品销售的主要方向。

(3) 风险管控

利用大数据技术可以进行中小企业贷款风险的评估、欺诈交易的识别以及反洗钱业务的分析，从而帮助银行降低风险。

1) 中小企业贷款风险评估。信贷风险一直以来都是金融机构需要努力化解的重要问题。由于巨大的市场潜力，为数众多的中小企业是金融机构不可忽视的客户群体，然而中小企业的风险成本高，贷款偿还能力差，财务制度普遍不健全，信用度低，因此难以有效评估其真实经营状况。这种成本、收益和风险不对称的现状导致金融机构不愿向中小企业敞开大门。而现在，银行通过大数据分析技术，使用将企业的生产、流通、销售、财务等相关信息与大数据挖掘方法相结合的方式进行贷款风险分析，量化企业的信用额度，从而更加有效地进行中小企业贷款。

2) 欺诈交易识别和反洗钱分析。银行可以利用持卡人基本信息、卡基本信息、交易历史、客户历史行为模式、目前的行为模式等，结合智能规则引擎进行实时的交易反欺诈分析。例如，汇丰银行利用SAS的反欺诈管理系统可以更快、更准确地发现欺诈交易，通过检测汇丰银行的银行卡交易记录和客户行为的变化，帮助确认客户的真实性并对进行的交易提供实时决策。

(4) 运营优化

大数据分析方法可以改善经营决策，为管理层提供可靠的数据支撑，使经营决策更加高效、敏捷、准确。

1) 市场和渠道分析优化。银行通过大数据可以监控不同市场推广渠道尤其是网络渠道的质量，从而进行合作渠道的调整。银行也可以分析哪些渠道更适合推广哪类银行的产品及服务，进而不断优化推广的策略。

2) 产品和服务优化。银行可以将客户行为转化为信息流，并从中分析客户的个性特征和风险偏好，更深层次地理解客户的习惯，智能化分析和预测客户需求，从而进行产品创新和服务优化。例如，兴业银行通过对还款数据的挖掘来区分客户，根据客户还款数额的差别，提供差异化的金融产品和服务方式。

3) 舆情分析。银行可以通过爬虫技术抓取社区、论坛和微博上关于银行以及银行产品和服务的相关信息，并通过自然语言处理技术进行正负面的判断，及时发现和处理问题。同时，银行也可以抓取同行业的信息，及时了解同行情况，作为自身业务优化的借鉴。

【案例 10-2】众邦银行"倚天"大数据风控平台

众邦银行建成了四大"数智化"风控系统，包括"司南"精准营销系统、"倚天"大数据风控平台、"洞见"客户行为预知系统和"众目"智能催收管理平台。目前，"数智化"平台已审批超过 2000 万客户，累计投放达千亿元规模，覆盖 6556 个数据维度。

2019 年，众邦银行推出自主研发的大数据智能风控平台——"倚天"，通过 100 多个数字模型、6000 多个数据维度，实现从授信申请到贷后管理的数字化管理，全面降低用户的申贷成本，提高运营效率。

从客户线上提交申请开始，"倚天"大数据风控平台对客户信息进行认证和识别。个人客户可通过微信服务号申请，首先填写个人身份信息、职业信息和联系人信息等，"倚天"大数据风控平台即进行身份认证，为了确保基础信息的真实性，防止伪冒申请，大数据团队采用 OCR 等技术获取数据，并进行人脸识别和活体识别。同时，系统根据年龄、职业、地域等条件进行客户群与相应产品匹配。此外，"倚天"大数据风控平台通过交叉验证、复杂网络等技术进行反欺诈识别。最后，通过多维度对客户收入及负债资产进行深度分析，从而给予客户授信额度并进行风险定价。

"倚天"大数据风控系统涵盖贷前审批、贷中预警、贷后管理等环节，通过打造风险决策引擎、大数据建模平台、风险数据集市等，对客户的信用风险、欺诈风险进行量化、评估、分析，实现了"贷前审批自动化、贷中预警智能化、贷后管理精细化"。

贷前审批自动化：基于大数据、人工智能、分布式计算技术，精准评估客户信用与欺诈风险等。

贷中预警智能化：利用客户贷中的交易行为，并结合企业及个人的异常和负面信息，建立实时预警监控模型。平台亮点：通过生态数据、交易数据的整合，实现 7×24 h 全天候自动监控负面信息，实现风险早发现、早处置。

贷后管理精细化：通过搭建智能贷后管理平台，并依托大数据整合体系内外数据，降低信息不对称性，形成催收标签，从而建立贷后催收模型，将逾期客户进行分层，制定催收策略、匹配催收话术，并通过智能机器人进行催收。

众邦银行通过"倚天"大数据风控平台、大数据风险数据集市以及大数据建模平台等技术体系，实现交易体量规模化、小而分散化、安全可靠化、灵活便捷化，为众邦银行业务的健康稳健发展提供有效风险保障，为服务实体经济、小微企业探索出一条可持续的发展路径。"倚天"风控流程如图 10-5 所示。

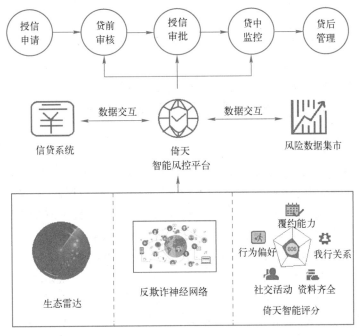

图 10-5　"倚天"风控流程

案例讨论：
- "倚天"大数据风控平台是如何对客户进行反欺诈识别的？
- "倚天"大数据风控系统包含哪几个部分？各部分在风控流程中起到什么作用？
- 了解众邦银行四大"数智化"风控系统中除"倚天"大数据风控平台外的其他 3

个系统平台。

2. 金融大数据在保险中的应用

大数据时代对保险行业的发展有着非凡的意义。面对不断升级的投保方案，不同客户有着不同的选择需求，因此，这就需要保险行业运用大数据来处理不同需求客户的信息，对潜在客户进行分类，从而加大投保方案的营销。利用大数据在相应的保险金赔偿方面进行欺诈分析，优化行业的产品服务以及人员管理。总的来说，保险行业的大数据应用可以分为三大方面，即客户细分及精细化营销、欺诈行为分析和精细化运营，如图 10-6 所示。

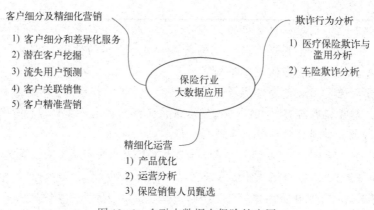

图 10-6　金融大数据在保险的应用

（1）客户细分及精细化营销

1）客户细分和差异化服务。风险偏好是确定保险需求的关键。风险喜好者、风险中立者和风险厌恶者对于保险需求有着不同的态度。一般来讲，风险厌恶者有更大的保险需求。在进行客户细分时，除了利用风险偏好数据外，还要结合客户职业、爱好、习惯、家庭结构、消费方式偏好等数据，利用机器学习算法来对客户进行分类，并对分类后的客户提供差异性的产品和服务策略。

2）潜在客户挖掘及流失用户预测。保险公司可通过大数据整合客户线上和线下的相关行为，通过数据挖掘手段对潜在客户进行分类，细化销售重点。在通过大数据进行挖掘时，综合考虑客户的信息、险种信息、既往出险情况、销售人员信息等，筛选出影响客户退保或续期的关键因素，并通过这些因素和建立的模型对客户的退保概率或续期概率进行估计，找出高风险流失客户，及时预警，制定挽留策略，提高保单续保率。

3）客户关联销售。保险公司通过关联规则找出较佳的险种销售组合，利用时序规则找出顾客生命周期中购买保险的时间顺序，从而促进保单的销售。除此之外，保险业还可以借助大数据直接锁定客户需求。例如，淘宝用户运费险索赔率在 50% 以上，该产品给保险公司带来的利润只有 5% 左右。但是客户购买运费险后，保险公司就可以获得该客户的个人基本信息，包括手机号和银行账户信息等，并能够了解该客户购买的产品信息，从而实现精准推送。假设该客户购买并退货的是婴儿奶粉，就可以估计该客户家里有小孩，可以向其推荐儿童疾病险、教育险等利润率更高的产品。

4）客户精准营销。在网络营销领域，保险公司可以通过收集互联网用户的各类数据，如地域分布等属性数据，搜索关键词等即时数据，购物行为、浏览行为等行为数据，以及兴趣爱好、人脉关系等社交数据，在广告推送中实现地域定向、需求定向、偏好定向、关系定向等定向方式，实现精准营销。

（2）欺诈行为分析

欺诈行为分析是指基于企业内外部交易和历史数据，实时或准实时预测和分析欺诈等非法行为，包括医疗保险欺诈与滥用分析、车险欺诈分析等。

1）医疗保险欺诈与滥用分析。医疗保险欺诈与滥用通常分为两种：一种是非法骗取保险金，即保险欺诈；另一种是在保额限度内重复就医、浮报理赔金额等，即医疗保险滥用。保险公司能够利用过去的数据，寻找影响保险欺诈的显著因素以及这些因素的取值区间，并建立预测模型，通过自动化计分功能，快速将理赔案件依照滥用欺诈可能性进行分类处理。

2）车险欺诈分析。保险公司能够利用过去的欺诈事件建立预测模型，将理赔申请分级处理，可以很大程度上解决车险欺诈问题，包括车险理赔申请欺诈侦测、业务员与修车厂勾结欺诈侦测等。

（3）精细化运营

1）产品优化。过去保险公司把很多人都放在同一风险水平上，使得客户的保单并没有完全解决客户的各种风险问题。而现在，保险公司利用精细化的数据分析，通过自有数据及客户在社交网络的数据解决现有的风险控制问题，为客户制定个性化的保单，以获得更准确及更高利润率的保单模型，给每一位顾客提供个性化的解决方案。

2）运营分析。运营分析是指基于企业内外部运营、管理和交互数据分析，借助大数据平台，全方位统计和预测企业经营和管理绩效，基于保险保单和客户交互数据进行建模，快速分析和预测再次发生的或新的市场风险、操作风险等。

3）保险销售人员甄选。保险销售人员甄选是指根据保险销售人员的业绩数据、性别、年龄、入司前工作年限、其他保险公司经验和代理人人员思维测试等，找出销售业绩较好的销售人员的特征，优选具有高潜力的销售人员。

3. 金融大数据在证券中的应用

大数据时代，大多数券商已意识到大数据的重要性，券商对于大数据的研究与应用正在处于起步阶段。相对于银行和保险业，证券行业的大数据应用起步相对较晚。目前，证券行业的大数据应用大致分为股价预测、客户关系管理、投资景气指数预测几个方向，如图 10-7 所示。

图 10-7　金融大数据在证券的应用

（1）股价预测

2011 年 5 月，英国对冲基金 Derwant Capital Markets 建立了规模为 4000 美金的对冲基金。该基金是基于社交网络的对冲基金，通过分析 Twitter 的数据内容来感知市场情绪，从而进行投资指导，并在首月的交易中实现盈利。其以 1.85% 的收益率，让平均数只有0.76% 的其他对冲基金相形见绌。

麻省理工学院的学者根据情绪词将 Twitter 内容标为正面及负面情绪。结果发现，无论是表现为"希望"的正面情绪，还是表现为"害怕""担心"的负面情绪，其占总 Twitter 内容数的比例变化都预示着道琼斯指数、标准普尔 500 指数、纳斯达克指数的下跌。美国佩斯大学的一位博士则追踪了星巴克、可口可乐和耐克 3 家公司在社交媒体上的受欢迎程度，同时比较它们的股价。他发现 Facebook 上的粉丝数、Twitter 上的听众数和 Youtube 上的观看人数都和股价密切相关。另外，根据品牌的受欢迎程度，还能预测股价在 10 天、30 天之后的上涨情况。

📖 道琼斯指数、标准普尔 500 指数、纳斯达克指数为 3 种股价指数。

（2）客户关系管理

1）客户细分。客户细分是指通过分析客户的账户状态（类型、生命周期、投资时间）、账户价值（资产峰值、资产均值、交易量、佣金贡献和成本等）、交易习惯（周转率、市场关注度、平均持股市值、平均持股时间、单笔交易均值和日均成交量等）、投资偏好（偏好品种、下单渠道和是否申购）及投资收益（本期相对和绝对收益、今年相对和绝对收益及投资能力等）来进行客户聚类和细分，从而发现客户交易模式类型，挖掘最有价值和盈利潜力的客户群，发现他们最需要的服务，以配置最优的资源和政策，抓住最有价值的客户。

2）流失客户预测。券商可根据客户历史交易行为和流失情况来建模，从而预测客户流失的概率。例如，2012 年海通证券自主开发的"基于数据挖掘算法的证券客户行为特征分析技术"主要应用在客户深度画像及基于画像的用户流失概率预测中。通过对海通 100 多万样本客户、半年交易记录的海量信息分析，建立了客户分类、客户偏好、客户流失概率的模型。该项技术通过对客户行为的量化分析来测算将来可能流失客户的概率。

（3）投资景气指数预测

2012 年，国泰君安推出了"个人投资者投资景气指数"（简称"31 指数"）。国泰君安研究所通过对海量的个人投资者样本进行持续性跟踪监测，对账本投资收益率、持仓率、资金流动情况等一系列指标进行统计、加权汇总后，得到了综合性投资景气指数。

"31 指数"通过对个人投资者的真实投资交易信息的深入挖掘分析，了解投资者交易行为的变化、投资信心的状态与发展趋势、对市场的预期及当前的风险偏好等信息。

10.3 大数据与金融创新

不管人们对大数据有多少不同的定义，不得不承认，大数据时代来了。这个时代中特有的业态现象、思维方法和商业模式正在侵袭甚至颠覆着许多领域，金融领域也不例外。数据储备和数据分析能力将成为未来新型政府最重要的核心战略能力。大数据被认为是信息化和互联网后整个信息革命的再一次高峰。大数据带来一种具有横断性理念和技术的革命，对产业整体会产生很大的促进作用，甚至是引领作用。本节主要针对金融业在大数据时代的创新进行具体分析。

10.3.1 金融创新的 4 个维度

近几年，可以说是我国证券行业（含期货、基金）创新密集的时期。下面从深度、广度、厚度、速度 4 个维度来进行分析，如图 10-8 所示。

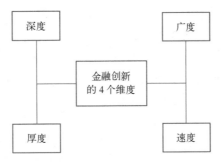

图 10-8　金融创新的 4 个维度

（1）深度创新

所谓"深度"，就是业务链条向前及向后延伸。向前，就是基于除了 PC 之外的各种移动端设备的交易、行情、资讯等服务；向后，就是基于除了中央登记结算和第三方存

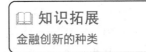

管之外的场外产品第三方支付服务。前者使交易场所无处不在，后者用于场外证券业务的资金与非证券业务的资金（比如电子商务）互联互通，瞬间转移。

（2）广度创新

所谓"广度"，就是金融产品线的丰富程度。上海证券交易所的股票、债券、基金 3 条线是齐全的，衍生品这条线主要从 ETF 期权试点突破，并做好了充分的准备，开发测试也全部完成，目前，全真模拟交易已经进行了相当长的时间。深圳证券交易所的新一代交易系统也准备作为期权业务的载体投入生产。

（3）厚度创新

所谓"厚度"，就是金融资产的多层次性的体现程度。顶天（大盘蓝筹、国际化）和立地（众筹、草根化）是它的两极，中间有各种板块，例如，中小板、创业板、新三板、区域性资本市场、私募柜台市场和理财产品等。一般来说，资产的高大上程度和投资者准入规模呈反比关系，一个正金字塔，一个倒金字塔。不过对于众筹这种最为草根化的模式，美国推出了 JOBS 法案，做出了有别于普通股权投资的特别规定。

（4）速度创新

"速度"可以细分成 3 个方面。

● 吞吐率：就是单位时间内处理某种类型的业务消息（比如交易订单）的能力。

● 时延：就是从事件发生到事件确认送达的时间间隔。

● 频率：就是单位时间内同类信息更新的次数。

从这些维度上看到的业务创新总体上分布在两极，主流产品走高大上的正规军打法，非主流产品走草根化的互联网打法。前者追求消化信息、产生投资决策、执行交易指令的极致效率，后者追求用户规模、账户之间的各种绑定和打通、用户行为数据的积累分析和把数据转化为营销价值或风控价值。这两方面对于大数据相关的技术都有明显的需求和依赖。

10.3.2　金融创新中的模型和算法

1. 大数据金融的风险控制算法模型

金融是数据化程度最高的行业之一，也是人工智能和大数据技术重要的应用领域。随着大数据收集、存储、分析和模型技术的日益成熟，大数据技术逐渐应用到金融风险控制的各个环节中。

个推，作为专业的数据智能服务商，拥有海量数据资源，在智慧金融领域也推出了相应的数据解决方案；个真，为金融客户提供智能反欺诈、多维信贷风险评估和高意愿用户智能筛选等全流程的数据服务，助力各金融机构全面提升风险控制能力。

（1）大数据风险控制

大数据风险控制是对数据处理、建模和应用的过程。大数据风险控制的流程主要分为4个阶段：数据获取、数据分析、数据建模、风险控制产品应用。首先对获取到的海量数据进行清洗和挖掘，有针对性地对金融特征进行深加工；接着通过规则策略和模型算法的构建，对外输出相应的风险控制服务。

（2）金融风险控制机器学习的流程

整个风险控制建模流程，在个推大数据平台上完成。首先，对持续更新的海量一手数据进行收集、清洗、存储，在数据存储前进行 ID 打通；然后，对清洗好的原数据进行特征构建；最后，利用多维度特征进行金融风险控制模型构建，用到的技术包括协同推荐算法、LR 算法、XGBoost、营销模型、多头模型和信用分模型等。风险控制机器学习的基本流程如图 10-9 所示。

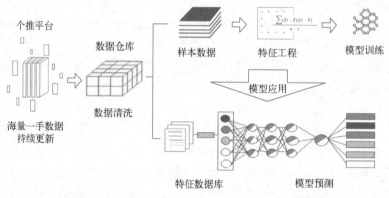

图 10-9　风险控制机器学习的基本流程

（3）建模过程与算法实践

如何高效构建特征，是风险控制建模中一个至关重要的问题。在实践中，个推会对特征进行稳定性分析、脏数据/异常数据处理、特征分箱、特征聚合和特征有效性验证。特征评估指标则包括 IV 值、Gain 值、单调性、稳定性和饱和度等。利用上述多维度特征和建模功能，增能于贷前、贷中和贷后全流程的拉、选、评、管、催这五大环节。

1）拉：营销模型，甄别虚假注册，评估借贷意愿。

在获客阶段，个推制定贴合大额、小额两种营销场景需求的营销模型，规则策略、模型策略、风险控制策略三管齐下，帮助客户识别"真人"，有效降低获客成本，提升注册率和转化率。客户可通过提供样本数据，以及通过个推来完成建模，同时，在缺乏样本数据的情况下，个推依托自身积累的海量样本数据，可以构建出多种营销场景下的通用模型，供客户使用。

2）选：贷前的审核，识别欺诈人群，防范恶意骗贷。

贷前审核阶段通常采取两个策略：欺诈分模型、风险人群筛选。

欺诈分模型指的是根据客户提供的数据信息在个推平台进行数据转换、特征匹配，并对其风险特征予以筛选，利用预设规则予以打分，最后得出相应的欺诈分。个推在逾 350 种特征中识别出数十种风险特征。举例来说，某用户安装多款小贷类 App，或线下到访场景异常，或该用户被命中黑名单等行为都会被识别为风险特征。根据欺诈分的高低予以排序，为客户分为不准入人员、需重点关注人员等。

风险人群筛选指的是根据用户存在的风险特征数量及程度，梳理出风险人员。个推利用筛选出的 8 个维度、350 多种特征，通过模型预测和规则制定输出 3 类风险人群：黑名单、灰名单、多头名单。黑名单指的是异常人员；灰名单指的是稳定性较差的人员；多头名单是指当某用户频繁安装或卸载多款借贷类 App 时，则会被模型系统判定为多头人员。在贷前审核阶段，黑名单人员可直接不予以准入，灰名单和多头人员则需要重点关注。

3）评：信用分模型，贷前信用评估，辅助贷款定额。

在评的阶段，个推采用信用分模型，为客户输出用户的信用评分。信用评分由 5 种维度构建而成：资产、身份、稳定性、关系、行为。个推信用评分模型先根据模型训练与规则模型得到各个维度分，再将 5 个维度的个人评分作为特征输入模型，得到总体个人信用分。

信用分模型由多个模型整合而成，第一层是分类模型，得到分值；第二层在维度分的基础上进行回归，得到最终信用评分。

4）管：贷中管控，监测异常特征，实现风险预警。

在管的环节，个推则采用贷中监测模型。从整体人群筛选出逾期相似（相关）人群，结合实时数据与高危特征异常监测得到高疑用户，结合客户的实际需求，对此类用户进一步地精准研判，得到逾期风险人员，将此类人员告知客户，让其予以重点关注或排查。

5）催：贷后催管，催回价值评估，提高催回效率。

在催的环节，个推基于自身构建的催回评分系统，可以有效指导金融机构制定差异化催管策略，助力更高效地完成催收工作。例如，当客户出现逾期和坏账时，金融机构通过个推的催回评分，对用户的还款能力和还款意愿进行评估，从而判断哪些用户优先催回。

全流程数据增能如图 10-10 所示。

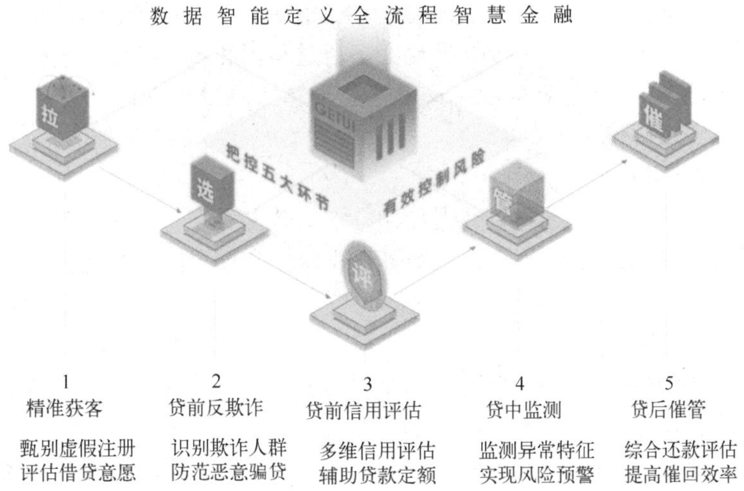

图 10-10　全流程数据增能

2. 金融业利用大数据构建模型进行精准营销

金融行业内的企业可以尝试3种战术方向。首先可以通过用户画像、精准营销来做运营优化；其次通过运营分析、产品定价来做精细化管理；最后利用实时的反欺诈及反洗钱应用，以及中小企业的贷款评估来提高风险控制能力，最终实现全面提升金融企业的核心价值和能力。

金融行业内的企业几乎都需要一套整体化的业务架构。构建业务架构要从搭建一套企业级数据中心开始。企业级数据中心应包含企业的业务系统、外部数据和一些机器日志数据，这些结构化、半结构化和非结构化的数据，都要被汇集在一起。金融大数据中心运营结构如图10-11所示。

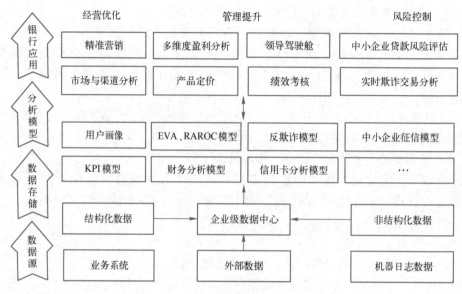

图10-11　金融大数据中心运营结构

在这些数据之上，金融企业可以建立各种各样的分析模型，例如，利用用户画像做精准营销，用EVA模型和反欺诈模型做多维度盈利分析、反欺诈的交易分析等。

例如，永洪科技利用金融机构持卡人的信息、信用卡信息、微信卡信息，通过大数据平台进行用户画像的精准营销。在大数据平台上，通过画像和算法给用户进行画像分群，根据分析需求来构建画像模型，基于MapReduce聚类和算法对用户进行分类，然后对数据进行处理，最终完成用户的画像。

3. 大数据金融算法的应用

现代金融的本质是科技金融和大数据金融。作为数据科学与算法相互融合催生的现代金融形态，大数据金融的发展已势不可挡，而算法正是大数据金融得以运行的核心技术。日益普遍和复杂的大数据金融算法可推动智能决策，优化商业模式，驱动精准营销，提高金融效率。

算法是一系列程序化运算或者自动运算方法的统称。大数据金融算法是指利用计算机程序来控制金融决策和金融交易的人工智能运算方法。

根据算法对大数据金融决策和交易控制的范围不同，可以将其分为交易时间算法、交易价格算法和交易成交量算法。根据交易决策模式的不同，大数据金融算法又可以分为主动型算法、被动型算法和综合型算法。主动型算法更为灵活，能够根据市场的变化调整决策，可以实时地决定成交量和成交价格；被动型算法是指利用历史数据对交易模型的参数进行估计，在既定的交易方针下进行交易；综合型算法融合了前两种方法的优点，在设定具体交易目标的同时又兼顾市场的实时变化，对交易做出相应调整。

大数据金融算法驱动科技金融产品和业务的创新。作为现代金融科技的底层技术，大数据金融算法是互联网金融、区块链、现代征信等科技金融发展的重要驱动力。

大数据金融算法是大数据征信体系建设的核心技术，也为未来我国征信系统的合作与互联提供了科技基础。此外，算法科技也是互联网金融及大数据金融指数编制、现代中央银行数字货币发行的基本前提。总之，大数据金融算法对现代科技金融最重要的影响突出体现在对金融产业价值链的创新上，它使得货币需求端融资人与资金盈余端的投资人得以跳过传统金融中介而直接匹配，减少交易成本，提高金融效率。

【案例 10-3】度小满金融——运用智能金融大数据算法提升小微企业"首贷"成功率

目前，度小满金融的服务用户中，小微企业用户遍布在全国各地，度小满金融主要依靠 AI 等智能金融技术。截至现在，已累计为小微企业发放数千亿元贷款，实现了为小微企业提供全生命周期的金融服务目标。

2020 年，度小满金融为小微企业主提供累计 3000 亿元无抵押信用贷款；信贷用户中超 7 成是小微企业主，超 4 成经营的企业在 5 人以下。度小满的信贷用户构成如图 10-12 所示。

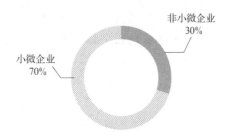

非小微企业
30%

小微企业
70%

图 10-12　度小满的信贷用户构成

作为国民经济的"毛细血管"，疫情以来，小微企业的脆弱性凸显。2020 年，清华大学联合北京大学，针对全国 1435 家中小企业做了一项受疫情影响程度的调研，调研结果显示：疫情对中小企业的营收产生了较大影响，有 30% 的企业下降 5 成以上，28% 的企业下降 3 成，而中小企业在应对现金流短缺问题时，有 21% 的企业选择通过贷款来解决资金问题。

小微企业在传统金融服务体系中，征信难，抵押物少，资金需求不高，但需求周期灵活，使得银行等传统金融机构有心无力，小微金融一度发展缓慢。度小满金融技术的进步填补了市场的空白，国家大力支持金融科技普惠金融的发展，也让度小满金融这样的金融科技企业成为传统金融的有益补充。

据统计，我国小微企业的平均寿命只有 3 年左右，但平均成立 4 年多才能获得首次贷款。也就是说，有大量小企业还没有等来第一笔贷款就已经消失。但另一方面，小微企业一旦获得"首贷"，随后获得第二次贷款的比例便高达 76%。所谓"首贷户"，是指在央行征信系统中没有贷款记录的企业，俗称"白户"。

度小满金融依靠智能金融和大数据算法，使得可授信小微企业主数量提升 20%，大大增加了这些小微"首贷户"。获得首次贷款后，这些小生意人有望获得进一步增信，拓宽了金融服务的可获得性。

度小满金融独有的智能金融大数据算法，在央行征信大数据基础上，让原本信用数据薄弱的小生意人，信用多维度地被智能识别，从而增加了授信成功率。金融服务领域中，度小满金融希望可以尽自己的一切力量帮助小微企业发展，不仅仅提供单一贷款服务，旨在为这些小微企业主提供全生命周期的金融服务。

案例讨论：
- 什么是小微企业？近几年小微企业的发展如何？
- 度小满是如何获得小微企业用户的？
- 了解除了度小满金融以外，还有哪些金融机构或方式可为小微企业服务。

10.4 金融大数据案例

目前我国在大数据发展和应用方面已具备一定基础，同时拥有市场优势和发展潜力，在金融领域中也已经有了大数据应用的典型案例。本节主要介绍大数据运用于金融中的案例，以了解大数据金融在实际生活中的具体应用。

【案例 10-4】腾讯云"天御"大数据反欺诈平台

在金融领域互联网化的背景下，一些金融机构特别是互联网金融企业会更加追求便捷、高效、简化手续，强调服务体验。而这一特点也容易被不法分子利用，如虚假注册、利用网络购买的身份信息与银行卡进行套现。"羊毛党"通过低成本甚至零成本取得互联网平台奖励，不法分子通过多头借贷乃至开发计算机程序骗取贷款等已经形成了一条"黑色"产业链，互联网金融行业面临着严峻的挑战。对于互联网金融行业而言，欺诈风险高于信用风险。

腾讯云"天御"大数据反欺诈平台（AF）是腾讯首次在云端输出反诈骗技术，依托 19 年的安全积累、亿级体量的黑产数据，从计算力、算法、数据等 3 方面为反诈骗 AI 创新提供条件。"天御"大数据反欺诈平台应用于互联网金融行业贷前审核风控及贷后监控、支付行业防盗刷、互联网行业线上营销风控、网站及 App 安全风险防控等场景。

腾讯云反欺诈产品包含反薅羊毛、反骗贷、反洗钱、反骗保（保险）、移动银行 App 保护、防盗刷等众多应用程序接口（API），无须改动企业 IT 系统。"天御"系统数据来源包括支付画像、群组画像、社交画像、设备画像、行为画像等几大类别，主要应用于银行、证券、保险、P2P 等行业客户，准确识别恶意用户与行为，解决客户在支付、借贷、理财、风控等业务环节遇到的欺诈威胁，降低企业的损失。

在贷前审核与贷后监控方面，微众银行微粒贷产品逾期率低于 0.3%。在活动防刷方面，一是注册环节，识别虚假注册；二是在登录场景，登录环节通过验证码、短信验证码等手段来降低自动登录的效率；三是在活动环节，通过短信、语音验证码来降低黑产刷单的效率。在黑产情报方面，全面掌握互联网金融黑产的行为特点、从业人员规模、团伙地域化分布以及专业化工具等情况，并制定针对性的打击策略。在黑产风险防控方面，基于腾讯的生态系统，具有情报收集和自动学习的能力。

2020 年，腾讯云"天御"智能风控服务被评为"银行级 Banking Focus（最高级别）"金融风控能力代表。"天御"是中国唯一入选的银行级反欺诈服务厂商。它通过实时分析系统，为每次行为贴上 2000 多个标签，并且能自动完成维护，这样的模型是动态多元的，而非单一静态的。

腾讯云"天御"四位一体智能风控中台如图 10-13 所示。

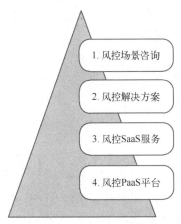

1. 风控场景咨询　　针对信贷、交易、营销、内容、身份等风控场景提供定制化的策略咨询服务。

2. 风控解决方案　　银行级金融风控解决方案，覆盖交易风控、信贷风控、营销风险等场景。

3. 风控SaaS服务　　提供交易反欺诈、信贷反欺诈、信息置信评分、活动防刷等26款SaaS服务。

4. 风控PaaS平台　　构建全流程风控平台，支持私有化部署，帮助业务方一站式地解决多种风控场景问题。

图 10-13　腾讯云"天御"四位一体智能风控中台

截至目前，腾讯云"天御"已服务了中国银行、华夏银行等数十家银行客户，成为服务银行业务的"智能风控专家"。

例如，在与某国有银行打造安全防控体系的合作中，腾讯"天御"智能风控中台通过私有化风控平台、风控解决方案和专家咨询服务帮助其构建交易风控引擎，同时通过云端风控平台帮助银行解决信贷、租赁等场景中欺诈风险识别问题。华夏银行也通过"天御"智能风控中台，实现了 3 min 放款高效体验，截至 2020 年 5 月已累计服务了 5 万中小企业客户。

通过引入腾讯安全提供的智能风控中台，嵌入腾讯安全领先的大数据处理功能和先进的人工智能算法，能针对每个客户进行风险评估。同时，腾讯安全还会通过专家咨询服务，帮助银行内部快速构建自己的人工智能风控团队。

案例讨论：

● 腾讯云"天御"大数据反欺诈平台是如何进行反欺诈服务的？

● "天御"智能风控中台主要包含什么？

● 了解还有哪些银行通过"天御"智能风控中台解决风险问题？

【案例 10-5】银联商务大数据惠普金融

对于大部分中小微企业来说，其在人民银行征信中心没有征信记录，使得金融机构缺乏真实、可靠的数据对其进行评估并授信放款。为了能够帮助这部分中小微企业享受到普惠金融服务，需要依托外部数据源建立模型进行授信评估，同时通过系统对接的方式实现在线评估和放款，帮助金融机构降低成本和控制风险，最终达到企业、金融机构双赢的局面。

银联成立于 2002 年，保障银行卡跨银行、跨地区和跨境使用，制定和推广银行卡支付各项标准规范。银联基于传统数据处理技术建立的功能，难以满足大数据量、时限要求高的数据需求。2003—2007 年，银联的数据由需求驱动，但数据分散、开发周期长。2007 年左右，银联进入数据仓库时代，体现在数据发展以业务为驱动，还原数据本质，结构化数据集中存储等方面。2012 年，银联正式开始大数据工作，实现从数据仓库向大数据的转型。

银联大数据工作布局如图 10-14 所示。

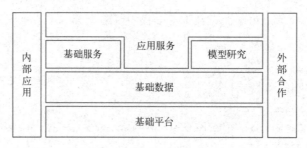

图 10-14 银联大数据工作布局

后来，为了中小微企业的融资服务，银联商务推出银杏大数据服务平台。其自有数据包括银联商务自有业务合法采集和积累的700多万商户、8年累计的百亿级消费数据、各类融资理财数据等。外部数据包括工商、法院、失信被执行、税务、互联网媒体等合法公开或用户主动授权的信息。企业信息来源于银联商务自有数据和外部采集数据。

银杏系列产品已面向银联商务体系内互联网金融平台、商业保理公司，以及银行、消费金融、小额贷款公司等上百家机构输出服务，累计服务中小企业几十万家，个人消费者上百万人。2017年累计提供服务上亿次，实现直接经济收入上千万元，间接帮助金融机构实现无抵押纯在线融资业务发生额千亿元，实现互联网金融业务收入同比增长约80%。

一方面，银杏数字赋能助力各地政府打造市民信用体系，依据自身优势，帮助政府搭建信用平台，用于市民信用查询、信用评价等业务，并在此基础上发展出以信用体系为基础的惠民服务，如信用金融、信用优惠等；另一方面，还助力各地政府打造企业信用体系，银联商务借助大数据和人工智能技术，在贷前、贷中、贷后等各环节提供了独具特色的大数据解决方案，帮助上百家金融机构有效控制风险的同时，使得更多的中小微企业能够享受到普惠金融服务，为打造安全健康的金融生态环境增砖添瓦。

例如，2019年4月16日，"沈阳市中小微企业信用信息应用服务平台"项目签约仪式在中国人民银行沈阳分行营业管理部（以下简称"人行沈阳分行营管部"）成功举办。人行沈阳分行营管部与银联商务基于各自优势，以"沈阳市中小微企业信用信息应用服务平台"为依托，正式签署加快推进沈阳市中小微企业普惠金融服务发展战略协议。"沈阳市中小微企业信用信息应用服务平台"是人行沈阳分行营管部携手沈阳市发展与改革委员会、银联商务等各方共同搭建的中小微企业服务平台，主要依托大数据技术来探索有效途径，解决民营和小微企业融资难、融资贵的问题。

案例讨论：
- 银联商务包括哪些数据形式？
- 银杏数字赋能的推出对个人及金融机构有什么益处？
- 银联商务大数据除了应用于金融领域外，还可以应用于哪些领域？

10.5 习题与实践

1. 简答题

1）大数据时代下的金融业与传统的金融业有什么区别？

2）大数据下的金融有哪些特点？并且拥有这些特点的数据是如何获取的？

3）当今社会想要实施运用金融大数据应从哪几个方面考虑？

4）大数据在金融三大行业中的应用有什么共同点？

5）什么是流量贷？它是在怎样的背景下产生的？运行机理是哪些？

6）大数据下金融创新的 4 个维度是什么？

7）金融业应用大数据进行风险控制建模包括哪几个环节？

8）什么是第三方支付？请列举身边属于第三方支付的应用。

2. 思考

1）请上网调查我国其他银行怎样利用大数据平台进行业务创新和体制改革，至少收集两个案例。

2）去实体银行以咨询访问的方式了解目前大数据涉及该行的哪些业务领域？将来又会在哪些领域拓展？

3）结合题目 1）和题目 2）的调查收集结果，说明大数据分析怎样提高银行业间的竞争力。

4）了解保险行业是怎样利用大数据发觉潜在客户的。

5）作为一名学生，第三方支付方式目前可能支付宝和微信支付偏多，请分别统计最近一年内通过这两个支付平台支出的资金金额，并说明这种网上银行给生活带来了哪些变化。

6）由于篇幅的局限，文中未对 P2P 做详细的阐述，但是 P2P 却是"互联网+"给金融行业带来的一个重大改变，查阅资料了解 P2P 借贷平台的特点，以及它针对的主要客户群体和优缺点。

7）思考度小满是如何处理及应对借贷过程中存在的风险的，请结合金融大数据考虑能否可以通过建模进行风险控制。

参 考 文 献

[1] 郑联盛. 中国互联网金融：模式、影响、本质与风险 [J]. 国际经济评论, 2014,（5）：103-118；6.

[2] 谢平，邹传伟，刘海二. 互联网金融监管的必要性与核心原则 [J]. 国际金融研究, 2014,（8）：3-9.

[3] 刘晓曙. 大数据时代下金融业的发展方向、趋势及其应对策略 [J]. 科学通报, 2015,（Z1）：453-459.

[4] 陈进，朱宁. 金融业大数据应用问题研究 [J]. 图书情报工作, 2015,（S2）：203-209.

[5] 鲍义彬. 大数据时代下的金融业发展与对策 [J]. 中外企业家, 2013,（24）：110；269.

[6] 徐赐发. 大数据时代金融业面临的挑战 [J]. 金融科技时代, 2012,（10）：54.

[7] 兰翔. 大数据时代金融业面临挑战及应对措施探析 [J]. 硅谷, 2015,（02）：175；183.

[8] 金明，寇莉，李馨卉. 大数据背景下金融业发展变革研究 [J]. 现代商贸工业, 2016,（32）：1-2.

[9] 李伟波. 大数据背景下金融业机遇与挑战 [J]. 金融科技时代, 2015,（2）：54.

[10] cindyjason. 大数据在金融领域的四大应用 [EB/OL].（2015-09-21）[2022-06-07]. http://mt. sohu. com/20150921/n421686662. shtml.

[11] 李文龙. 推进大数据与金融业深度融合 [N]. 金融时报, 2016-11-03（001）.

[12] 何大安. 金融大数据与大数据金融 [J]. 学术月刊, 2019, 51（12）：33-41.

[13] 贾凯强. 金融大数据解决难题根治不良信贷顽疾 [EB/OL]（2017-06-02）[2022-06-07]. https：//bigdata. zol. com. cn/641/6413698. html.

[14] 陈凌白，胡晓阳. 大数据分析对金融业的影响与对策 [J]. 现代营销：学苑版, 2016,（11）：112.

[15] C 语言中文网. 大数据技术与应用教程 [EB/OL].[2022-06-07]. http://c. biancheng. net/view/3736. html.

[16] 白硕．大数据时代的金融创新［EB/OL］．（2021-04-03）［2022-06-07］：https://www.doc88.com/p-98073058643617.html.

[17] 晓骏．个推大数据金融风控算法实践［EB/OL］．［2022-06-07］．https://www.cnblogs.com/evakang/p/11261501.html.

[18] 胡星昱．金融业如何利用大数据进行精准营销讲解［EB/OL］．（2017-04-16）［2022-06-07］．https://max.book118.com/html/2017/0319/96106722.shtm.

[19] 空气猫．大数据金融算法应用优势、现状及负面效应［EB/OL］．（2021-04-13）［2022-06-07］．https://www.xianjichina.com/news/details_261327.html.

[20] 中国经济新闻网．度小满金融：运用智能金融大数据算法提升小微企业"首贷"成功率［EB/OL］．（2020-12-30）［2022-06-07］．http://www.cet.com.cn/xwsd/2746285.shtml.

[21] 何宝宏．大数据在金融领域的典型应用研究［R］．北京：中国支付清算协会金融大数据应用研究组，2018.

[22] TOM集团．一大批银行发力AI风控，腾讯云天御助力探索智能化反欺诈［EB/OL］．（2020-07-17）［2022-06-07］．https://news.tom.com/202007/4495713096.html.

[23]【大数据】银联商务"银杏数字赋能"服务实体经济［EB/OL］.https://www.163.com/dy/article/F71UL0QP05509NOJ.html.

[24] 众邦银行"众易贷"：金融科技助力消费升级［N］．湖北日报，2019-11-27.

[25] 众邦银行"倚天"大数据风控平台［EB/OL］.（2020-11-02）［2022-06-07］．http://qqcfuw.com/caifu/7775.html.

[26] dbaplus社群．中国银联大数据发展史［EB/OL］.https://www.sohu.com/a/382636821_411876.

第 11 章
大数据在制造业中的应用

随着物联网和信息物理系统时代的来临，更多的数据可以被收集和分析，工业大数据也成为行业创新和转型的重要驱动力。以工业大数据为代表的信息技术不断被政府和企业所重视，从德国的"工业4.0"到美国的"工业互联网"战略规划，再到我国的"中国制造2025"和"互联网+"，这其中无不体现政府对云计算、物联网和大数据技术与传统工业深度融合、协同发展的期待。工业大数据以工业系统的数据收集、特征分析为基础，对设备和装备的质量、生产效率、用户体验以及产业链进行更有效的优化，并为未来的制造系统搭建无忧的环境。本章以大数据背景下的工业革命作为指引，阐述工业大数据及其具体应用实例。

【案例 11-1】大国重器之装备制造业

为全面展现30年来中国装备工业取得的伟大成就，记录和传播为振兴中国装备工业作出突出贡献的先进人物及事迹，工业和信息化部、中央电视台联袂推出电视纪录片《大国重器》。该片的播放将为实现重大技术装备国产化和我国工业发展的"中国梦"鼓劲与欢呼。先进的机器制造已经席卷全球，它强硬的是一个国家民族的脊梁。从建立装备制造基地，到制造门类齐全的装备，一批实业报国的中坚力量，肩负大国使命，冲破国际垄断，以自主创造模式，让更多来自制造强国昂贵的机器价格开始归于合理，平衡的砝码向我国制造加力。关乎国家命脉的装备制造能力，让国家的经济安全得到保障，一个新的创造时代正在开始。装备制造业是为经济各部门进行简单生产和扩大再生产提供装备的各类制造业的总称，是工业的核心部分，承担着为国民经济各部门提供工作母机、带动相关产业发展的重任，可以说它是工业的心脏和国民经济的生命线，是支撑国家综合国力的重要基石。图 11-1 所示为纪录片《大国重器》片头。

按照国民经济行业划分（GB/T 4754—2017），装备制造业具体包括8个行业大类中的重工业：

1）金属制品业（不包括搪瓷和不锈钢及类似日用金属制品制造业）。

2）通用设备制造业。

3）专用设备制造业（不包括医疗仪器设备及器械制造业）。

4）交通运输设备制造业（不包括摩托车和自行车制造业）。

5）电气机械及器材制造业（不包括电池、家用电力及非电力家用器具和照明器具的制造业）。

6）通信设备、计算机及其他电子设备制造业（不包括家用视听设备制造业）。

微视频
案例 11-1

7）仪器仪表及文化、办公用机械制造业（不包括眼镜

图 11-1　纪录片《大国重器》片头

和文化、办公用机械制造业)。

8) 金属制品、机械和设备修理业。

案例讨论:

- 什么是装备制造业? 我国与世界领先的装备制造业有哪几项?
- 对比《大国重器》的第一季和第二季,同一制造领域有了哪些提升?
- 网上搜集国家统计局数据,对比我国与发达国家几十年的数据。

11.1　大数据下的工业革命

如果说前 3 次工业革命从机械化、规模化、标准化和自动化等方面大幅提高了生产力,那么工业 4.0 就不再以制造端的生产力需求为起点,而将用户端的价值需求作为整个产业链的出发点,并且改变了以往工业价值链的模式,从用户端的价值需求出发提供定制化的产品和服务,以此作为整个产业链的共同目标,使整个产业链的各个环节实现协同优化。本节就大数据下国内外工业革命发展的不同进行详细阐述。

> 📖 **知识拓展**
> 四次工业革命

11.1.1　国外大数据下的“工业 4.0”

1.“工业 4.0”概念

工业 4.0,即第四次工业革命,是由德国政府在“德国 2020 高技术战略”中所提出的十大未来项目之一。“工业 4.0”是指利用物联信息系统(Cyber-Physical System,CPS)将生产中的供应、制造、销售信息数据化、智慧化,最后达到快速有效的产品供应,其技术基础是网络实体系统及物联网。“工业 4.0”的概念包含了由集中式控制向分散式增强型控制的基本模式转变,目标是建立一个高度灵活的个性化和数字化的产品与服务的生产模式。在这样的模式中,传统的行业界限将逐渐消失,随之产生各种新的活动领域与合作形式。创造新价值的过程正在发生改变,产业链分工将被重组。其中,大数据分析的重要性尤为突出。概括而言,大数据深刻改变了工业企业的生产和决策。

2. 大数据驱动的智能工业——"工业 4.0"模式

在"工业 4.0"模式思维的指导下，智慧工厂、智能生产和智能物流成为其三大主题，企业想要实现"工业 4.0"模式的标准化建设最为重要的一点即是"数据采集分析"，在此过程中，企业将依据对大数据有效、准确的分析，对不同消费者或消费群体的消费习惯进行综合整理，形成方案，以下订单的形式指导生产。"工业 4.0"模式的智能生产线完全不同于只能生产单一类型产品的"工业 2.0""工业 3.0"流水线，它使感应器、软件、通信系统能配套运作，各个模块（工人、原料、机械、销售）之间可以实时组合成高效能的"智能细胞"，可以根据所下订单的要求，对每一件产品进行特殊化打造，生产出外观、配料、性能等完全不同的产品，用以满足消费者的具体需求。当产品归属终端零售阶段时，运用大数据的分析可提高产品营销及服务等环节的智能决策水平和经营效率，甚至可以计算出该产品能够顺利卖出的概率，只要达到一定的概率，企业便可以进行生产。大数据时代下"工业 4.0"生产步骤如图 11-2 所示。

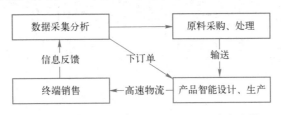

图 11-2　大数据时代下"工业 4.0"生产步骤

3. 大数据下的"工业 4.0"

在"工业 4.0"时代中，智能分析与物联网的紧密结合将改造现有的生产管理和设备运行方式，机器运转过程中产生的大量工业数据被传感器等装置及时存储和提取，还能够挖掘机器产生的历史数据。所有的数据经过合并，整合成"大数据"，转化平台将大数据转换成信息。传送与集成平台、预测分析和可视化工具组成一个完整的转化平台，大数据经过智能提炼后，可将少量信息转化为有用的实际处理信息，这是"工业 4.0"工厂的关键。

大数据在"工业 4.0"体系中的应用包括 3 个层面：首先，定义数据和信息，记录和管理来自物理空间收集的信息；其次，在智能控制下将网络空间积累的知识应用于机器健康的评估；最后，健康评估结果反馈至物理空间，并采取相应的行动，实现智能化操作。

"工业 4.0"是未来工业的发展方向，整个产业链内的所有机器通过网络和智能控制形成一个协作团队，相互联系，紧密衔接，实现智能化操作。面对由机器产生的庞大

> 📖 **知识拓展**
> 物联网

数据，需要采用预测工具，使得大量杂乱无章的数据被系统地处理成可用的信息，并且可用来解释某些不确定性，从而做出更多"知情"决定，实现机器的智能控制。

在传统制造企业，大量的数据分散在各个部门，如果想在整个企业及时、迅速地提炼出相关数据会很困难，而有了工业大数据，就可以利用相关技术将所有数据集成在一起，进而分析得到所需要的东西。现在许多企业顺应时代的发展，将大数据应用其中，积极进行改革升级，生产出富有"生命"的智能产品。例如，SAP 企业，研、产、供、销、服 5 个维度已经不是独立的系统，而是通过数据传输集成在一起，如图 11-3 所示。

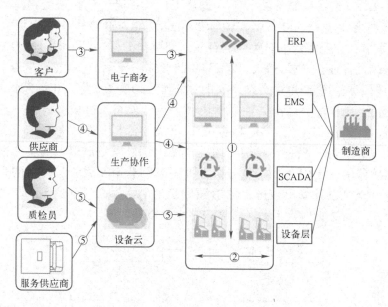

图 11-3　SAP 企业 5 维度集成

第一个维度是在企业内部，通过 SAP 执行方案、SAP 数据采集与监视以及到设备层的集成完成企业内部运营；第二个维度是设备机器之间的链接；第三个维度是可变式的产品从电商到生产系统的集成；第四个维度是生产协同，实现产品的可视化、可追溯、质量控制等功能；第五个维度是企业可以利用云端优势来优化全球服务。

这些集成都离不开大数据的分析，承载 SAP 企业大数据高效运转的是 SAP HANA（SAP High-Performance Analytic Appliance，SAP 高性能分析设备），它是一个软硬件结合体，是专注于实施大数据分析和应用的内存计算机平台。SAP HANA 集成了大数据分析所需的功能：

1）加速处理在线交易，同时可以作为数据仓库进行海量数据分析。

2）加速处理传统的关系型数据，又能链接外部的 Hadoop 进行非结构化数据处理，将企业日常所需的数据需求全部集中在一个平台上。

SAP HANA 分析处理数据的速度非常快，例如，将该系统用于医学基因分析，原本需要 4~5 天才能得出结果的报告将来只需 20 min 就可以。SAP HANA 通过对历史数据的分析挖掘还可预测未来，并帮助用户做出正确的判断，从而预防疾病的发生。

11.1.2　我国大数据下的"工业 4.0"

1."新工业革命"由来

由于我国独特的工业和市场的基础，因此走上了一条与众不同、独具特色的"工业 4.0"发展道路。2015 年 3 月，在十二届全国人大三次会议上正式提出了"中国制造 2025"的战略规划，这可以说是中国版的"工业 4.0"模式，是基于各个时期国内、国际经济社会发展现状以及产业变革大趋势所制定的长期战略规划。

2015 年 4 月，全国首个大数据交易所"贵阳大数据交易所"成立，并完成了深圳腾讯计算机系统有限公司、广东省数字广东研究院与京东云平台、中金系统有限公司之间的数据交易，这为全国大数据的公开、运用及交易提供了借鉴。我国作为一个人口大国，在人们日常生活中，从个人计算机到网络，再到云端，均可产生海量的数据信息。

我国正在走一条创新的工业之路，在充分开发大数据资源、云计算的基础上重新构造企业 IT——寻找新的业务模式，以靠近市场的优势带动创新。

2. 大数据与"新工业革命"

"新工业革命"本质上是智能革命，而智能革命的基础是信息化，大数据是根本。没有大数据对客观事物全面、快速、真实、准确的信息反馈，任何智能设备都不可能实现真正的智能。因此，即将来临的新工业革命也称为"后信息时代的革命"，归根到底，这是"大数据的革命"。

苏州协鑫公司专注光伏切片，利用阿里开发的 ET 大脑分析 0.2 mm 厚度硅片长期积累的数据，从上千个生产参数中找出 60 个关键参数，通过优化生产流程，良品率提升1%，实现每年上亿元利润；联想集团利用其全球数据中心掌握的数据，与宝钢合作建立钢铁销量预测系统，通过机器学习和图谱分析找出关联，预测钢铁市场需求，预测精度为 92.2%，库存周期缩短 20%，客户采购资金节约上亿元。众多传统制造企业利用大数据成功实现数字转型表明，随着"智能制造"的快速普及，工业与互联网深度融合创新，工业大数据技术及应用将成为未来提升制造业生产力、竞争力、创新能力的关键要素。有专家提出，制造业的大数据规模超过其他行业，且未来 10 年工业大数据增速要快于消费大数据。

大数据在工业领域的应用，实现了工业从研发、设计、生产、运营到服务的全过程智能化，提升生产效率，降低资源消耗，提高产品质量。同时，数据驱动制造业生态变革，汇聚协作企业、产品、用户等产业链上的资源，通过平台开放共享，基于数据实现制造资源优化配置，还能实现产品、生产和服务创新，产生一系列新模式和新业态。《2020 中国工业大数据产业发展及预测》显示，2016—2019 年，我国工业大数据市场规模稳步增长，年复合增长率达到 38.0%。2019 年的整体规模达到 146.9 亿元，同比增长 28.6%。工业大数据将持续促进传统制造产业转型升级，助力工业智能化发展。

未来随着相关政策的落地、5G 和人工智能等技术的快速发展与新基建的稳步推进，预计到 2025 年，我国工业大数据行业收益规模有望达到 497.6 亿元，行业发展空间巨大，未来可期。

作为"中国制造 2025"唯一的地方样板和实践范例，泉州已完成"泉州制造 2025"。

"泉州制造 2025"作为泉州市制造业发展的十年战略性规划，其目标敲定为到 2025 年，泉州将建成国内外知名的先进制造业基地、品牌之都、民营经济创新发展之城和制造业转型升级典范，跻身中国制造综合水平 10 强城市（不包括直辖市）之列。

为了这一目标，泉州提出了"产业共生、协同创新、智能制造、品牌拓展、服务增值"5 条发展思路。这是泉州制造业转型升级的重点，也是"泉州制造 2025"重大战略任务的主要内容。通过产业共生，加强各产业集群之间的关联，提升资源的配置效率及产业的经济效益；通过协同创新和实施三大行动，重塑泉州制造业的竞争优势。

值得注意的是，泉州还提出建设"泉州云制造平台"。这个平台将融合数字化、网络化制造技术，以及云计算、物联网、信息服务等技术，将各类制造资源和制造能力虚拟化、服务化，把资金流、信息化、物流、服务流统一整合成制造资源和制造能力池，通过大数据分析快速调整供应链，开展有客户参与设计的定制化生产。

11.2　工业大数据

当前，以大数据、云计算、移动物联网等为代表的新一轮科技革命席卷全球，正在构筑信息互通、资源共享、能力协同、开放合作的制造业新体系，极大地扩展了制造业创新与发展的空间。新一代信息通信技术的发展驱动制造业迈向转型升级的新阶段——工业大数据驱动的新阶段。本节主要介绍工业大数据的概念及相关技术。

1. 工业大数据的定义

2012年，通用电气公司（GE）首次明确了"工业大数据"的概念，该概念主要关注工业装备在使用过程中产生的海量机器数据。制造业存储了比任何其他行业都多的海量数据——仅2010年，制造业就存储了将近2EB的新数据。工业已经进入"大数据"时代。

工业大数据是指在工业领域中，围绕典型智能制造模式，从客户需求到销售、订单、计划、研发、设计、工艺、制造、采购、供应、库存、发货和交付、售后服务、运维、报废或回收再制造等整个产品全生命周期各个环节所产生的各类数据及相关技术和应用的总称。其以产品数据为核心，极大延展了传统工业数据范围，同时还包括工业大数据相关技术和应用。其主要来源可分为以下3类：

第一类是生产经营相关业务数据。这类数据来自企业信息化范畴，包括企业资源计划（Enterprise Resources Planning，ERP）、产品生命周期管理（Product Lifecycle Management，PLM）、供应链管理（Supply Chain Management，SCM）、客户关系管理（Customer Relationship Management，CRM）和环境管理系统（Environmental Management Systems，EMS）等，此类数据是工业企业传统的数据资产。

第二类是设备物联数据。这类数据主要是指工业生产过程中，装备、物料及产品加工过程的工况状态、环境参数等运营情况数据，通过制造执行系统（Manufacturing Execution System，MES）实时传递，目前在智能装备大量应用的情况下，此类数据量增长最快。这包括了工业企业产品售出之后的使用、运营情况的数据，同时还包括了大量客户、供应商、互联网等数据状态。

第三类是外部数据。这类数据包括了工业企业产品售出之后使用、运营情况的数据，同时还包括了大量客户、供应商、互联网等数据状态。

2. 工业大数据与互联网大数据

与互联网大数据相比，工业大数据具有更强的专业性、关联性、流程性、时序性和解析性等特点，仅仅依靠传统的互联网大数据分析技术已无法满足工业大数据的分析要求。两者的区别如表11-1所示。

表 11-1　工业大数据与互联网大数据的区别

分　类	工业大数据	互联网大数据
数据要求	全面样本数据，以覆盖工业过程中各类变化条件，时效性要求高	大量样本数据，时效性要求低
特征提取	注重特征背后的物理意义以及特征之间关联性的机理逻辑	依靠统计学工具挖掘属性之间的关系，不注重属性的具体含义
分析手段	数据建模、分析更加复杂，需要专业领域的算法，不同行业、不同领域的算法差异很大，强调跨学科技术的融合	具备成熟的数据挖掘算法；轻属性含义、重价值挖掘，从看似无关的属性中找出内在价值
应用领域	健康诊断、故障预警、工况识别、市场预测等	图像识别、语音识别、语义分析、偏好推荐等

工业大数据分析并不仅仅依靠算法工具，而是更加注重逻辑清晰的分析流程和与分析流程匹配的专业技术体系。

互联网大数据可以从数据端出发看问题，但是工业大数据则应该从价值和功能端思考。也就是说，传统装备企业在进行物联网建设时，如果只是强调数据获取的途径、量级，没有考虑数据的具体分析和利用以及相应的功能与目标，那么很可能就会造成许多数据采集之后没有用，而一些关键数据反而没有采集的情况。

3. 工业大数据与工业互联网

工业互联网可以从网络、数据和安全 3 个方面理解。其中，网络是基础，即通过工业全系统的互联互通，促进工业数据的无缝集成；数据是核心，即通过工业数据全周期的应用，实现机器弹性生产、运营管理优化、生产协同组织与商业模式创新，推动工业智能化发展；安全是保障，即通过构建涵盖工业全系统的安全防护体系，保障工业智能化的实现。工业互联网的发展体现了多个产业生态系统的融合，是构建工业生态系统、实现工业智能化发展的必由之路。

工业大数据是智能制造与工业互联网的核心，其本质是通过促进数据的自动流动解决控制和业务问题，减少决策过程带来的不确定性，并尽量克服人工决策的缺点。随着互联网与工业的深度融合，机器数据的传输方式由局域网络走向广域网络，从管理企业内部的机器拓展到管理企业外部的机器，支撑人类和机器边界的重构、企业和社会边界的重构，释放工业互联网的价值。

4. 工业大数据的挑战与目的

工业大数据的挑战可以概括为 3B，即：

1）Bad Quality（数据质量差）。受制于生产一线数据获取手段，包括传感器、数采硬件模块、通信协议和组态软件等多种技术限制，极大地降低了所采集数据的准确性和真实性。

2）Broken（碎片化）。面向应用要求具有尽可能多维度的样本数据，全方位反映生产过程中各类变化的因素，保证从数据集中能够提取出真实反映对象状态的全面性信息。

3）Below Surface（隐匿性）。除了对数据所反映出来的表面统计特征进行分析以外，更应该关注数据背后的物理意义以及特征之间的关联性。

工业大数据的目的可以概括为 3C，即：

1）Comparison（比较性）：通过纵向或横向比较，发现数据波动的规律和异常，为海量信息的分类与管理奠定基础。

2）Correlation（相关性）：借助大数据相关技术，发掘不同维度数据的相关性，从不同维度分析同一生产过程，优化生产效率。

3）Consequence（因果性）：工业生产的流程众多，影响因素错综复杂，但无论如何，目标都是利用最少的材料生产出质量最优的产品。因此，在制定特定决策时，需要通过数据预测并分析出其所带来的影响，判断决策是否对实现最终目标有益。

工业大数据贯穿了工业生产的全过程，全面细致地反映出制造业生产的全流程，从不同角度记录制造业生产的影响因素。对数据汇总分析，以信息化带动工业化，帮助制造业企业科学决策、优化生产、精细管理，从而走上新型工业化的道路。

5. 工业大数据的特征

工业大数据除具有一般大数据的特征（数据量大、多样、快速和价值密度低）外，还具有多模态、强关联性、高通量等特征。

1）多模态。多模态是指工业大数据必须反映工业系统的系统化特征及其各方面要素，包括工业领域中的"光、机、电、液、气"等多学科、多专业信息化软件产生的不同种类的非结构化数据。例如，三维产品模型文件不仅包含几何造型信息，还包含尺寸、工差、定位等其他信息；同时，飞机、风机、机车等复杂产品的数据又涉及机械、电磁、流体、声学、热学等多学科、多专业。

2）强关联性。强关联性反映的是工业的系统性及其复杂动态关系，不是数据字段的关联，而是物理对象之间和过程的语义关联。这种关联包括产品部件之间的关联关系，生产过程的数据关联，产品生命周期设计、制造、服务等不同环节数据之间的关联，以及在产品生命周期的统一阶段涉及的不同学科、不同专业的数据关联。

3）高通量。高通量即工业传感器要求瞬时写入超大规模数据。嵌入传感器的智能互联产品已成为工业互联网时代的重要标志，用机器产生的数据代替人工产生的数据，实现实时的感知。从工业大数据的组成体量上来看，物联网数据已成为工业大数据的主体。以风机装备为例，根据 IEC 61400——25 标准，其数据采样频率为 50 Hz，单台风机每秒产生 225 KB 传感器数据，按 2 万台风机计算，如果全量采集，则写入速率为 4.5 GB/s。总体而言，机器设备产生的时序数据的特点包括具有海量的设备与测点、数据采集频度高（产生速度快）、数据总吞吐量大、7×24 h 持续不断，呈现出"高通量"的特征。

【案例 11-2】科技创新背后的中国品牌力量

品牌是企业的灵魂，是奠定国家发展的基石，也是参与全球竞争的重要资源。中国品牌，从逐梦深蓝到砺剑长空，从无人问津到走出国门，一个个"国之重器"上都镌刻下了大国名片的印记。

当人们走在每天的通勤路上，穿梭于方便快捷的城市地铁时，可曾知道，这一切得益于地下工程建设的"神兵利器"——盾构机。

全断面硬岩隧道掘进机（Tunnel Boring Machine，TBM），是盾构机家族中的"掘进机之王"，它工作起来就像一只"钢铁穿山甲"。但在穿山越岭掘进时，由于无法观察到前方的地质情况，只能"摸黑"掘进，极易发生地质灾害、设备损毁甚至人员伤亡的严重安全事故。

作为"三个转变"重要指示的发源地，中铁工程装备集团有限公司（以下简称"中铁装备"）联合多个科研院所研发出 TBM-SMART 智能掘进系统，攻克难题，将"黑箱"掘进变成"透明"掘进、"智慧"掘进。

"就在十几年之前，我国盾构机设备还依赖进口或与国外的技术合作。由于没有掌握核心技术，不仅价格昂贵，还常常看'别人脸色'行事。"中铁装备副总经理王杜娟回忆道。

为打破国外技术垄断局面，2002 年 10 月，盾构机研发项目组成立，时年 24 岁的王杜娟成为项目组 18 位成员之一。王杜娟说，在"民族盾构梦"的引领下，中铁装备坚持自主创新，"产、学、研、用"相结合，走出了一条跨越发展的智造之路。

从"中铁 1 号"到"中铁 1000 号"盾构机下线，历经十余年的发展，在"中国制造"向"中国创造"转变的道路上，中铁装备不断刷新着记录。世界最大断面硬岩掘进机面世、国内首批双护盾 TBM 出生、世界最小直径硬岩 TBM 呱呱坠地、世界首台马蹄形盾构机下线等，"上天有神舟，下海有蛟龙，入地有盾构"，中铁装备加快推进智能制造，成为我国高端装备制造业的靓丽名片。

如今，国产"钢铁穿山甲"的"朋友圈"越来越大，"中铁号"盾构已遍布中华大地，"中国造"盾构已出口全球 25 个国家和地区，为世界轨道交通建设提供了中国方案、中国智慧。

中铁装备党委副书记张占成表示，近年来，中铁装备还攻克了刀盘、液压控制系统等关键核心技术，实现了从盾构行业"追赶者"到"领军者"的快速升级，产销量连续 4 年居世界第一，隧道掘进里程超过 2600 km。

从制造到创造，从速度到质量，从产品到品牌，转变的每一步背后都是我国企业的担当。国际知名品牌价值评估机构发布的"2021 全球最具价值品牌 500 强排行榜"显示，我国有 77 个品牌上榜，入榜的品牌总价值占到榜单整体品牌价值的 20%。随着我国企业不断脱颖而出，我国品牌正令全球瞩目。

科技是国家强盛之根本，创新是民族进步之魂。以"智造中国"为引领，践行"三个转变"重要指示，发展品牌经济，促进智能化转型升级，推动高质量发展，我国品牌必将走得更长远、更富生命力。

案例讨论：
- 学习盾构机的基本原理。
- 网上调查我国重工业知名的品牌。
- 对比桥梁和城市轨道交通的建设异同点。

11.3　大数据与智能工厂

作为"工业 4.0"的最大主题，智能工厂可谓贯穿产业升级全过程。智能工厂主要研究智能化生产系统及过程以及网络化分布生产设施的实现。智能工厂可以说是由大数据构成的：一方面，智能系统在运营中产生着大量数据；另一方面，堆积的数据又为智能系统的各个管理层次提供实时指令和决策支持。本节介绍大数据与智能工厂相关内容。

11.3.1　大数据与智能工厂概述

智能工厂是现代工厂信息化发展的新阶段，在数字化工厂的基础上，可利用物联网的技术和设备监控技术加强信息管理和服务，能清楚掌握产销流程，提高生产过程的可控性，减少生产线上人工的干预，及时正确地采集生产线数据，以及编排合理的生产计划与生产进度。同时，集成绿色智能的手段和智能系统等新兴技术于一体，构建一个高效节能、绿色环保、环境舒适的人性化工厂。智能工厂的主要特点如下：

- 利用物联网技术实现设备间高效的信息互联，数字工厂向"物联工厂"升级，操作人员可实现获取生产设备、物料、成品等相互间的动态生产数据，满足工厂24 h监测需求。

- 基于庞大的数据库实现数据挖掘与分析，使工厂具备自我学习能力，并在此基础上完成能源消耗的优化、生产决策的自动判断等任务。
- 引入基于计算机数控机床、机器人等高度智能化的自动化生产线，满足个性化定制、柔性化生产需求，有效缩短产品生产周期，并同时大幅降低产品成本。
- 配套智能物流仓储系统，通过自动化立体仓库、自动输送分拣系统、智能仓储管理系统等实现仓库管理过程中各环节数据输入的实时性以及对于货物出入库管理的高效性。
- 工厂内配备电子看板以显示生产的实时动态，同时，操作人员可远程参与生产过程的修正或指挥。

按制造执行系统（Manufacturing Execution System，MES）的分类，智慧工厂的行业可粗略地划分为离散型行业与流程型行业。其中，离散型行业主要包括机械、航空航天、汽车等，流程型行业主要包括石油化工、生物医药、食品饮料、纺织等。图11-4所示为典型行业智能化改造的重点。

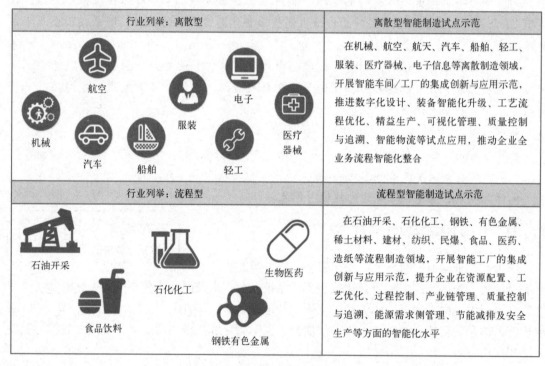

图11-4　典型行业智能化的重点

智能工厂的数据分布在3个层次，分别为计划层、执行层以及设备控制层，大致可对应企业资源计划、制造执行系统以及过程控制系统。智能工厂的基础架构如图11-5所示。

1. 企业资源计划

对于企业资源计划（Enterprise Resource Planning，ERP），除了传统的生产资源计划、制造、财务、销售、采购等功能外，还有质量管理，实验室管理，业务流程管理，产品数据管理，存货、分销与运输管理，人力资源管理和定期报告系统。ERP系统支持离散型、流

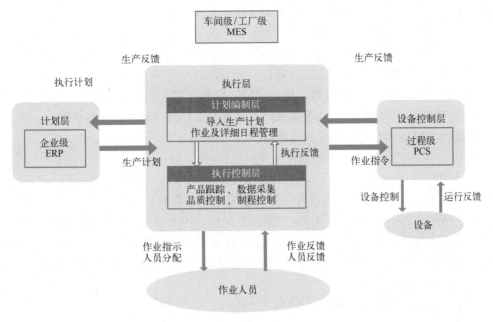

图 11-5 智能工厂的基础架构

程型等混合制造环境，通过融合数据库技术、图形用户界面、第四代查询语言、客户服务器结构、计算机辅助开发工具、可移植的开放系统等对企业资源进行了有效的集成。它主要用于改善企业业务流程以提高企业核心竞争力。ERP 系统的组成如图 11-6 所示。

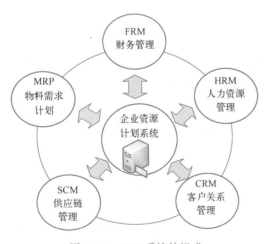

图 11-6 ERP 系统的组成

ERP 系统中的数据凸显以下特性。

（1）把组织看作一个社会系统

ERP 吸收了西方现代管理理论中社会系统学派创始人巴纳德的管理思想，把组织看作一个社会系统，这个系统要求人们之间的合作。应用 ERP 的现代企业管理思想，结合通信技术和网络技术，在组织内部建立上下贯通的有效信息交流沟通系统，这一系统能保证上级及时掌握情况，获得作为决策基础的准确信息，又能保证指令的顺利下达和执行。社会网络分析和社交商务里面的数据成为企业重视的大数据资源。

(2) 以"供应链管理"为核心

ERP系统在制造资源计划的基础上扩展了管理范围,它把客户需求和企业内部的制造活动信息以及供应商的制造资源信息整合在一起,形成一个完整的供应链(SCM),这样就形成了以供应链为核心的ERP管理系统。供应链跨越了部门与企业,形成了以产品或服务为核心的业务流程。供应链上流动着物流、资金流及信息流,具有原材料供应商、产品制造商、分销商与零售商和最终用户的活动数据。

(3) 以"客户关系管理"为前台重要支撑

客户关系管理(CRM)能帮助企业最大限度地利用以客户为中心的资源(包括人力资源、有形资产和无形资产),并将这些资源集中应用于现有客户和潜在客户身上。通过客户购买数据、评论商品等数据,勾勒出客户偏好及画像,再通过分析大数据改进客户价值、客户满意度、盈利能力以及客户的忠诚度等方面来改善企业的管理。

当前的挑战是传统的ERP系统数据处理模式难以应对企业大数据处理的需要。

2. 制造执行系统

制能执行系统的实现技术如下:

(1) 无线感测器将是智能工厂的重要利器

智能感测是基本构成要素,但如果要让制造流程有智慧判断的功能,那么仪器、仪表、感测器等控制系统的基本构成要素仍是关注焦点。仪器仪表的智慧化,主要以微处理器和人工智慧技术的发展与应用为主,包括运用神经网路、遗传演算法、进化计算、混沌控制等智慧技术使仪器仪表实现高速、高效、多功能、高机动灵活等性能。

(2) 控制系统网络化

在工业自动化领域,随着应用和服务向云端运算转移,资料和运算位置的主要模式都已经被改变了,由此也给嵌入式设备领域带来颠覆性变革。如随着嵌入式产品和许多工业自动化领域的典型IT元件,如制造执行系统(MES)和生产计划系统(Production Planning Systems,PPS)的智能化,以及连线程度日渐提高,云端运算将可提供更完整的系统和服务,生产设备将不再是过去单一而独立的个体。但将孤立的嵌入式设备接入工厂制造流程,甚至是云端,则具有高度的颠覆性,必定会对工厂制造流程产生重大的影响。一旦完成连线,一切的制造规则都可能会改变。

此外,由于影像、语音信号等大资料量、高速率传输对网络频宽的要求,因此对控制系统网络化构成更严厉的挑战。

(3) 工业通信无线化

工业通信无线化也是当前智慧工厂探讨比较热烈的问题。全球工厂自动化中的无线通信系统应用,将每年增加约40%。随着无线技术的日益普及,各供应商正在提供一系列软硬件技术,以便在产品中增加通信功能。这些技术支援的通信标准包括蓝牙、Wi-Fi、GPS、LTE以及WiMax。

此外,无线技术虽然在布建便利性方面比有线技术有相当的优势,但无线技术目前的完善性、可靠性、确定性与即时性、相容性等还有待加强。因此,工业无线技术的定位,目前仍应是传统有线技术的延伸,多数仪表以及自动化产品虽会嵌入无线传输的功能,但要舍弃有线技术,目前还言之过早。

3. 过程控制系统

对于过程控制系统（Process Control System，PCS），全集成自动化不仅在设计和工程阶段，而且在装配和调试阶段以及操作和维护阶段都表现不俗，尤其是统一的数据管理、通信和组态。

PCS 是适用于生产、过程和综合工业中所有领域的统一、客户化的自动化系统平台。通过全集成自动化概念，西门子为所有过程自动化应用在一个单一平台上提供了统一的自动化技术，从输入物流，包括生产流程或主要流程以及下游流程，到输出物流。

统一的数据管理意味着所有软件组件都可访问一个公共数据库。因此，在一个项目中，输入和修改通过简单操作即可完成，从而降低了工作量，避免了潜在的错误。导入符号识别后，就可用于每个软件组件。即使同时有几位技术人员操作同一项目，亦能确保数据的一致性。在工程师站定义的参数也可传送到现场中传感器、执行机构或驱动器。过程控制系统的内容在运营管理中有更多阐述，此处不过多讲述。

11.3.2　智能工厂在我国的应用

大数据技术将新的人造资源加入制造过程中，改变了制造业的组织方式和管理方式，推动制造业新的一轮重大技术创新和管理创新，在诸多方面极其深刻地影响着我国制造模式和发展战略。我国制造业发展说明如表 11-2 所示。

表 11-2　我国制造业发展说明

新兴经济领域	中国制造 2025 重点发展的十大领域	重点项目
IT	新一代信息技术	信息网络、5G、云计算、大数据、集成电路
高端装备	高档数控机床和机器人	工业互联网、机器人
	航空航天装备	航空发动机、嫦娥探月工程
	海洋工程装备及高技术船舶	海工装备、船舶制造、燃气轮机
	先进轨道交通装备	轨道交通
新能源汽车	节能与新能源汽车	智能汽车
电力	电力装备	新能源、能源互联网、智能电网
新材料	新材料	石墨烯、碳纤维
生物	生物医药及高性能医疗器械	生物医药、精准医疗、移动医疗
农业	农业机械装备	高端农机

伴随着智能制造试点的推进，国产装备的短板也逐渐显露。以机器人行业为例，目前，国外品牌占据了我国工业机器人市场 60% 以上的份额。其中，技术复杂的 6 轴以上多关节机器人，国外公司市场份额约为 90%；作业难度大、国际应用最广泛的焊接领域，国外机器人约占 84%；高端应用集中的汽车行业，国外机器人市场份额更是超过 90%。

智能装备要想达到国际一流水平，单靠某一家企业的努力很难做到。国家应系统梳理智能装备的短板，对基础材料、基础工艺、核心软件这些几乎所有企业都会遭遇瓶颈的环节组织力量"集中攻关"。近几年，我国实现跨越发展的领域（如高铁、大飞机等）都有国家战略支持，这些项目成功后不仅使整车、整机的水平迅速提升，也带动了相关国产装备升级。智能生产领域也需要类似大项目的带动。针对这一情况，我国各企业加强了智能装备的改造项目，表 11-3 所示为我国不同行业的企业智能化改造项目的情况。

表 11-3 我国不同行业的企业智能化改造项目的情况

企业名称	智能化改造项目
家电行业	
格力	格力智能装备产业园拟投资 50 亿元，建设周期 5 年，预计 2020 年建成投产。自动化改造至今，注塑车间、钣金车间工人数量分别减少 50%。格力自动化产品涉及工业机器人及集成应用、伺服机械手、数控机床等 10 多个领域，其 2015 年生产智能装备 2000 套，价值超 5 亿元
美的	2015 年在工厂自动化方面的投资为 8 亿~10 亿元，之后连续 5 年投入 50 亿元用于自动化改造，提升率为 25%~30%
格兰仕	2014 年投资 30 亿元建设年产 17 万台的系列微波炉全自动化生产线，全自动装配线生产效率较传统生产线提高 38.89%，新工厂单线人均效率较传统产线提高 62%，产品直通率超过 99%，劳动力成本节省 50%以上
方太	与 ABB 合作建设自动化冲压线，生产效率提升 30%，产品稳定性得以大幅提高
海尔	2012 年开始实践互联工厂，围绕 COSMO 平台及平台下的众创汇、海达源，现已拥有八大智能互联工厂，形成了一套领先全球的完整互联工厂体系。已投产互联工厂包括沈阳冰箱、郑州空调、佛山滚筒洗衣机、青岛热水器、青岛空调、胶州空调、中央空调互联工厂等。自动化生产线可以使换产时间缩短 50%、半成品库存减少 80%、人力减少 85%、产能效率实现翻番
汽车/汽车零部件行业	
广汽本田	广汽本田第三工厂发动机工厂于广州增城建成，工厂的焊装与喷漆自动化率达到 100%，相较于"环保工厂"的工厂，"智慧工厂"第三工厂占地面积缩小 45.5%、投资减少 26%、人员效率提升 29%
东风汽车	东风沃尔沃 MES 已实现对于计划、制程、工艺、物联、质量与物流精益管理的管控一体化
江淮汽车	入选合肥首批智慧工厂
博世	博世洪堡工厂的所有零部件均配有射频识别码，工厂库存减少 30%，生产效率提高 10%，节约成本达数千万欧元
轮胎橡胶行业	
三角轮胎	以 MES 为核心，通过引入智慧工厂，生产效率较传统工厂提升 30%，单位产品能耗较行业标准下降 31%
双星轮胎	投资 45 亿元建设双星绿色轮胎智能化生产示范基地项目，生产效率为过去的 3 倍，产品不良率下降 80%
万力轮胎	投资 14.28 亿元建设年产 200 万套全钢载重子午线轮胎智能生产工厂项目，工厂 MES 由罗克韦尔公司提供
森麒麟轮胎	建成我国轮胎行业首家工业 4.0 工厂，单台设备产出率提升 50%，合格率上升至 99.8%，每年节省操作工人工资 4000 万元以上

智能装备改造方面，为突破短板和瓶颈，工信部将以高端装备、短板装备和智能装备为切入点，狠抓关键核心技术攻关。一是继续实施高档数控机床与基础制造装备等国家科技重大专项，深入实施增强制造业核心竞争力三年行动计划，启动实施智能制造与机器人等科技创新重大项目；二是组织开展重大短板装备工程，集中支持重点领域创新发展和传统产业改造提升所需装备的工程化、产业化项目；三是加快突破传感器、工业软件、工控系统、解决方案供应商等短板制约，实现一批智能装备和系统的工程化、产业化应用。

📖应用拓展
黑夜工厂

11.3.3 智能制造大数据分析

ERP、MES 和信息物理系统（CPS）需要联合工作，管理系统、感知系统采集设备信息，通过网络传输至云端进行分析处理，形成智能化应用。数据成为串起"云-管-端"架构的重要因素，此时需要对各类数据进行充分的分析，形成更多的应用，让沉睡数据变成企业资产，从而让生产设备和产品数据快速得到挖掘和利用。

（1）点对点传输，智能工厂连接变得更简单

智能化背景下需要数据走出内部。在"云"方面，各个云计算服务平台都将数据分析作为头等大事。在工业 4.0 的环境下，端到端的解决方案为企业带来前所未有的价值，但是端到端的实现需要借助"管道"的传输，云端服务的供应商若能将其解决方案延伸至"管"的领域，则无疑会给传统制造企业智能化转型带来更多增值服务。

点对点传输（P2P）被认为是更为高效的网络传输技术，物联智慧也是很早就看到了这一技术的潜力，并推出了自主研发的 P2P 技术。在智能工业解决方案中，P2P 技术发挥了降低企业智能互联门槛的作用，让设备之间、设备云计算服务平台之间实现快速点对点的数据传输，使企业的各类设备、资产、产品连接变得简单高效。

（2）逻辑引擎，构建智能工厂规则

在一个实现工业 4.0 的智能化工厂中，企业研发、生产、销售、管理、服务等业务流程均会发生变革。例如，生产过程智能化，使原有的流水线、标准化生产转变为高度个性定制化成为可能；产品具备智能互联功能后，企业掌握产品位置和实时运行状态数据，让预测性客户服务成为可能，产品即服务成为常态。

对于企业运维管理流程的重构，云计算服务平台的业务逻辑引擎应该根据客户需求、运营规则变化和市场竞争状况而做出迅速反应。以物联智慧运用云计算服务平台所提供的逻辑引擎为例，其可以根据环境变化快速建立应急行动流程来实现应急处理自动化，且逻辑引擎基于监测数据来实现基于设备数据任务的自动化。

（3）大数据分析，激活沉睡数据资产

IBM 研究发现，多种互联设备生成的所有数据中，90% 的数据从未被进行分析或采取过任何措施，且这些数据中的 60% 在生成后的几毫秒内就开始失去价值。在传统制造业环境下，由于没有实现智能、互联的手段，因此数据更容易沉睡甚至快速失去价值。

云计算服务平台的其中一大功能正是激活沉睡数据资产。智能工业中接入云端的设备、产品持续不断产生大量数据，虽然很多是大量无规则的非结构化数据，但云计算服务平台的强大计算功能可以从这些非结构化数据中挖掘出有用信息并形成应用。随着工业智能化发展，基于云平台的大数据正成为企业把握市场的关键，只有把握了平台，才不会沦为纯粹的硬件设备制造商，这也是物联智慧工业 4.0 未来发展的方向。

云服务的智能制造平台如图 11-7 所示。

下面介绍智能制造大数据分析的 6 个基本方面。

（1）Analytic Visualizations（可视化分析）

不管是数据分析专家还是普通用户，数据可视化都是数据分析工具最基本的要求。可视化可以直观地展示数据，让数据自己说话，让观众听到结果。

（2）Data Mining Algorithms（数据挖掘算法）

可视化是给人看的，数据挖掘就是给机器看的。集群、分割、孤立点分析，还有其他的算法，可让人们深入数据内部，挖掘价值。这些算法不仅要处理大数据的量，而且也要处理大数据的速度。

（3）Predictive Analytic Capabilities（预测性分析能力）

数据挖掘可以让分析员更好地理解数据，而预测性分析则可以让分析员根据可视化分析和数据挖掘的结果做出一些预测性的判断。

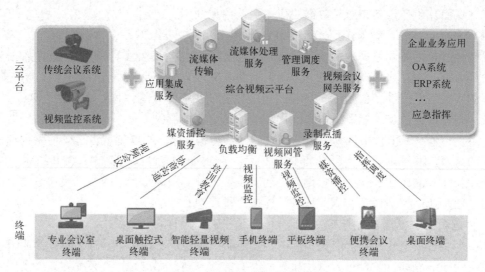

图 11-7 云服务的智能制造平台

（4）Semantic Engines（语义引擎）

由于非结构化数据的多样性带来了数据分析的新挑战，因此需要一系列的工具去解析、提取、分析数据。这就要求语义引擎能够从"文档"中智能提取信息。文本挖掘的算法和模型会在研究中形成。行业语料库的完善和丰富有待进一步加强。

（5）Data Quality and Master Data Management（数据质量和主数据管理）

需要注意的是，数据质量和主数据管理是一些管理方面的最佳实践。通过标准化的流程和工具对数据进行处理，可以保证一个预先定义好的高质量的分析结果。

11.4 大数据与智能制造典范

【案例 11-3】酷特智能大数据助推服装个性化定制

酷特云蓝产值连续 5 年翻倍增长，利润率达到 25%以上。运用互联网、大数据技术实现大规模个性化定制的酷特云蓝，不但踏对了互联网+工业、两化融合、供给侧结构性改革的节拍，更凭借在工业互联网领域的超前眼光和实践，成为青岛新旧动能转换的样板。

库特官网页面如图 11-8 所示。

图 11-8 酷特官网页面

1. 酷特智能的由来

酷特（Cotte）的前身是创立 20 余年的大型服装企业——红领，它主要生产并经营高档西服、西裤、衬衣及服饰系列产品。当众多企业还在研究"互联网+""大数据""供给侧改革"等新名词的时候，青岛酷特智能股份有限公司凭借一整套的创新模式与理论，依托大数据和互联网技术，开辟出一条工业化的个性定制服装路径，并形成了 C2M 的商业模式。

酷特智能推出了升级后的全新品牌酷特云蓝，是全球个性化定制的供应商品牌、企业治理品牌、个性化定制时尚品牌，为国内外市场提供个性化定制智能制造服务。酷特智能以酷特云蓝为品牌依托，通过 C2M 定制方式，实现了服装产品的个性化定制生产。客户通过门店、酷特云蓝手机 App 自主选择定制西装的板型、款式、面料、刺绣等个性化元素。

2. 酷特云蓝定制体验中心

支持全球客户的自主设计：一套西服的制作需要经过 420 多道工序，30 多道整烫工序，从选料、面料处理、排版、裁剪、缝制到整烫运输，每道工序都做到精益求精，在裁剪处理上使用 CAD 排版系统（CAD 服装自动排版系统设备）或人工裁剪，以区别于其他厂家套裁裁剪方式。另外，衬衣流水线全部采用日本和德国的设备，并严格按照国际标准化流水线作业。未来是消费者主权的时代，企业的产品应由消费者的需求决定，解决不平衡、不充分的发展问题就要满足消费者的个性化需求。酷特智能个性化的制造模式，可以一对一满足客户对服装尺寸、板型、款式、面料甚至刺绣的个性化定制需求，去除渠道商、代理商等中间环节，为客户提供直接来自工厂的高性价比产品。2017 年，酷特智能每天可制造生产 4000 件套个性化定制服装，企业产值、业绩、利润均再创历史新高。承载酷特智能未来发展的"C2M 个性化定制大数据平台"大厦开工建设，并投入使用。在大数据平台大厦一层筹建 4000 多平方米的 CotteYolan（酷特云蓝）定制体验中心。该体验中心将是全国最大的单体个性化定制服装体验中心，同时也是品牌形象旗舰中心，将汇集人工智能、大数据定制体验、定制文化体验、定制互动体验、定制服务和销售等于一体，打造"永不落幕的定制博览会"。

3. 工业大数据在工艺流程改进上的价值体现

酷特板型数据库用 10 多年时间积累了海量数据，款式数据和工艺数据囊括了设计的流行元素，能满足超过百万万亿种设计组合，99.9% 覆盖个性化设计需求。板型数据和款式数据包括各类领型数据、袖型数据、扣型数据、口袋数据等，衣片组合超过万亿种以上款式。对于建模数据，服装建模编程能满足各种人体数据需求，客户可以直接通过个性化网上定制系统 RCMTM 对自己的衣服进行个性化设计，企业通过大规模的信息技术引进，以及企业信息化与工业化融合的探索，通过服装 ERP 系统的实施上线，现已拥有包含 3000 多亿个人体板型的数据库，覆盖了世界 100% 的人体体型，依据庞大的数据模型，实现个性化定制的批量生产。个性化定制如图 11-9 所示。

4. 3D 打印让数字说话

酷特将 3D 打印逻辑思维创造性地运用到工厂的生产实践中，整个企业类似一台数字化大工业 3D 打印机，形成"3D 工厂"，全程数据驱动。所有信息、指令、语言、流程等都转换成计算机语言。一组客户量体数据可完成所有的定制、服务全过程，无须人工转换、纸制传递，数据完全打通，实时共享传输。员工真正实现了"在线"工作，而不是"在岗"工作，每位员工都是从互联网云端获取数据的，按客户要求操作，确保了来自全球订单的数据零时差、零失误率准确传递。企业管理全过程做到了精准、高效、有序。

图 11-9 个性化定制

酷特个性化的生产如图 11-10 所示。

图 11-10 酷特个性化的生产

5. 如何解决个性化和工业化这铁一般的工业制造悖论

如何解决个性化和工业化这铁一般的工业制造悖论？酷特云蓝给出的答案是大数据。2003 年转型伊始，酷特云蓝就认识到数据的重要性，在业务和生产环节有意识地积累客户量体数据及衣服的板型、款式、面料等方面的数据。随着大数据技术的成熟和引进，这些存量数据被激活，形成了上百万万亿级别的板型、款式、面料、BOM 四大数据库，这些数据驱动着打版、裁剪、缝制、熨烫、质检、配套全流程的生产。

定制产品流水线自动化，网络设计、下单，定制数据传输全部实行数字化。每一件定制的衣服都有它独一无二的电子标签，相当于每件衣服都有身份证，每个标签对应一个 IP，当顾客下单后，生产工人根据电子标签就可以调出来对应的衣服信息和制作流程。通过摸索，酷特云蓝将量体实现了数据的标准化，而裁剪和机器打版行业，也经过了很多次的尝试，最终实现了数据标准化的管理。2014 年投入数亿元，酷特云蓝实现了在数据驱动下打版、裁剪、缝制、熨烫等工序的高度数据化，客户前端的量体和个性化需求数据化、标准化，上传到云端，工艺信息在各个生产环节有序传递、流动，快速准确、有条不紊。数据驱动的手段和成绩，最终体现在规模、效率、成本上，酷特云蓝日均个性化订单数量达到4000 件套，从接收订单到发货，酷特云蓝只需要 7 个工作日，而定制行业平均是 3~6 个月；酷特云蓝单件定制服装成本只是批量化成衣生产的 110%，只有定制行业平均水平的 10%~40%。据悉，酷特把工业流水线和个性化制造这两个相互矛盾的模式融为一体，凭借大数据驱动流水线生产，并建立起一个板型库，囊括了几百万种板型，足以满足客户的个性化需求。现在，工厂接单后，可以根据客户的数据实时生成适合他们的板型，完全摆脱了对制版师的依赖，成本也大幅缩减。

通过大数据的应用，酷特独创出个性化智能制造模式，成为全球唯一的以工业化手段、效率、成本进行个性化定制的制造企业，通过信息化和工业化的深度融合，实现了新旧动能的转换。

> 📖**应用拓展**
> 酷特研究院

案例讨论：

- 前沿技术和最新的客户服务模式共同成长，酷特采用了什么技术？
- 酷特是如何解决工业化的大批量和智能时代的个性化定制这对矛盾的？
- 应用大数据技术，酷特是如何实现数据驱动的管理的？

11.5　习题与实践

1. 习题

1）制造业要实现物物相联，大数据在这一过程中扮演什么样的角色？

2）工业大数据的来源与用途是什么？

3）什么是智能工厂？实现制造业智能化的意义是什么？

4）什么是 MES？说明其在制造业车间里的作用。

5）什么是 CPS？大数据时代，CPS 在制造业革新中发挥的作用是什么？

6）认识工业 4.0，了解中国制造 2025，根据本章所学内容，试阐述两者的共性和差异。

7）智能工厂的特性是什么？

8）制造大数据分析的几个方面是什么？

9）传感器里面的数据属于哪种大数据类型？如何进行分析？

2. 实践

1）网上调研上海洋山港码头四期项目，分析智慧码头中的大数据管理。

2）对我国高铁生产和管理实证调查，阐述大数据在智能制造中的作用。

3）企业如何利用社交网络平台进行客户评论分析？采用的文本挖掘方法是什么？

4）阐述【案例 11-3】中酷特智能的个性化定制中生产和销售的大数据是如何应用的。

5）分组采集我国制造业几个典型领域的数据，用可视化图形展现分析报告。

参 考 文 献

[1] 张翔，赵群 . 大数据时代中国制造业创新发展试述 [J]. 机械制造，2015，(8)：1-5.

[2] 赵永生，徐明昱 . 浅析大数据在工业制造业的应用与研究 [J]. 智能城市，2016，(4)：86.

[3] 王铁山 . 基于大数据的制造业转型升级 [J]. 西安邮电大学学报，2015，(5)：79-83.

[4] 刘强 . 大数据在工业制造业中的应用研究 [J]. 山东工业技术，2016，(15)：22.

[5] 王喜文 . 大数据驱动制造业迈向智能化 [J]. 物联网技术，2014，(12)：7-8.

[6] 侯钟燕，杨炎 . 大数据、物联网的应用与发展 [J]. 中国新通信，2017，(4)：77.

[7] HUANG G Q，ZHONG R Y，TSUI K L. Big Data for supply chain management in the service and manufacturing sectors：Challenges，opportunities，and future perspectives [J]. Computers & Industrial Engineering，2016，101：572-591.

［8］BABICEANU R F, SEKER R. Big Data and virtualization for manufacturing cyber-physical systems: A survey of the current status and future outlook ［J］. Computers in Industry, 2016 (81): 128-137.

［9］ZHANG Y, REN S, LIU Y. A big data analytics architecture for cleaner manufacturing and maintenance processes of complex products ［J］. Journal of Cleaner Production, 2017 (142): 626-641.

［10］Access 软件网. Access 做的 MES 生产管理系统 ［EB/OL］. (2012-05-19) ［2022-06-07］. http://accessoft. com/article-show. asp?id=6856.

［11］REN S, ZHAO X. Framework and key technologies for big data based on manufacturing ［C］. //Proceedings of 2015 International Conference on Materials Engineering and Information Technology Applications (MEITA 2015). Amsterdam: Atlantis Press, 2015: 380-384.

［12］Andrew Kusiak. Big Data: A Powerful Enabler of Intelligent Manufacturing ［C］. //Proceedings of the Thirteenth International Conference on Information and Management Sciences. California Polytechnic State University, 2014: 223.

［13］解析"泉州制造 2025"［EB/OL］. http://www. mnw. cn/quanzhou/qz2025/.

［14］张磊, 马秀明. 大数据助推服装个性化定制 酷特成青岛新旧动能样板 ［EB/OL］. (2017-08-24) ［2022-06-07］. http://qingdao. iqilu. com/qdyaowen/2017/0824/3662024. shtml.

［15］CCTV 节目官网. 大国重器: 第二季 第一集构筑基石 ［Z］. https://tv. cctv. com/2018/03/07/VIDEh0Ln01tPZZJu3GX52GEV180307. shtml.

［16］前瞻产业研究院. 关于前瞻产业研究院: 中国研究咨询第一股 ［EB/OL］. ［2022-06-07］. https://bg. qianzhan. com/report/guide/yanjiuyuan. html.

第 12 章
大数据在旅游业中的应用

当下，旅游与互联网的深度融合已经势不可挡，涌现了诸如智慧旅游、定制旅游、全域旅游等新型的旅游模式，而大数据的出现更推进了旅游业的整体发展。相关部门和企业利用大数据更好地为游客服务，游客可以便捷地获得信息，体验更加完善、体贴的旅游服务，支持个性化旅游。大数据辅助旅游企业的精准营销并为旅游业发展的相关技术与政策提供了数据支撑。伴随着微信等媒介的广泛应用，社交网络中的旅游大数据蕴藏着巨大的价值等待人们去挖掘。本章将从旅游数据的问题与发展开始讲起，探究大数据在旅游业的应用、了解如何应用数据挖掘增加旅游客户的黏性，以及旅游平台模式与所需技术。

【案例 12-1】大数据助力乡村旅游——贵州化屋村

旅游作为人们追求美好生活的一种方式，一直是人们关心的话题。近年来，大数据赋能旅游业，带给人们不一样的体验感，无论是疫情期间的 VR 云旅游，还是旅行博主

📖 **知识拓展**
智慧乡村旅游

的微视频、网红探店及民俗文化直播等，在满足大众旅游感知的同时，都为当地旅游积累了潜在消费力。同时，乡村旅游日渐成为大家休闲度假的首选方式。互联网时代，大数据助力乡村脱贫成为新常态，作为第三产业的旅游业无疑是拉动地方经济的有效途径。

位于贵州乌江源百里画廊大峡谷的古朴苗寨化屋村（如图 12-1 所示），便是通过大数据发展数字经济，进而撕掉贫困标签的典型例子。化屋村数字化应用可谓硕果累累，中国移动与村委联合打造"5G+数字乡村统一平台"信息化管理系统，包含数字治理、智慧旅游、数字生态、智慧经济、智慧医疗、智慧教育、文明实践、信息设施 8 个模块，结合 5G 网络、人工智能、大数据、云计算等信息技术，为旅游发展注入新的力量。首先，人未到，景先行。用手机打开全域旅游平台，5G+VR 全景直播便可使景区内的乌江码头、乌江观景台

图 12-1　贵州化屋村

等景色尽收眼底，仿佛身临其境。其次，游客游览景区过程中，利用云计算和大数据技术等，平台可实现对旅游景区客流量的分析，以应对游客流量大、聚集性强、疫情防控难、交通拥挤等问题。同时还可以及时发送落地欢迎短信、对游客的危险或者不良行为进行提示与警告，以实现景区高效信息化管理。最后，环境质量对于这样一个依山傍水的景点来说十分重要，化屋村通过"智慧水质监测平台"与大数据分析技术，实现了对水质的有效监测，有利于营造良好的口碑，提供更好的旅游体验。

在国家政策的指导下，依托大数据平台与技术，化屋村实现了对旅游资源的高效智慧化管理，将乡村旅游提升到了更高的层次。这表明全域旅游+大数据的发展形态在促进旅游业升级的同时，也为乡村旅游开辟了新的道路，为贫困人民带来了新的机遇，从而推动了扶贫工作的开展与乡村振兴战略的实施。

案例讨论：

- 大数据赋能旅游业，化屋村是如何利用大数据发展旅游业的？
- 大数据助推乡村旅游中存在怎样的困难？
- 旅游中的哪些方面还体现了大数据技术与旅游业的融合发展？

12.1　旅游数据的问题与发展

在信息化时代，越来越多的旅行者依靠网络、移动终端、App 等方式来满足自己的旅游需求。随着旅行者在线安排行程的增加，旅行者的评级、评价、博文、点赞等非结构化数据越来越多，如何利用这些数据成为旅游业的新挑战。本节将旅游数据的现存问题归纳为 3 个方面，并阐述了旅游数据可能的发展方向。

12.1.1　旅游数据收集问题

旅游数据的重要性不言而喻，其在旅游行业的应用前景也非常广阔，但对旅游整个行业而言，应用旅游数据的第一个难关就来自于数据收集。

旅游数据收集现存以下几方面的问题。

1. 数据孤岛问题

旅游数据是海量的，但是掌握这些数据的机构却不是对公众开放的。旅游数据主要包括运营商数据、互联网公司数据、政府数据、景区及旅游企业数据等，但是随着人们对旅游数据价值的认识，越来越多的平台将数据看作重要的资产。在数据源开放方面较为保守，数据共享及开放不足，数据孤岛现象突出。

对于一些在线旅游企业而言，数据的取得已经有一套完整的系统和途径，但对于更多的传统线下旅游企业，数据的取得就面临很大的困难和障碍。

2. 数据碎片化严重

不同企业应用的互联网技术、开发平台和工具的不统一，加之管理过程和管理系统缺乏统一的规范标准，使各个系统间的兼容性和集成性成为问题。各企业数据各有各的标准，造成数据的收集与交换较为困难。

企业为求快速发展，进行分散开发，或引进的应用系统，往往也不会考虑统一数据标准或信息共享问题。数据散落在不同部门，甚至存储在不同的数据库中，而部门利益和条块分割给数据共享造成障碍，若不能打通企业内部数据，数据应用就是纸上谈兵。

3. 数据质量问题

由于企业以往对数据的重视程度不够，企业数据存储和处理不规范，导致企业数据不准确、缺失、不一致、可用性低等问题，制约旅游数据的后续应用。

12.1.2　旅游数据分析问题

旅游数据的意义不仅仅在于掌握庞大的数据，更在于对这些含有意义的数据进行专业化处理。旅游数据多是非结构化的，因此绝大多数旅游企业很难有效地对数据进行分析操作，旅游数据分析尚存有以下 3 方面的问题。

1. 缺乏有效的分析方法

现在计算机处理的大多是结构化数据，但这些信息约占互联网上流动信息的 10%。其他约 90%的数据是非结构化数据，它们存储在音频、视频、社交媒体和网络日志中。管理和分析这些非结构化的数据，让多数旅游企业感到有心无力。目前尚没有类似于传统数据挖掘的工具和方法对旅游数据进行深入挖掘及分析，以发掘更多重要的价值。

2. 数据关联程度不够高

由于数据是非系统化的，且不具有一致性和可靠性，因此企业很难对数据进行有效的操作，有些企业仍停留在"门票经济"的阶段。尽管通过行为数据分析已经能够分辨出一个消费者的喜好，但管理和分析这些数据，让这些数据形成完整的旅游产业链，把景区、酒店、餐饮、交通、旅行社、购物中心等产业资源完整地整合起来还有困难。

3. 专业人才匮乏

从旅游行业来看，旅游数据应用的根本在于从看似不相关的数据中找到相关性，如何分析纷繁复杂的数据至关重要，这就需要既懂行业又懂数据的人进行专业化分析。例如，谷歌、百度、携程、艺龙、去哪儿、马蜂窝等大型平台，都掌握着海量数据，同时又拥有大量的专业设备和技术人员来进行数据的挖掘和整理。

12.1.3　旅游数据应用问题

现阶段，运营商、景区、旅游企业等的关注点主要集中在旅游数据的获取及数据的简单统计分析、数据可视化等方面，而忽视了数据的应用价值，即旅游数据如何指导旅游产业发展及企业经营决策。同时，数据分析公司属于传统的 IT 企业，缺乏对旅游行业的深入理解，对旅游数据的解读不够专业，在旅游数据的应用方面难免受限。

1. 旅游数据应用不充分

图 12-2 所示为旅游数据在政府、企业、游客 3 个层面的应用情况。从图中可以看出，目前旅游数据的应用并不完善，尤其是对游客层面而言，游客需要在庞杂的互联网信息中筛选有用信息，有时甚至得不到切合自身需要的信息。

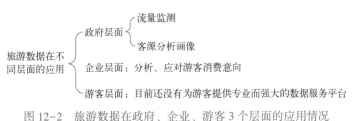

图 12-2　旅游数据在政府、企业、游客 3 个层面的应用情况

2. 旅游数据的实时性较差

目前，旅游数据应用虽然从过去的事后统计分析向实时监测转变，但旅游活动的实时监测具有很大的局限性。一方面，缺乏预见性，因而制约了反应干预；另一方面，难以挖掘背后的数据关联因素，更没有办法成为市场营销、产品打造和消费促进的基础，导致许多游客流量实时监测平台基本上只是看个热闹而已。

由上述内容可知，如何有效利用这些数据、进行有效的挖掘，将会成为一个企业做大做强的必经之路。如何把通过各种途径获取的数据有的放矢地设计成个性化服务是非常重要的，企业应该能够根据旅游者的具体需求、爱好和此前的购买行为，为不同的客户提供不同的选择，而不仅仅是基于旅游者的类别提供大众化的选择。

12.1.4　旅游数据的发展方向

目前旅游数据的发展存在较多不足，但旅游数据的应用前景仍然存在广阔的发展空间。值得注意的是，目前国内已经有部分企业关注旅游数据的价值应用，如携程、马蜂窝等，通过旅游数据指导旅游规划、旅游精准营销和旅游精准管理等业务。针对旅游数据的发展方向，建议从以下3点来把握。

1. 紧跟国内前沿技术

旅游数据的发展离不开一系列前沿技术的支撑，包括互联网、移动互联网、物联网和云计算等，尤其是移动互联网及物联网的发展。同时，技术发展日新月异，新技术层出不穷，为此，关注技术变革及新技术的发展对旅游数据的影响，是有效应用旅游数据的方式之一。

2. 关注旅游行业热点领域

旅游数据的发展离不开旅游行业的发展。旅游数据是为旅游行业发展服务的，旅游数据只有和旅游行业深入结合，才能迸发出更大的活力与价值。近期旅游行业的发展热点包括智慧旅游、定制旅游和全域旅游等领域，旅游数据的应用仍然任重道远。因此，整合旅游业及相关产业信息数据，形成旅游大数据库，才能有效把握旅游数据的未来发展。

3. 注重人才培养

提升旅游专业人才对数据的挖掘分析能力，从旅游的角度去解读数据，挖掘数据背后的潜在价值。

此外，中国旅游报社与中国社科院联合建立了"中国旅游国际传播舆情智库"项目，并与人民网组建了"旅游大数据联盟"，其主要目的是构建旅游舆情大数据库，为旅游部门、旅游企业提供大数据与新媒体整体解决方案。作为大数据库中的一员，每一个旅游企业都应该利用好"旅游大数据联盟"这个良好的宣传平台，通过各种方式增加自己在这个数据库中的信息量，同时对数据库中的数据进行深入挖掘和分析，从中获取市场商机。旅游舆情智库和旅游大数据联盟的成立，不仅给了携程、途牛和去哪儿网这样的在线旅行社（OTA）更多发展的机会，也为旅行社、酒店及景区等线下旅游企业提供了转型发展的机遇，因为数据的采集、发掘及运用能力已经成为所有旅游企业的核心竞争力。

12.2　大数据与旅游业

当旅游遇见大数据，不仅能促进旅游目的地、景区等提供更好的服务、优化营销决策，还能帮助大众做好出行筹备。本节将主要介绍大数据在智慧旅游、定制旅游、精准营销及全域旅游方面的应用。

12.2.1　智慧旅游+大数据

微视频
智慧旅游大数据

智慧旅游是指利用云计算、物联网等新技术，通过互
联网与便携终端设备，主动感知旅游信息并及时发布，让人们能够及时安排并调整工作旅游
计划。从图 12-3 可以看出，信息技术及其数据的前期收集管理是智慧旅游的基础，旅游大
数据的挖掘是核心，而最终所提供的 3 类服务是目的。

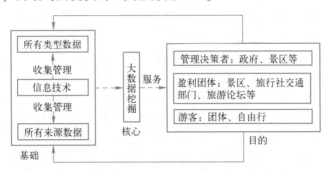

图 12-3　智慧旅游的概念结构

目前，大数据主要集中于智慧旅游的智慧服务、智慧营销和智慧管理 3 个层次。

1. 智慧服务+大数据

智慧服务是增强游客体验、提升游客满意度的关键所在，大数据是实现智慧服务的技术
保障。智慧服务贯穿于旅行的吃、住、行、游、购、娱各个环节，每一个环节都可以应用大
数据，具体如表 12-1 所示。

表 12-1　大数据辅助智慧服务

旅 行 环 节	如何应用大数据
餐饮	游客利用大众点评网等平台选择查看一家店铺的基本信息与评价，辅助找到餐饮地点，同时大数据帮助餐饮企业最大限度地锁定游客的需求，以提供更贴心的服务
住宿	大数据为游客找到合适的住宿地点提供了全方位的数据，如使用 booking.com、airbnb 等平台选择住宿地点，旅店也可以获得游客的意愿，以方便为游客进行个性化安排
交通	大数据为游客解决交通问题提供了科学合理的方案，如谷歌、百度地图等提供的路线
游览	可依据大数据确定可能的游客数量，优化接待能力，为游客提供个性化服务
购物	大数据可以为游客提供个性化的旅游商品，并提供诸如按需配送等服务
娱乐	大数据可根据游客的需要组织娱乐项目，使游客更好地体验娱乐活动的乐趣

2. 智慧营销+大数据

大数据可以帮助景区全面、准确地采集游客的数据，并对相关数据进行分析，帮助决策
者做出更有针对性和可操作性的决策。对旅行社而言，可以根据游客的数据提供个性化服
务，为游客定制专门的旅游线路。对旅游产品的供应商而言，可以为游客提供个性化旅游产
品，并可根据消费记录提供优惠价格等。

3. 智慧管理+大数据

旅游管理是旅游业发展的核心，大数据技术在旅游智慧管理中有多方面的应用，重点表
现在以下两个方面。

● 优化旅游企业内部的管理：大数据技术可以有效地推动旅游企业内部的信息化管理，

促进旅游企业内部资源的优化配置，依靠大数据进行决策管理，提升企业管理的能力。

- 提升管理游客的水平：大数据技术可为游客管理提供全方位、多角度的数据支持，实现精细化、个性化、长期化的管理。

【案例12-2】智慧旅游响应疫情防控——湖南安化县

由于新冠疫情的肆虐，大家都纷纷转向国内游、周边游，国内各地及景区也在利用大数据相关技术兼顾疫情防控和出游的需求。为将乡村文化旅游节期间各项疫情防控工作落实落地，湖南省安化县通过安装红外热成像测温仪、建立疫情防控大数据管理中心，结合智慧旅游管理平台，将疫情防控工作落实到旅游节的每个时点、每个环节、每个场所、每个过程。

首先，在旅游节前对所有参会人员进行健康码及健康状况的逐一排查，并建立疫情防控相关的大数据台账。各会场和旅游景点都安装了多台红外成像测温仪，以便及时跟踪人员体温健康状况。其次，安化县的智慧旅游管理平台结合了物联网、5G及大数据技术，对各旅游景点、景区的入园人数、在园人数、人体体温等数据进行实时集中呈现。同时，管理后台还可将所检测到的数据进行大数据分析，精细化实现以"时""日"为单位，进行人流量数据统计分析与预警。以茶乡花海生态文化体验园（如图12-4所示）为例，在其管理平台上可以看到景区的实时在园人数以及截至目前总入园人数的数据统计。同时，后台可设置根据景区最大游客承载量的30%进行流量预警分析。平台链接该景区的票务系统，对景区的入园人数、在园人数进行实时数据采集。另外，安化县以"乡伴"App为基础平台，搭建智慧旅游公共服务平台，建设涵盖智慧服务、智慧营销和智慧体验的智慧旅游体系，完善以景区为中心、以乡镇为单位的县域旅游基础数据，进一步加快了智慧景区服务能力建设。

图12-4 茶乡花海生态文化体验园

安化县通过大数据相关技术实现了对疫情防控要求下旅游的全方位服务、全过程跟踪、全时段管控。智慧旅游与大数据的融合在优化游客需求的同时，也为疫情期间出游提供了保障。

案例讨论：

- 安化县是如何利用智慧旅游+大数据模式解决好疫情期间旅游问题的？
- 搭建智慧旅游公共服务平台、完善旅游基础数据对旅游业发展有哪些好处？
- 智慧旅游和大数据相关技术融合可促进旅游业新发展，你还知道哪些应用例子？

12.2.2　定制旅游+大数据

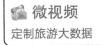

微视频
定制旅游大数据

旅游业发展至今，以往那种"上车睡觉、下车拍照"的旅行方式已经逐步被人们摒弃，人们追求更有深度、更有内涵的旅行方式，定制旅游便应运而生。

定制旅游是根据旅游者的需求，以旅游者为主导进行旅游行程设计的旅游方式，也就是根据游客的喜好和需求定制行程的旅行方式。

1. 定制旅游的核心

定制旅游本质上是通过旅游产品附加值的提升来使旅游者获得更完美的体验，这个附加值可以是金牌导游，也可以是独一无二的资源，同时定制旅游在个性、感受等方面对产品服务提供商也有较高的要求。定制旅游的顾客对价格不是十分敏感，但对体验、个性化、特色方面的要求较高，因此定制旅游服务的提供商在资源整合与产品丰富度上要有很强的能力。

定制旅游的核心如图 12-5 所示。

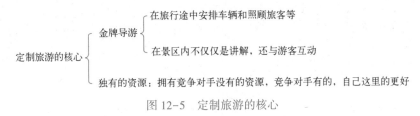

图 12-5　定制旅游的核心

2. 基于大数据的定制旅游

基于大数据的旅游定制平台设计策略围绕以下 3 点展开：

（1）旅游个体用户数据挖掘

定制旅游个性化和技术化的结合是未来发展的重要趋势，既要追求旅行顾问"真人定制"的高个性化程度，又要节约人工成本，智能实现量身定做的感觉。定制旅游强调满足用户"个性化"需求，不仅包括时间、金钱等方面的考量，更要涵盖用户的兴趣爱好等。为了让旅游者获得真正想要的旅游感受，定制旅游所提供的产品与服务需要针对不同用户的特征进行需求分析，以顾客详细的信息作为支撑，实现服务内容和定价的真正个性化。

定制旅游要将用户细分，针对独立的旅游个体，利用跨平台数据对每一个具体用户进行关联分析，实现从用户行为到用户需求的转换，从而依据个体特征实现准确的产品设计。落实到大数据技术利用上，就是旅游定制设计要把大数据挖掘目标转向旅游个体用户的数据，要分析并把握用户的个性化需求，结合智能推荐技术，将网站重心放在"推荐一个你会喜欢的内容"上。

（2）依据用户画像关联用户需求

使用用户数据关联用户需求，用户画像是关键。用户画像将定量信息转化为定性信息，其目的在于了解使用者的需求和消费能力，再利用画像为用户开发相应的产品。为了提取用户画像的数据，通常将用户的互联网数据简单归纳为属性数据、即时数据、行为数据以及社交数据等几大类。再结合用户其他方面的定性数据，有针对性地进行旅游产品设计。同时，利用用户数据关联分析，能够从用户的某一网上行为挖掘并推断出该用户潜在的行为趋势。

📖 知识拓展
用户画像

用户数据是对用户行为的真实反映，定制旅游就是要为不同的用户定制适合其兴趣爱好的旅游产品或行程规划。用户不再需要理会"大家都喜欢"的产品推送，不再需要担心行程不合"口味"，因为往往数据会比用户本人更加了解自己。

（3）构建旅游资源数据库

定制旅游满足用户个性化的需求目前尚显不足，还表现在旅游网站对于旅游资源和整个行程中服务水平的掌控能力不足。这就要求定制旅游在智能提供旅游指导和帮助方面，要将旅游相关资源信息统一整合起来，创造一个完整的旅游资源数据库。同时，旅游资源数据库的建立能够帮助网站形成独特的产品优势，在无形中增加用户的信任感以及客户黏性。

3. 定制旅游的制胜点

定制旅游需要游客有更多自主化的设想，其个性化设置模型如图12-6所示。

图12-6 定制旅游的个性化设置模型

产品及服务的提供者通过资深的旅游设计师来定制个性化的旅程，再由产品及服务提供商整合资源提供服务。更便捷的预定、更美好的体验、更安全的保护等与定制旅游相关的服务都需要经验丰富、掌握核心资源的定制旅游设计师来完成，这便是定制旅游的制胜点。

旅行规划师要与客户交流，充分了解客户需求，发掘隐性需求，要做到比旅游者更了解旅游者。这种可以与客户面对面接触的优势是在线旅游企业短期内很难突破的。同时，挖掘隐性需求是增加旅游体验附加值的关键，这种隐性需求往往是游客自己也未发觉的，一旦这些需求得到满足，旅游体验就马上上升到一个新的高度。

定制旅游设计师不单单是产品的设计师，同时也是客户行程中的导游与伙伴。在与游客的交流沟通中，旅行设计师会采集到更多的用户信息，了解客户的需求并调动手

📖 **知识拓展**
定制旅游存在的问题

中的资源，提供量身定制的旅游产品，在行程途中及行程结束后及时获得游客的反馈，与游客形成良好的沟通循环。各家定制旅游公司都在培养这些旅游设计师，因为这些人将是公司未来最大的竞争力。

12.2.3 精准营销+大数据

"大数据"对旅游行业的影响是全方位的，是整个行业管理决策模式的转变。通过数据分析，旅游经营者可以清楚地知道旅游行业的热点、淡旺季，以及不同季节的规律性变化和游客的兴趣点，并基于此开展有针对性的旅游营销，这将大大促进旅游业的发展。而面对庞大的旅游业数据，该如何整理并有效利用，如何挖掘更有价值的数据信息，如何完成从数据到营销决策、从营销决策到收益的转化等是首要解决的问题。

市场竞争的核心归根结底围绕两点：质量与价格。对于旅游业来讲，同样的景点，谁能给予顾客更低的价格与更好的体验，谁就掌握了竞争的主动权。美国著名营销大师菲利普·科特

勒在 2005 年首次提出精准营销的概念："精准营销就是企业需要更精准、可衡量和高投资回报的营销沟通，需要制订更注重结果和行动的营销传播计划，还有越来越注重对直接销售沟通的投资。"

1. 精准营销所面临的困难与挑战

精准营销为营销者带来的好处显而易见，然而真正能将精准营销策略应用于具体实践的却寥寥无几。由于当前旅游营销发展的局限性，精准营销的广泛实现困难重重，主要有以下 3 点：

- 大数据时代的特征加大了数据搜集与筛选的难度。
- 营销者缺乏有效的评估机制，难以对已搜集数据的价值进行全面、正确的评估。
- 相关人才匮乏，营销者难以对已知数据进行有效分析。

2. 旅游业实施精准营销的建议

虽然精准营销策略在旅游经营者之间的普遍应用仍存在一定的难度。但不可否认，在大数据时代背景下，精准营销仍拥有不可替代的优势。对于旅游业的精准营销，可以尝试采取以下建议：

- 建立旅游企业与顾客之间的沟通反馈机制。
- 提升挖掘与筛选数据的能力。
- 建立旅游经营者之间良好的沟通机制。
- 注重信息搜集基础设施建设。

12.2.4　全域旅游+大数据

2015 年 8 月，全国旅游工作会议研讨会首次提出发展全域旅游；2017 年，"全域旅游"首次写入政府工作报告；2020 年 11 月，国家文化和旅游部、国家发展改革委、教育部及工业和信息化部等对深化"互联网+旅游"，推动旅游业高质量发展提出意见，指出要技术赋能，推进旅游领域数字化、网络化、智能化转型升级。因此在国家大数据战略要求、旅游业转型升级和品质化发展要求下，如何利用大数据发展全域旅游，进一步享受旅游发展的红利是一个值得探讨的问题。

全域旅游是一种新的发展理念与模式，是开创我国旅游发展新局面的新视角，具体是指在一定的区域内，以旅游业为优势产业，对其旅游资源、相关产业、生态环境、公共服务及体制机制等经济社会资源进行综合统筹与管理，实现区域资源有机整合、产业融合发展、社会共建共享，以旅游业促进经济社会协调发展。从生态系统理论的角度出发，自然因素和社会因素共同组成一个大的旅游生态系统，在一定的机制体制下，各因素相互依存、相互竞争，共同推进系统的演进，促使旅游业不断发展。

全域旅游成为国家政府推崇的发展理念，大数据是发展全域旅游极有力的推动因素。大数据环境下全域旅游的发展框架如图 12-7 所示。在政府、企业和相关组织的合作参与下，采集并积累旅游资源、相关产业以及体制机制、生态环境、公共服务等经济社会资源相关信息，形成旅游大数据库，汇总在互联网大数据平台上，然后按照旅游行业需求特点分类整理（吃、住、行、游、购、娱），通过互联网优势平台展示共享信息，游客根据自身需求及旅游资源特性在线组合服务，同时各方可利用大数据技术进行精准营销，从而深化个性化服务，提升全域旅游体验水平。

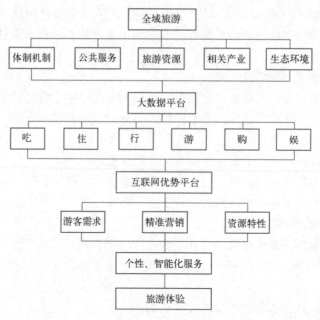

图 12-7　大数据环境下的全域旅游发展框架

　　目前全域旅游发展还存在技术、规划与制度等方面的问题，采用云计算、大数据分析等先进信息技术，为全域旅游更好地发展提供条件是十分必要的。全域旅游+大数据发展关键的对策主要有以下几点：

　　1）打破行业壁垒，有效整合旅游资源。

　　2）政府有关部门与企业共同发力，加强服务设施建设，如 5G 网络通信，提高公共服务水平。

　　3）依托互联网，打造全域旅游智能信息化平台，构建游前、游中、游后全过程的智慧服务体系。

　　4）利用大数据分析、物联网、云计算等技术，深化精准营销、个性化定制服务。

12.3　旅游与数据挖掘

　　旅游是一种体验式消费，是体验经济的一部分。对于旅游企业来讲，客户的口碑至关重要，旅游企业需要用自己的服务打动客户，使客户满意，使客户忠诚，增强客户对于旅游企业的黏性，使得用户下次出行时首选该企业。本节将简要介绍数据挖掘在增加旅游用户黏性方面的应用。

12.3.1　锁定客户人群，关注客户需求

　　世界旅游组织将旅行者（Travelers）分为观光者（Visitors）和其他旅行者（Other Travelers）两大部分，这里提到的游客特指前者，即 Visitor。对观光者又分成以下 3 种：旅游消费观念不成熟、旅游观念较成熟和旅游观念成熟的观光者。以上分类方式基本上是按照出行次数来划分的。这种分类方式客观公正，但是使用价值不如按照出行理念划分的使用价值大。按照出行理念，游客可以分成图 12-8 所示的 3 种。

图 12-8　按照出行理念划分的游客

- 老年客户：更喜欢轻松的旅行安排，且时间充裕，不受金钱限制，更注重行程的舒适度，不太青睐知名景点。
- 在校生客户：出行受时间限制较大，金钱方面也有较大的限制，多选择自助游，喜欢小团体的自由行，青睐于体验性高的景点。
- 一般客户：在时间、金钱上的限制介于上述两者之间，没有明显的兴趣偏好。

这种按照出行理念的划分方式，便于旅游企业锁定客户人群，获取客户需求，进行同质化与差异化的管理。属于同一客户人群的客户有很多共同的需求，针对这些相近的需求进行同质化管理，统一标准，统一服务。同时针对每一客户个体进行差异化管理，针对其特殊需求提出解决方案，满足客户的个性化要求，真正做到以客户为中心。

借助数据挖掘，创建涵盖所有目的地的旅游数据库；借助数据挖掘工具，对客户的行为和兴趣爱好进行分析；形成不同类型的旅游服务方案，并集合游客的实际旅游爱好，对最佳的旅游项目和其目的地进行推荐，尽可能地全面提高旅游客户的满意度。

12.3.2　社交媒体挖掘，增加客户忠诚

客户将对一个旅游产品或服务的可感知效果与其期望值进行比较后，所形成的愉悦或失望的感觉状态就是"客户满意"。从客户的角度出发，努力达到并超出客户的期望值，并能够不断预测客户新的需求，客户的满意度将不断提升并逐渐忠诚于产品、公司或者品牌。

📖 客户忠诚：客户长期锁定于某个公司，使用其产品，并且在下一次购买类似产品时还会选择该公司。

随着 QQ、微信、微博、点评网等社交媒体在 PC 端和移动端的发展，客户分享信息变得更加方便。网络评论形成的大数据中蕴藏了巨大的价值，值得旅游企业挖掘。作为旅游企业，能对网上旅游行业的相关评论进行收集，建立评价大数据库，通过分析评论来了解消费者的新需求和企业产品服务的质量问题，以此来改进和创新产品，提高服务质量，增加客户忠诚度。同时，企业通过存储和挖掘消费者历史数据，有助于分析顾客的消费行为和价值取向，能够更好地为消费者服务，发展忠诚顾客。

企业应善于积累、收集和整理消费者的评论，例如，对产品服务的反馈及感受、预期的出行计划、向往的目的地点、期待的住宿地点，以及偏好的景区特点等。如果企业收集到了这些数据，建立消费者评论的大数据库，便可通过统计分析来掌握消费者的兴趣偏好、出行计划和产品的市场口碑现状等，再根据这些总结出来的信息制订有针对性的营销方案和营销战略，投其所好，那么所带来的营销效应是可想而知的。

口碑旅行使用数据挖掘做出境游决策。口碑旅行定位为基于互联网搜索和大数据挖掘的出境游决策引擎。从社交网站、预订网站和点评网站（其中绝大部分是国外网站）等抓取出境游服务的评价信息，然后把这些信息以餐馆、酒店、景点、购物和活动等类别进行

归类。

旅行者要在一个陌生的地方寻找到自己喜欢的景点或靠谱的目的地服务，仍然是困难重重。而口碑旅行针对出境游信息不对称这个盲点，为游客提供针对出境游的搜索

引擎，其最明显的特征是口碑旅行不允许用户提交点评，其评价数据源是社交媒体上已有的评论，从一定程度上遏制了"刷分"的现象，使游客看到的评分、评价是较为真实客观的。用户在口碑 App 上的搜索、浏览、点击与收藏，这些行为都能透露出其旅行偏好，同时口碑旅行支持第三方社交网站账号登录，口碑旅行会从用户在社交网站分享的旅行记录中分析其偏好，并根据用户的旅行场景向其推送最适合的口碑服务。同时，企业也可以浏览 App 上的评价信息，便于改进产品服务质量，调整产品定位等，为企业增加游客的黏性提供了新的视角。

12.4　旅游平台

旅游业与互联网的联系愈加紧密，网络上存在的旅游数据也越来越多。想要充分利用这些旅游大数据，发挥这些数据的价值，必须对数据加以整合、分析和挖掘，并通过平台分享和发布，才能使得"旅游大数据"更好地指导旅游业的建设。

12.4.1　旅游平台的模式

平台化商业模式是指连接两个或更多特定群体，为其提供互动机制，满足群体需求，借此盈利的商业模式。在旅游平台化中，参与到平台的利益方有旅游者、旅游中间商及旅游景区（旅游资源供应商）。三方依托旅游平台可以进行即时的交互，例如，旅游者可以获取旅游信息并能轻松预定各种旅游资源，旅游中间商实现信息共享，旅游景区可以获得各种评价信息以优化自身服务，三方均能从中获益。将其中的两方及以上的人集中在平台上，通过交易双方之间的利益往来划分为具有利益关系的双方（如旅游者与旅游中间商之间）。

互为利益的双方按照交易关系可分为买方与卖方，按交流关系可分为信息提供方与信息接收方，因此旅游平台化也可按照上述两种方式进行分类。

1. 按交流关系分

将旅游者、旅游中间商、旅游景区按照交流关系可划分为图 12-9 所示的 6 种交流关系。

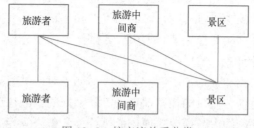

图 12-9　按交流关系分类

其中，"景区"包括直接提供旅游资源与服务的企业，如旅游景区、度假村、酒店、机场、车站等。

旅游者之间的交流多集中于分享旅行经历，如"马蜂窝"等网站走的就是提供旅游攻略而走向平台化发展的路线。旅游中间商包括旅游批发商、旅游经销商、旅游零售商、

旅游代理商以及随互联网出现的在线网络服务商。旅游中间商之间的交流目前仍通过电话、邮件及面谈的方式，但也有通过平台化完成的，为景区之间的交流提供平台，促进了景区之间的联系及旅游区域化发展，对打造区域旅游、带动地区旅游的发展起到了重要作用。

2. 按交易关系分

一个交易关系必然包括买方和卖方。在旅游者之间，交易关系可以理解为旅游产品的转让或交换；在旅游者与旅游中间商之间，提供平台让所有的旅游中间商均有贩卖产品给旅游者的机会；在旅游者与景区之间，架设平台，以便可以直接进行门票的预订与购买（在这部分，酒店与机票的预订发展迅速，在门票方面仍有发展的空间）。

旅游中间商之间及与景区之间的平台化，目前已有部分 B2B 网站在尝试；景区之间可以通过绑定销售、资源交换等方式，将自身的旅游资源与其他提供商的资源整合优化，再贩卖给中间商或旅游者。

携程网的交流关系与交易关系便是一个很好的例子。携程网属于在线旅游公司，提供酒店预订、旅游跟团自助、机票及火车票购买、租车、门票购买、攻略查看与分享、游轮旅游等服务，是目前国内知名的在线旅游网站之一。

以酒店预订为例，携程网提供酒店客房查询与预订功能，酒店通过携程网收取游客支付的费用并支付给携程网一定的佣金，这里构成的交易关系如图 12-10 所示，由图可知，在交易关系上，由于不放任双方、尽可能让游客的资金通过平台流向酒店，可以直接从中抽取佣金而不担心酒店进行数据造假，保证了平台的利益；在下单订购酒店之前，存在图 12-11 所示的交流关系；在购买后，用户与酒店的交流或通过评价发表对酒店的印象时，存在图 12-12 所示的交流关系。

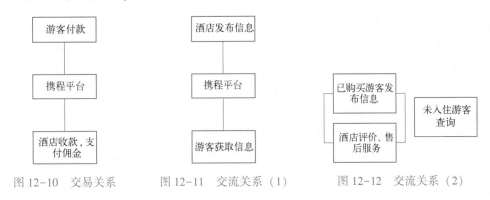

图 12-10　交易关系　　　图 12-11　交流关系（1）　　　图 12-12　交流关系（2）

采用奖励机制鼓励用户进行点评，使入住过游客的信息尽可能多地留在平台上，为下次订购的游客提供参考，同时使平台上的信息越来越多，进而通过庞大的数据量吸引更多的游客进行选择、判断与购买。

12.4.2　旅游平台的技术

旅游服务平台针对互联网上海量的数据引入大数据分析，综合运用地理信息系统（GIS）、景区管理系统和数据建模等技术，将平台延伸到旅游的各个角落，规范和完善公共旅游信息的收集、整理、分析过程，提供高效信息服务，为政府、企业、公众提供一站式的旅游资源服务。

1. 地理信息系统

采用地理信息系统（GIS），实现数据在运行监测平台上的统一组织和展现。通过电子地图，直观地展现景区的分布情况，同时在地图上提供搜索功能，能够按照地区和景区名称查询相应的景区，并可查询此景区的各种统计分析结果。当在地图上选定某个景区时，可展现该景区提供的服务列表。

2. 景区管理系统

利用景区管理系统和前端分析工具，实现对数据的分析和处理，从而采集游客历史记录，挖掘并分析出行热点，为政府监管部门和旅游企业提供信息咨询。

3. 数据建模

通过对数据的建模与分析，根据出行热点生成热点分析报告并对外发布，为旅游产业的决策提供科学依据，为旅游企业的运营模式提供参考，为旅游行业的科学研究提供数据支持，为旅游行业应用的研发提供数据层的支撑。

大数据时代给旅游业带来的挑战不仅体现在如何处理数据并从中获取有价值的信息上，也体现在加强大数据技术在旅游业的应用以获取及时有效的相关数据上。利用数据挖掘分析，可以构建热点分析系统，进行黄金周等时段的旅游分析，制定旅游营销策略和分析旅游话题等，为制定旅游行业的宏观决策、辅助公共安全等提供旅游大数据分析报告。

【案例 12-3】全域旅游之码上黔行

为了将大数据与旅游业更好地融合，贵州省文化和旅游厅联合其他单位推出全域智慧旅游平台——"一码游贵州"。该平台以大数据、5G 直播、新零售、区块链等多项

> 📖 **知识拓展**
> LBS 定位与旅游业

前沿科技为支撑，采用轻量化应用设计，通过一个二维码广纳贵州文化和旅游信息资源，涵盖千种景观、千种风味、千种风物，将专业化的旅游资讯、个性化的产品服务、前沿化的科技感知进行多维度、立体、精准的传播，为广大游客提供"吃、住、行、游、购、娱"等方面的智慧旅游服务，全面提升游客的入黔旅游体验，让游客无须下载、安装和存储，轻松愉悦地即刻享受到"扫码即达"的贵州之旅，全面构建贵州"科技革命+文旅创新"的全域智慧旅游新模式。此平台具体功能及亮点如下：

1. 一码千景、千景千面，LBS 定位下精准服务推送

基于位置的服务（Location Based Services, LBS）能够自动识别游客扫码时所处的位置信息，并结合游客的兴趣提供个性化推荐和订阅内容，为游客精准推送目的地旅游的相关信息和服务，实现"一码千景，千景千面"，无须手动切换，一个二维码就能实现全省的快速直达。

2. "贵州有礼"电商平台，特色精品零距离

结合新零售模式，充分整合一系列优质商家，汇聚贵州九大市（州）旅游商品、优惠门票、非遗产品、农特产品等，游客足不出户就能在线购买贵州地方精品特产。

3. 海量旅游服务信息，实现游客"码上黔行"

依托"互联网+旅游服务"，建立最全的贵州文化和旅游信息资源库，全面覆盖游客在贵州的游前、游中、游后的各项需求，为游客提供多样化一站式服务功能，尽情享受美好畅快的贵州旅游。

4. 手绘地图全覆盖，A 级景区一览无余

全面展现全省重点 A 级景区的手绘地图，涵盖地理位置、交通路线、服务站点等，实现 A 级景区手绘地图全覆盖，为游客提供直观易用、精致标准的地图信息服务。

案例讨论：

- 全域旅游是什么？有什么特点？
- "一码游贵州"如何依托大数据助推全域旅游？
- "一码游贵州"平台的推出将为贵州省发展带来哪些好处？

12.5　习题与实践

1. 习题

1）智慧旅游是全域旅游最有效的实现途径，对此你有什么看法？

2）定制旅游等于高价出行吗？

3）全域旅游发展现状如何？存在什么问题？

4）如何促进全域旅游+大数据模式更好地融合发展？

5）试分析自己的旅游理念，挖掘出自身的旅游偏好。

6）根据自身的旅游偏好，分析什么样的产品和服务能够提升客户忠诚度。

7）作为游客，试分析你与其他游客、景区、旅游产品提供商之间的关系。

2. 实践

1）做一个假期出行计划，你将需要哪些数据？你将从哪里获得这些数据？

2）如果想要定制自己的旅游路线，有哪些方面的要求？对同学、家人、朋友进行调查并分析获得的数据。

3）列举一个你最经常使用的旅游平台，并阐述你经常使用它的原因。

4）查找一个全域旅游大数据应用案例，分析其特点与功能。

5）请在携程、途牛、去哪儿和阿里这 4 个旅游网站中自选两个进行对比分析。

6）结合自身经历谈谈微信、INS 等社交媒体对你安排出行计划有何影响。

参 考 文 献

[1] 朱敏，熊海峰. 互联网时代旅游的新玩法 [M]. 北京：知识产权出版社，2016.

[2] 李宗丽，王计平. 基于大数据的定制旅游网站创新设计研究 [J]. 设计，2016，(19)：58-59.

[3] 马园园. 大数据背景下的旅游精准营销分析 [J]. 旅游纵览：行业版，2015，(18)：23.

[4] 徐蓉艳. 旅游大数据与挖掘及其在旅游行业的应用方向 [J]. 中国市场，2014，(51)：204-205；208.

[5] 梁昌勇，马银超，路彩红. 大数据挖掘：智慧旅游的核心 [J]. 开发研究，2015，(5)：134-139.

[6] 曾现进. 旅游大数据的现状与未来 [J]. 旅游学刊，2017，32 (10)：8-9.

[7] 薛武. "大数据"在我国旅游业的运用现状及前景分析 [J]. 旅游管理研究，2014，(20)：57-58.

[8] 李彦，赵瑾. 大数据：为旅游业发展带来大机遇 [J]. 中国管理信息化，2017，20 (5)：126-128.

[9] 黄丽洁. 大数据背景下智慧旅游的发展与探索 [J]. 旅游纵览（下半月），2017，(20)：63.

[10] 王晖. 旅游大数据精准营销术 [J]. 决策，2017，(5)：78-80.

[11] 王信章. 大数据在旅游行业应用的现状以及发展前景研究 [J]. 中国旅游评论，2016，(2)：17-31.

[12] 张铭. 大数据技术怎样改变旅游业 [J]. 财经界（学术版），2014 (32)：17.

[13] 王浩宇，何鑫. 基于"互联网+"的全域旅游生态系统构建研究 [J]. 度假旅游，2019 (1)：130-131.

[14] 李金早. 何谓"全域旅游" [J]. 西部大开发，2016 (11)：101-102.

［15］ 刘稳稳，鲍彩莲．基于"互联网+"背景下全域旅游体验的发展对策研究 ［J］．现代商贸工业，2018，39（35）：43-44.

［16］ 黔东南州人力资源和社会保障局．"一码游贵州"微信小程序正式上线啦！［EB/OL］.（2020-06-19）［2022-06-07］. http://rsj. qdn. gov. cn/gzdt_5832742/xwdt_5832743/202103/t20210325_67391903. html.

［17］ 人民网．贵州移动：在化屋村打造 5G+数字乡村 ［EB/OL］.（2021-08-31）［2022-06-07］. http:// gz. people. com. cn/n2/2021/0831/c361324-34892461. html.

［18］ 安化电视台．严阵以待迎宾客/智慧防疫　织密节会疫情防控"安全网" ［EB/OL］.（2020-04-27）［2022-06-07］. https://mp. weixin. qq. com/s/E-5JHHQCkHSHKVAmDaY8Kw.

［19］ 华声在线．［牢记殷殷嘱托，奋力谱写湖南新篇章］茶乡花海寻香去 ［EB/OL］.（2021-09-19）［2022-06-07］. http://hunan. voc. com. cn/article/201109/202109190740018930. html.